Panorama of Mathematics

数学概览

数学的现在：*i*

斋藤毅 河东泰之 小林俊行 编

高明芝 译

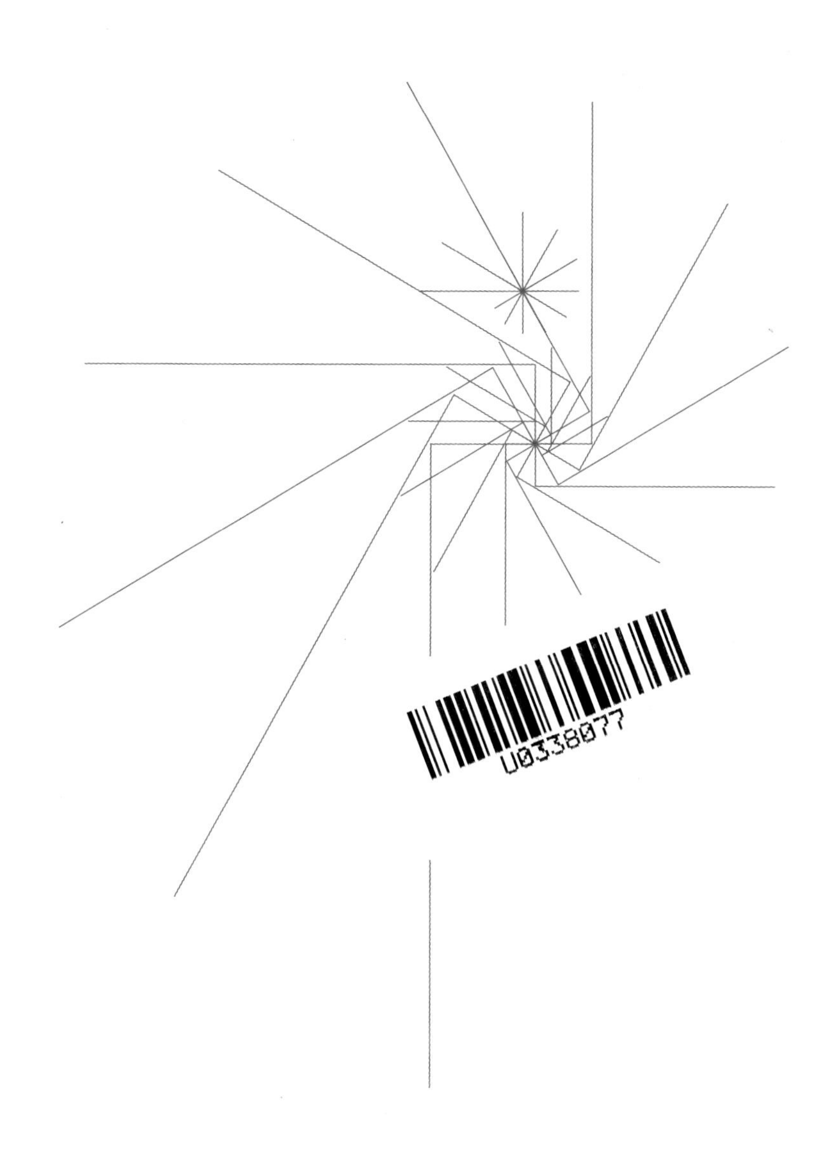

中国教育出版传媒集团

高等教育出版社·北京

图字：01-2020-6141 号

图书在版编目（CIP）数据

数学的现在. i /（日）斋藤毅，（日）河东泰之，（日）小林俊行编；高明芝译. -- 北京：高等教育出版社，2025. 1. -- ISBN 978-7-04-062877-7

I. O1

中国国家版本馆 CIP 数据核字第 2024897BD7 号

Shuxue de Xianzai: i

策划编辑	和　静	责任编辑	和　静	特约编辑	咏　梅	封面设计	姜　磊
版式设计	徐艳妮	责任绘图	于　博	责任校对	张　薇	责任印制	耿　轩

出版发行	高等教育出版社	网　　址	http://www.hep.edu.cn
社　　址	北京市西城区德外大街 4 号		http://www.hep.com.cn
邮政编码	100120	网上订购	http://www.hepmall.com.cn
印　　刷	河北信瑞彩印刷有限公司		http://www.hepmall.com
开　　本	787mm×1092mm 1/16		http://www.hepmall.cn
印　　张	12.75		
字　　数	210 千字	版　　次	2025 年 1 月第 1 版
购书热线	010－58581118	印　　次	2025 年 1 月第 1 次印刷
咨询电话	400－810－0598	定　　价	59.00 元

物 料 号　62877－00

前言

今天的数学将走向何方？也许数学给人的印象是一门已经成熟的、没有新意的学问, 但实际上绝不是这样. 在数学自身或者与其他领域的关联中, 即使是到了今天, 新的世界仍在不断扩大.

那些被称为数学家的从事数学研究的人们, 每天都在不断地证明定理, 致力于那些尚未解决的问题, 创造出新的理论. 你能想象出这些人实际上在做什么吗？那些今后想要真正学习数学的高中生和大学生们, 恐怕从未想过教科书中学到的数学的前面还会有什么在等待着你们吧!

小说中描写的数学家, 似乎是日复一日地躲在研究室里, 面对厚厚的笔记本或电脑进行着艰难的计算, 也许在某一天的一瞬间灵光闪现, 解决了隐藏着宇宙之谜的方程式. 现实中数学家的生活外表上看起来十分枯燥, 但他们的大脑却不停地用自由的想象力展现着富有创造性的戏剧.

今天, 在东京大学驹场校区的研究生院数理科学研究科, 有超过 100 名的现役研究者和未来会成为研究者的人们正在创造着新的数学. 也是在这个建筑物中, 教员正在对理学部数学科的学生教授数学. 他们的必修课里有一门课程叫作 “数学探究 XB”[①], 就是教师们每人花一个小时时间介绍各自专业领域的课程. 其目的是向那些想借助数学的力量活跃在社会上的人, 抑或是想进入研究生院继续学习数学的人, 介绍数学当今的现状, 传递数学真正的有趣之处.

① 译者注: 东京大学理学部数学科四年级学生的必修科目中有 “数学探究 XA” 和 “数学探究 XB” 两个科目. “数学探究 XA” 是由指导老师决定并开展的所谓课堂讨论. 而 “数学探究 XB” 是一种选集式的讲义, 由数学科的老师每人用一个小时时间通俗易懂地向四年级学生介绍自己的专业领域. 本套丛书《数学的现在》三卷本就是在 “数学探究 XB” 的基础上编撰而成.

我们要求每一位负责授课的教员在讲义里介绍各自的专业领域目前正在研究什么, 有趣的内容有哪些, 以及它未来将会走向哪里, 目的是让学生感受当下数学栩栩如生的姿态.

面对这样的讲义, 有的学生阅读起来很流畅, 也有些学生可能读了多少遍也读不懂. 其实即使是日常使用的讲义, 也有容易理解和难以理解的内容之分, 在这里并不要求大家在同一个水平线上.

讲义里有一些不常见的用语和记号. 为了能顺畅地阅读, 我们把贯穿全书中的记号整理在开头部分的记号表里; 在每个讲义的结束处都添加了基本术语的解说; 对于那些想详细理解讲义内容以及想进一步学习的读者, 也列举出了参考书. 如果很好地利用这些进行阅读的话, 读者一定能体会到授课现场的氛围.

考虑到讲义的易读性, 我们把相近领域的讲义都集中在同一卷里, 所以请一定要通读全部三卷. 到时你也许会注意到, 即使是乍一看相距很远的领域, 但仔细阅读的话就会发现它们处理的是相同的话题, 或者同一个领域里的发现对其他领域也会产生影响. 这样, 读者不仅能体验跨越代数、几何、分析、应用等各个领域的数学的宽度和各自的深度, 还能体会到它们作为一个整体的有机联系.

当读完本讲义的时候, 你一定会更切身地感受到数学现在正在发生什么. 同时也希望你能真实感受到今天数学世界的广阔, 以及其生机勃勃的面貌. 那么, 让我们现在就去数学科的教室看看吧!

编者代表
斋藤毅

记号表

本书有时对如下记号不加声明地使用。

$\mathbf{N}$, $\boldsymbol{N}$, $\mathbb{N}$: 自然数全体的集合

$\mathbf{Z}$, $\boldsymbol{Z}$, $\mathbb{Z}$: 整数全体的集合

$\mathbf{Q}$, $\boldsymbol{Q}$, $\mathbb{Q}$: 有理数全体的集合

$\mathbf{R}$, $\boldsymbol{R}$, $\mathbb{R}$: 实数全体的集合

$\mathbf{C}$, $\boldsymbol{C}$, $\mathbb{C}$: 复数全体的集合

$\mathbb{Z}_+$, $\mathbb{Z}_{>0}$, $\mathbb{R}_+$: 正整数全体的集合, 正实数全体的集合

$\mathbb{Z}_{\geqslant 0}$, $\mathbb{R}_{\geqslant 0}$: 非负整数全体的集合, 非负实数全体的集合

$\lfloor \cdot \rfloor$: 向下舍入

inf : 下限

sup : 上限

min : 最小值

max : 最大值

sign, sgn : 符号函数

Re, re : 实部

Im, im : 虚部

$|\cdot|$： 绝对值

$\overline{a}$： a 的复共轭

arg： 辐角

δ_{ij}： 克罗内克符号

$O(\cdot), o(\cdot)$： 兰道符号

Γ： 伽马函数

$\wp$： 魏尔斯特拉斯椭圆函数

div： 散度

rot： 旋度

$\partial_t, \partial_{xx}, \nabla_{xx}$： 偏微分算子

$\Delta, \triangle$： 拉普拉斯算子, 拉普拉斯的

Vol, vol, vol： 体积

$\langle\cdot,\cdot\rangle$： 内积

$\|\cdot\|$： 范数

Tr, tr, trace： 迹

det： 行列式

rank： 秩

^{t}： 转置

I： 单位矩阵

dim： 维数

$\mathrm{span}\{e_1, \cdots, e_n\}$： 由 $e_1, \cdots, e_n$ 生成的向量空间

ker： 线性映射的核

$\oplus$： 直和

$\otimes$： 张量积

$V^{\otimes n}$： n 重张量积

$\wedge$： 外积

$\sharp$： 元素的个数

$\varnothing, \emptyset$： 空集合

$\cup, \cap, \amalg$： 集族的并、交、直和

$-, \setminus$： 集合差, 补集

$\backslash, /$： 商空间, 商集

$\sqcup$： 集合的直和

$\hookrightarrow$： 包含映射

$\mapsto$： 根据映射生成的元素的对应

$\mathbb{N}^{\mathbb{Z}}$： 全体自然数列的集合

$\mathbb{R}^{\times}, \mathbb{C}^{\times}, \mathbb{C}^{*}$： $\mathbb{R} \setminus \{0\}, \mathbb{C} \setminus \{0\}$

$M_n(\cdot), M(n, \cdot)$： n 次方阵构成的线性空间, 环

$\mathfrak{sl}_n, \mathfrak{sl}(n, \cdot)$： 迹为 0 的 n 次方阵构成的李环

$\mathrm{GL}(n, \cdot), GL(n, \cdot), GL_n(\cdot), \mathrm{GL}_n(\cdot)$： n 次一般线性群

$\mathrm{SL}(n, \cdot), SL(n, \cdot), SL(n; \cdot), SL_n(\cdot), \mathrm{SL}_n(\cdot)$： n 次特殊线性群

$PSL_n(\cdot)$： n 次射影特殊线性群

$O_n(\cdot), O(n)$： n 次正交群

$\mathrm{SO}_n(\cdot), SO_n(\cdot), SO(n, \cdot), \mathrm{SO}(n)$： n 次特殊正交群

$\mathrm{U}_n, U_n, U(n)$： n 次酉群

$\mathrm{SU}_n, SU_n, SU(n)$： n 次特殊酉群

$\mathrm{Sp}_n, Sp_n, Sp(n)$： n 次辛群

$S_n, \mathfrak{S}_n$： n 次对称群

Alt_n, Alt_n： 交错群

$C_n, \mathbb{Z}_n, \mathbf{Z}/(m)$： 循环群

Id, id, id： 恒同映射

$\cong$： 同构

$\simeq$： 同伦等价

mod： 余数

$d \mid n, d \nmid n$： d 除尽 n, d 除不尽 n

$\ltimes$： 半直积

$\mathrm{Aut}(X)$： X 的自同构群

Gal： 伽罗瓦群

$\mathrm{End}(X)$： X 的自同态集合, 环

Hom： 同态全体构成的空间, 模

$T^{\vee}, T^{*}$： T 的对偶

$k[\,]$： 多项式环

$k[[\,]]$： 形式幂级数环

$\mathbf{F}_p, \mathbb{F}_p$： p 元域

$\mathbb{F}_p^{\times}$： $\mathbb{F}_p \setminus \{0\}$

$\mathbb{Z}_p$： p 进整数环

$\mathbf{Q}_p, \mathbb{Q}_p$： p 进域

$A^{\times}, D^{\times}$： A, D 的乘法群

$\boldsymbol{S}^n$： n 维球面

$\mathbf{T}^n, \mathbb{T}^n$： n 维环面

$\mathbf{P}^n, \mathbb{P}^n, \boldsymbol{CP}^n, \mathbf{P}^n(\mathbf{C})$： n 维 (复) 射影空间

$\mathbf{A}^n$： n 维仿射空间

$\overline{A}$： A 的闭包

∂D： D 的边界

π_1： 基本群

$H_n(\cdot,\cdot)$： 同调群

$H^n(\cdot,\cdot)$： 上同调群

$C(\cdot)$： 连续函数的空间

$C^k(\cdot)$： k 次连续可微的函数空间

$C^{\infty}(\cdot)$： 无穷次连续可微的函数空间

$C_c(\cdot)$： 紧支撑连续函数空间

$C_c^2(\cdot)$： 紧支撑二次连续可微函数空间

$C_0^{\infty}(\cdot), C_c^{\infty}(\cdot)$： 紧支撑无穷次连续可微函数空间

$L^p(\cdot)$： p 次可积函数构成的巴拿赫空间

$L^p_{\mathrm{loc}}, L^p_{loc}$： 局部 p 次可积函数空间

ℓ^2： 平方可和数列构成的希尔伯特空间

$E[\cdot]$： 期望值

$N(\cdot,\cdot)$： 正态分布

目录

第一讲　算术几何学

——从黎曼猜想到平展上同调

斋藤毅

今天谈谈数论与几何的话题. 因为在大三的课程中数论被划分到代数学里, 所以可能会让人觉得与处理流形及其同调的几何学无关. 然而, 这二者融为一体才是数学的有趣之处. 现代数学是在抽象的基础上创造出来的, 这一倾向从 19 世纪黎曼的年代开始变得越发清晰起来. 下面关于数论与几何也分别从黎曼谈起.

1.1　黎曼猜想

首先从黎曼 zeta 函数 (zeta function) 的定义讲起. 黎曼的 zeta 函数定义为狄利克雷级数 (Dirichlet series)

$$\zeta(s) = \sum_{n=1}^{\infty} \frac{1}{n^s}. \tag{1.1}$$

这一级数在 s 的实部 > 1 的范围内绝对收敛, 因此确定了一个全纯函数. 利用素因子分解的唯一性, 还可把这个级数表示为欧拉积 (Euler product)

$$\zeta(s) = \prod_{p:\text{素数}} \left(1 - \frac{1}{p^s}\right)^{-1}. \tag{1.2}$$

Zeta 函数 $\zeta(s)$ 作为亚纯函数可以解析延拓到整个复平面上, 除了在 $s = 1$ 处有 1 阶极点之外处处正则. 关于零点, 因为欧拉积在实部 > 1 的范围内收敛, 所以此范围内没有零点. 使用这一结论与函数方程, 也可知在实部 < 0 的范围内只有零点为负偶数的 1 阶零点.

不超过自然数 n 的素数的个数 $\pi(n)$ 大约是 $\dfrac{n}{\log n}$, 这条结论被称为素数定理. 这个定理通过指出没有实部为 1 的 $\zeta(s)$ 的零点这一事实也能得到证明. 实部在 0 与 1 之间的所有零点, 其实部都等于 $\dfrac{1}{2}$, 这就是著名的黎曼猜想 (Riemann hypothesis), 至今仍然是一个尚未解决的问题. 如果这个猜想得到证明的话, 那么就能了解关于素数分布的更加精密的信息. 把上述内容总结一下如图 1.1 所示.

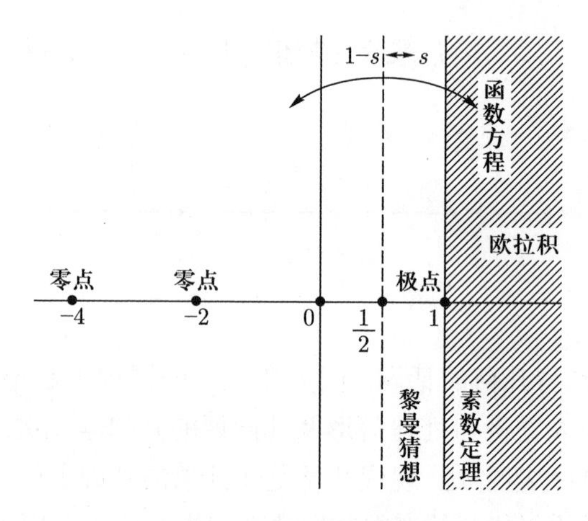

图 1.1 zeta 函数的零点

1.2 数域与函数域的类似

古典代数数论是被称作数域 (number field) 的有理数域的有限次扩张的理论. 有限域上的一元有理函数域的有限次扩张被称作有限域上的一元函数域 (function field), 这样的域与数域非常相似. 把这称作数域与函数域的类似. 在数学中像这样找出相似的对象, 研究其类似之处, 常常可以促进对双方的理解. 考虑到数域与函数域的类似, 可以把一个个素数想象成一条曲线上的点的类似.

可以把黎曼 zeta 函数看成有理数域的 zeta 函数. 这样一来, 也就能定义有限域上一元函数域的 zeta 函数了. 关于这个 zeta 函数的黎曼猜想的类似命题已经得证.

首先从有理函数域的情形开始. 设 p 为素数, $\mathbf{F}_p$ 为阶为 p 的有限域. 一元多项式环 $A = \mathbf{F}_p[T]$ 具有与某种整数环 $\mathbf{Z}$ 非常相似的性质, 这种整数环不仅是主理想整环, 而且由极大理想 $\mathfrak{m}$ 生成的剩余域 $A/\mathfrak{m}$ 都是有限域. 利用这

一事实, 可以与公式 (1.2) 同样地将 $A=\mathbf{F}_p[T]$ 的 zeta 函数定义为欧拉积

$$\zeta_A(s)=\prod_{\mathfrak{m}:\ A\text{的极大理想}}\left(1-\frac{1}{N\mathfrak{m}^s}\right)^{-1}. \tag{1.3}$$

这里 $N\mathfrak{m}$ 表示有限域 $A/\mathfrak{m}$ 的元素个数.

将整数环 $\mathbf{Z}$ 作为 A 代入公式 (1.3) 中, 就得到用欧拉积表示的黎曼 zeta 函数的公式 (1.2). 再回到 $A=\mathbf{F}_p[T]$ 的话题, 因为在多项式环中 "素元分解" 的唯一性也成立, 所以也能够像公式 (1.1) 那样把 A 的 zeta 函数 $\zeta_A(s)$ 表示为狄利克雷级数.

$A=\mathbf{F}_p[T]$ 的 zeta 函数 $\zeta_A(s)$ 与黎曼 zeta 函数 $\zeta(s)$ 的一大区别在于 $\zeta_A(s)$ 是 $\dfrac{1}{1-p^{1-s}}$ 这样的简单函数. 由此可知, $\zeta_A(s)$ 在 $s=1+\dfrac{2\pi\sqrt{-1}}{\log p}\cdot n$ (n 为整数) 处有 1 阶极点.

问题 1.1 对于 $A=\mathbf{F}_p[T]$, 证明 $\zeta_A(s)=\dfrac{1}{1-p^{1-s}}$.

到目前为止都是假定 A 为多项式环 $\mathbf{F}_p[T]$. 如果 A 为整数环 $\mathbf{Z}$ 上的有限生成的话, 那么不管什么样的交换环, 都可以用公式 (1.3) 来定义其 zeta 函数. 此处要用到交换环定理: 作为整数环 $\mathbf{Z}$ 上的环来说有限生成的域都是有限域.

在多项式环 $\mathbf{F}_p[T]$ 之后, 我们来研究如下所示的环:

$$\mathbf{F}_p[X,Y]\big/\left(Y^2-f(X)\right), \tag{1.4}$$

这里假设 p 是大于等于 3 的素数, $f(X)\in\mathbf{F}_p[X]$ 是没有重根的三次式. 要弄清楚此时的 zeta 函数 $\zeta_A(s)$ 比问题 1.1 要难很多, 不过与黎曼 zeta 函数比起来还是太过简单, 没有可比性. $\zeta_A(s)$ 函数如下所示:

$$\zeta_A(s)=\frac{1-ap^{-s}+p^{1-2s}}{1-p^{1-s}}. \tag{1.5}$$

不仅如此, 甚至还知道 a 是整数, 且满足 $|a|<2\sqrt{p}$.

把上式中的分子 $1-ap^{-s}+p^{1-2s}$ 分解为 $\left(1-\alpha p^{-s}\right)\left(1-\overline{\alpha}p^{-s}\right)$ 的形式, 那么上述不等式就等价于复数 α 的绝对值是 $p^{\frac{1}{2}}$. 因此 $\zeta_A(s)$ 的零点的实部是 $\dfrac{1}{2}$, 关于 $\zeta_A(s)$ 黎曼猜想的类似命题成立.

我们还知道更多各式各样的关于黎曼猜想的类似结果, 对这个话题我们以后再来讨论, 现在先来考虑分子为何是 p^{-s} 的二次式. 数论与几何就这样在这里关联起来.

1.3 黎曼面的亏格

以黎曼冠名的术语有很多, 如黎曼 zeta 函数、黎曼猜想等, 不过其中经常听到的恐怕要数黎曼曲面 (Riemann surface). 可以把紧连通的黎曼曲面看成复数域上射影非奇异连通代数曲线 (algebraic curve) 的别名, 由 $\mathbf{C}$ 上的一元函数域确定.

表示紧连通黎曼曲面形状的数是亏格 (genus). 可以用多种方式来定义亏格, 此处将其看成奇异上同调 (singular cohomology) $H^1(X,\mathbf{Z})$ 的 $\mathbf{Z}$ 模的秩的一半. 作为亏格的说明, 经常可以看到如图 1.2 所示的图, 不过关于紧黎曼曲面, 从这图中能得到的信息只有亏格. 看了这张图感觉了解了黎曼曲面的形状, 所以也可以认为知道了紧黎曼曲面的形状, 就等于是知道了上同调 $H^1(X,\mathbf{Z})$.

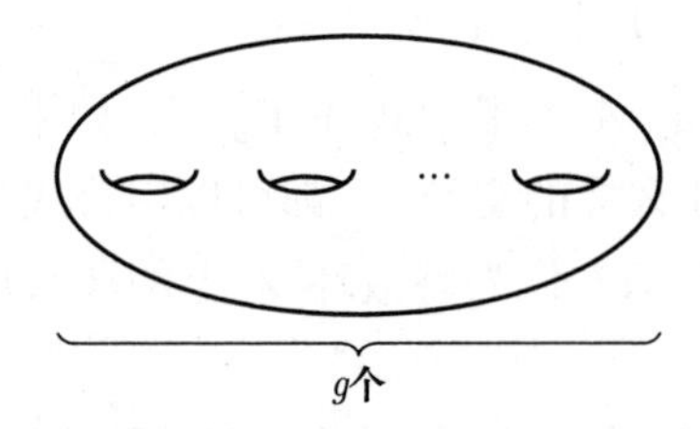

图 1.2 亏格为 g 的黎曼曲面

下面以椭圆曲线 (elliptic curve) 为例进行说明. 由 $\mathbf{C}$ 的 $\mathbf{R}$ 线性空间的基底 ω_1,ω_2 生成的子模 $L=\mathbf{Z}\omega_1+\mathbf{Z}\omega_2$ 称作 $\mathbf{C}$ 的格 (lattice), 得到的商是紧黎曼曲面 $E=\mathbf{C}/L$ 的 $H^1(E,\mathbf{Z})$, 因为它是 L 的对偶 $L^\vee=\mathrm{Hom}_{\mathbf{Z}}(L,\mathbf{Z})$, 所以椭圆曲线的亏格是 1.

复分析中常常接触到魏尔斯特拉斯 $\wp$ 函数($\wp$-function)

$$\wp_L(z)=\frac{1}{z^2}+\sum_{\omega\in L,\omega\neq 0}\left(\frac{1}{(z-\omega)^2}-\frac{1}{\omega^2}\right),$$

有了这个函数就可以把用解析的方法构成的黎曼曲面 $E=\mathbf{C}/L$ 使用下列方程式

$$Y^2=4X^3-g_2(L)X-g_3(L) \tag{1.6}$$

定义成代数曲线, 其中, $g_2(L)=60\sum_{\omega\in L,\omega\neq 0}\frac{1}{\omega^4}$, $g_3(L)=140\sum_{\omega\in L,\omega\neq 0}\frac{1}{\omega^6}$, 这样就可以从代数的角度对其进行分析.

前一节中的公式 (1.4) 与上述公式 (1.6) 的区别在于系数是有限域 $\mathbf{F}_p$ 中

的元素还是复数, 但都是 $Y^2 = f(X)$ 这一相同的形式, 其中 $f(X)$ 是没有重根的三次式. 正是因为这个理由, zeta 函数的分子 $1 - ap^{-s} + p^{1-2s}$ 作为 p^{-s} 的多项式的次数与上同调 $H^1(E, \mathbf{Z}) = L^\vee$ 的秩同样都是 2. 那为什么这个会成为其理由呢? 后面还要继续加以说明.

问题 1.2 设 $f(x) \in \mathbf{C}[x]$ 为没有重根的 $2n+1$ 次多项式. 求把 $Y = \{(x, y) \in \mathbf{C} \mid y^2 = f(x)\}$ 紧化后得出的黎曼曲面 X 的亏格.

1.4 亏格与有理点

19 世纪, 代数曲线的黎曼曲面这一几何学理论蓬勃发展. 受此影响, 在 20 世纪出现了一股将其应用于数论的潮流.

将有理系数方程 $f(x, y) = 0$ 的有理数解 $(x, y) = (a, b)$ 称作由 $f(x, y) = 0$ 定义的代数曲线 C 的有理点 (rational point). 例如, 费马大定理 (Fermat's last theorem) 可以表述为如下关于代数曲线有理点的定理: 对自然数 $n \geqslant 3$, 由方程式 $x^n + y^n = 1$ 确定的代数曲线的有理点, 当 n 为奇数时仅有 $(x, y) = (1, 0), (0, 1)$ 两个, 当 n 为偶数时仅有 $(x, y) = (\pm 1, 0), (0, \pm 1)$ 四个.

代数曲线 C 作为黎曼曲面的形状这一几何性质, 决定着 $f(x, y) = 0$ 的有理数解这一数论性质, 这看起来也许有点不可思议. 实际情况是在有些情形下使用几何性质可以系统地构造出有理点, 否则就能够证明其有理点很少. 费马大定理的证明方法也分两种情形, $n = 3, 4$ 的情形只用亏格为 1 的代数曲线就可以证明, $n \geqslant 5$ 的情形就要用亏格大于等于 2 的代数曲线来证明. 这两种方法是不一样的.

下面从亏格为 0 的情形开始说明. 亏格为 0 的代数曲线是由下述二次方程

$$ax^2 + by^2 = 1 \tag{1.7}$$

(a, b 是非零有理数) 定义的二次曲线 (conic curve). 如果这条曲线 C 上有一个有理点 $P = (p, q)$, 那么可以用几何的方式求出其余的有理点, 即所有通过点 P 且斜率为有理数的直线与 C 的交点.

例如, 假设 C 由 $x^2 + y^2 = 1$ 定义, 那么通过点 $(-1, 0)$ 且斜率为 t 的直线与 C 的交点的坐标是 $\left(\dfrac{1-t^2}{1+t^2}, \dfrac{2t}{1+t^2}\right)$(参见图 1.3). 这样一来, 就得到了 C 与射影直线 (projective line) $\mathbf{P}^1_{\mathbf{Q}}$ 的同构. 设 t 为不可约分数 $\dfrac{n}{m}$, 进行去分母处理后, 即可解出下面的问题.

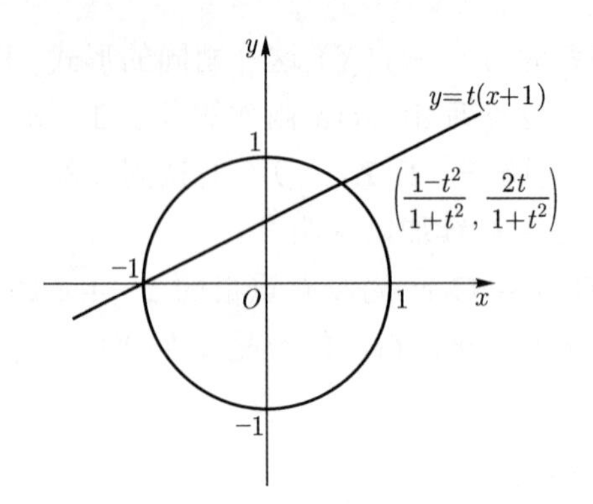

图 1.3 二次曲线 $x^2 + y^2 = 1$ 的有理点

问题 1.3 假设 (A, B, C) 为方程 $X^2 + Y^2 = Z^2$ 的整数解, 且 A, B, C 的最大公约数为 1.

1. 证明 A 与 B 中有一个为偶数.

2. 假设 B 为偶数, 证明存在互素的整数 m, n, 使得 $(A, B, C) = (m^2 - n^2, 2mn, m^2 + n^2)$ 成立.

如上所述, 在存在有理点的情形下可以得到射影直线 $\mathbf{P}^1_{\mathbf{Q}}$ 的同构. 如此一来, 可以比较简单地判定出有理点的有无. 例如设 p 为 $\neq 5$ 的素数, 那么 $px^2 + 5y^2 = 1$ 是否有有理点, 可以用 p 除以 5 的余数来判定. p 除以 5 的余数为 1 或 4 时则有有理点, 余数为 2 或 3 时则没有有理点. 要证明没有有理点不是多么困难, 不过要证明有有理点就不那么简单了.

一般来说我们都知道如下事实. 有理数域 $\mathbf{Q}$ 是实数域 $\mathbf{R}$ 的子域, 也可以看成每个素数 p 确定的 p 进域 $\mathbf{Q}_p$ (p-adic field) 的子域. 如果有有理点的话, 那么这个有理数既可以是实数, 也可以是 p 进数. 因此, 坐标既有实数的点也有 p 进数的点. 反之, 如果二次曲线 C 有坐标为实数的点且对所有的素数 p 都存在坐标为 p 进数的点, 那么我们就知道 C 上存在有理点.

上述事实表明, 对于二次曲线的有理点成立局部–整体原理 (local-global principle). 一元函数域是由代数曲线上的函数构成的域, 以此类推, 我们可以认为有理数域是由被称作 Spec $\mathbf{Z}$ 的几何对象上的函数构成的域, 这样 Spec $\mathbf{Z}$ 中的点就对应于素数. 进一步往 Spec $\mathbf{Z}$ 中添加与有理数域到实数域的嵌入对应的被称作无限素点的点, 就得到一个紧化的对象 (图 1.4). 如果在这个对象的所有点中有二次曲线 C 的点, 那么 C 就有有理点. 像这样我们就可以认为从局部性质推导出了整体性质.

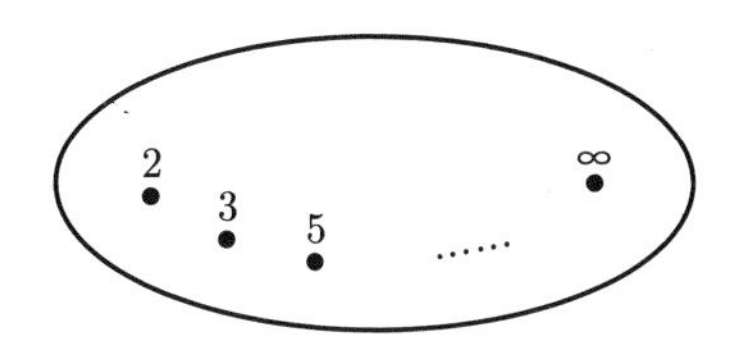

图 1.4 Spec $\mathbf{Z}$ 与无限素点

下面来谈谈亏格为 1 的情形. 这时, 如果有一个有理点, 那么把这个有理点作为无穷远点 O, 通过适当地选取坐标, 下述方程式

$$y^2 = f(x) \tag{1.8}$$

($f(x)$ 是没有重根的有理系数三次式) 定义的是椭圆曲线. 我们已经知道 C 上的椭圆曲线上有加法群 (additive group) 的结构, 这个结构是由格 L 生成的商 $\mathbf{C}/L$ 定义的, 其实这个结构可以用代数的方法来定义.

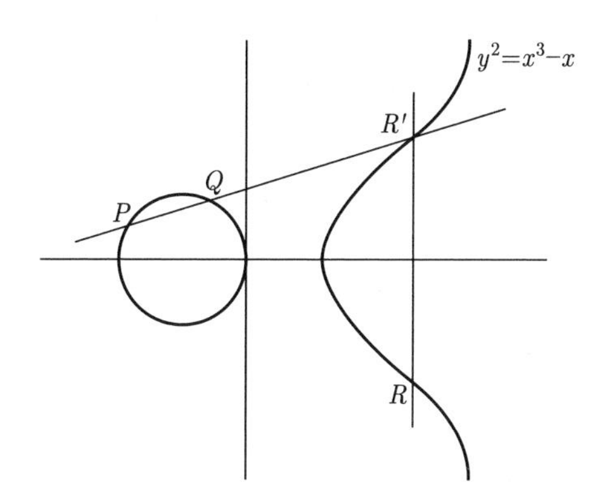

图 1.5 椭圆曲线上的加法 $P+Q=R$

对于由公式 (1.8) 定义的椭圆曲线 E 上的三个点 P, Q, R, 当 P, Q, R 三个点在同一直线上时有 $P+Q+R=0$ 成立. 这样一来, 就可以用几何的方式在 E 的有理点全体构成的集合 $E(\mathbf{Q})$ 上定义加法群的结构, 这时无穷远点 O 就成为原点. 上面的图 1.5 即表示这种加法. 此时我们知道 $E(\mathbf{Q})$ 是有限生成阿贝尔群. 这个结果被称作莫德尔定理 (Mordell's theorem).

对于无有理点且亏格为 1 的曲线, 还有几大尚未解决的问题. 现在知道的是在亏格为 1 的情形下, 关于有理点的有无, 局部–整体原理不成立. 类似这样的不成立究竟有多少呢? 这是所谓的伯奇与斯温纳顿–戴尔猜想 (Birch and Swinnerton-Dyer conjecture, BSD 猜想) 中尚未解决问题的一部分. 因为详细解说需要太多预备知识, 所以在这里就不做更多展开了.

亏格大于等于 2 的情形与亏格为 0 或 1 的情形不同, 在这种情形下没有逐次构造有理点的几何手段, 而且已经证明了在这种情形下有理点只有有限个. 这个问题被称作莫德尔猜想 (Mordell's conjecture), 已经被法尔廷斯证明了.

1.5 韦伊猜想

下面回到 zeta 函数的话题. 因为讲义的内容渐渐逼近核心部分了, 所以会越来越困难, 接下来要稍稍使用一些代数几何的术语. 设 X 为定义在有限域 $\mathbf{F}_p$ 上的射影代数簇 (algebraic variety).

不太熟悉这套术语的人暂且可以按照下面说的去理解就足够了. X 是射影空间 $\mathbf{P}^N_{\mathbf{F}_p}$ 内由一组齐次多项式 $f_1, \cdots, f_m \in \mathbf{F}_p[T_0, \cdots, T_N]$ 所定义的, 对于自然数 $n \geqslant 1$, 确定了下述有限集合

$$X(\mathbf{F}_{p^n}) = \{(t_0 : \cdots : t_N) \in \mathbf{P}^N(\mathbf{F}_{p^n}) \mid f_i(t_0, \cdots, t_N) = 0 \ (i = 1, \cdots, m)\}.$$

这里的 $\mathbf{P}^N(\mathbf{F}_{p^n})$ 是指从有限域 $k = \mathbf{F}_{p^n}$ 上的 $N+1$ 维线性空间 k^{N+1} 中除去 0 所得的集合, 与生成同一个一维线性子空间的等价关系相除所得到的商集.

虽然也可以像公式 (1.3) 那样用欧拉积来定义 X 的 zeta 函数, 不过这里用有限集合 $X(\mathbf{F}_{p^n})$ 的元素个数 $\sharp X(\mathbf{F}_{p^n})$ 来描述. 将形式幂级数 $Z(X/\mathbf{F}_p, t)$ 定义为

$$Z(X/\mathbf{F}_p, t) = \exp\left(\sum_{n=1}^{\infty} \frac{\sharp X(\mathbf{F}_{p^n})}{n} t^n\right). \tag{1.9}$$

在这个式子中代入 $t = p^{-s}$, 然后用 $\zeta_X(s) = Z\left(X/\mathbf{F}_p, p^{-s}\right)$ 来定义 zeta 函数 $\zeta_X(s)$.

如果想要写成欧拉积的话, 只需像问题 1.1 的解答那样做就可以了. 如果按照问题 1.1 的解答来做, 也可以如下定义 zeta 函数 $\zeta_A(s)$. 如果 A 是 $\mathbf{F}_p$ 上的有限生成环, 那么只要在公式 (1.9) 中把 $\sharp X(\mathbf{F}_{p^n})$ 置换成环的态射 $A \to \mathbf{F}_{p^n}$ 的个数, 就得到公式 (1.3) 中定义的 zeta 函数 $\zeta_A(s)$.

问题 1.4 证明射影空间 $\mathbf{P}^N_{\mathbf{F}_p}$ 的 zeta 函数为

$$Z(\mathbf{P}^N_{\mathbf{F}_p}/\mathbf{F}_p, t) = \frac{1}{(1-t)(1-pt)\cdots(1-p^N t)}.$$

对于由公式 (1.4) 定义的环 $A = \mathbf{F}_p[X, Y]/(Y^2 - f(X))$, 设由 $Y^2 - f(X)$ 的齐次化 $Y^2 Z = F(X, Z)$ 定义的椭圆曲线为 $E \subset \mathbf{P}^2_{\mathbf{F}_p}$, 那么其 zeta 函数

$\zeta_E(s)$ 可以用公式 (1.5) 中的整数 a 表示成

$$\zeta_E(s) = \frac{1 - ap^{-s} + p^{1-2s}}{(1-p^{-s})(1-p^{1-s})}. \tag{1.10}$$

韦伊证明了关于有限域上代数曲线的 zeta 函数的黎曼猜想的类似命题, 同时他猜测其高维推广也成立. 当时韦伊暗示说, 如果对于有限域上的代数簇也有性质良好的上同调理论的话, 那么就可以推导出这个猜想. 为此格罗滕迪克构造了平展上同调 (étale cohomology), 并用它证明了韦伊猜想 (Weil conjecture) 中的相当一部分内容.

因为格罗滕迪克知道能用于证明韦伊猜想的好的上同调理论中不可能以 $\mathbf{Q}$ 为系数, 所以他取一个不同于 p 的素数 ℓ, 构造了以 ℓ 进域 $\mathbf{Q}_\ell$ 为系数的 ℓ 进上同调 (ℓ-adic cohomology) $H^q(X_{\overline{\mathbf{F}}_p}, \mathbf{Q}_\ell)$. 这是有限维的 $\mathbf{Q}_\ell$ 线性空间, 设 d 为 X 的维数 $\dim X$, 那么在 $0 \leqslant q \leqslant 2d$ 之外都是 0.

把由坐标的 p 次幂确定的弗罗贝尼乌斯算子 (Frobenius operator) F 的特征多项式定义为

$$P_q(X,t) = \det\left(1 - Ft : H^q\left(X_{\overline{\mathbf{F}}_p}, \mathbf{Q}_\ell\right)\right), \tag{1.11}$$

那么从莱夫谢茨迹公式 (Lefschetz trace formula) 可知

$$Z(X/\mathbf{F}_p, t) = \frac{P_1(X,t)\cdots P_{2d-1}(X,t)}{P_0(X,t)\cdot P_2(X,t)\cdots P_{2d}(X,t)} \tag{1.12}$$

成立.

进一步假定 X 上没有奇点 (singular point), 并且 X 是由整系数方程定义的射影非奇异簇 Y 的模 p 约化 (mod-p reduction), 那么 ℓ 进上同调与复流形 $Y(\mathbf{C})$ 的奇异上同调之间存在同构 $H^q(X_{\overline{\mathbf{F}}_p}, \mathbf{Q}_\ell) \to H^q(Y(\mathbf{C}), \mathbf{Q}) \otimes_{\mathbf{Q}} \mathbf{Q}_\ell$, 称作比较同构. Zeta 函数公式 (1.5) 的分子的次数与椭圆曲线的上同调的秩都是 2, 其理由正在于这个同构.

黎曼猜想的类似命题是, 假设 X 没有奇点, 设 $P_q(X,t) = \prod_{i=1}^{b_q}(1-\alpha_i t)$, 则 α_i 作为复数的绝对值是 $p^{\frac{q}{2}}$. Deligne 证明了这个命题, 从而完成了全部韦伊猜想的证明. 如果认为要了解簇的形状只要知道上同调就够了, 那么从韦伊猜想及证明韦伊猜想时使用的平展上同调方法来看, 数一数点的个数也就能知道簇的形状.

1.6 平展上同调

平展上同调的引入与韦伊猜想的解决为此后算术几何学的发展开辟了道路. 下面关于其数论方面与几何方面各简单介绍一个目前正在研究中的题目.

平展上同调在数论方面的一个重要应用是构造伽罗瓦表示 (Galois representation). 上一节中因为谈论的是韦伊猜想, 所以把常数域设为有限域, 而平展上同调对任意域上的代数簇都可以定义. 在有理数域的情形, 因为存在比较同构 $H^q\left(X_{\overline{\mathbf{Q}}}, \mathbf{Q}_\ell\right) \to H^q(X(\mathbf{C}), \mathbf{Q}) \otimes_{\mathbf{Q}} \mathbf{Q}_\ell$, 所以作为线性空间来说已经不是什么新颖的东西了. 但是因为可以用代数式的方法定义平展上同调, 因此有绝对伽罗瓦群 $G_{\mathbf{Q}}$ (absolute Galois group) 自然地作用于其上. 这样就开辟了以此为研究对象的算术几何学的新世界.

被称作拉玛努金 Delta 函数 (Ramanujan's delta function) 的模形式 (modular form) 如下:

$$\Delta = q\prod_{n=1}^{\infty}(1-q^n)^{24} = \sum_{n=1}^{\infty}\tau(n)q^n. \tag{1.13}$$

设 $q = \exp(2\pi\sqrt{-1}z)$, 这时可把此函数看作上半平面 (upper half plane) $\{z \in \mathbf{C} \mid z \text{ 的虚部 } > 0\}$ 上的全纯函数. Δ 作为公式 (1.6) 右边的三次式的判别式 $g_2(L)^3 - 27g_3(L)^2$, 也与椭圆曲线联系在一起. 所谓拉玛努金猜想 (Ramanujan's conjecture) 是指下述命题, 即若 p 为素数, 则有 $|\tau(p)| < 2p^{\frac{11}{2}}$ 成立.

佐藤干夫对被称作久贺 – 佐藤簇的模曲线 (modular curve) 上的万有椭圆曲线族的纤维积进行了分析, Deligne 使用其平展上同调构造出了与拉玛努金 Delta 函数相伴的伽罗瓦表示, 并将拉玛努金猜想归结到了韦伊猜想. 于是在韦伊猜想得证的同时, 拉玛努金猜想也得到了证明.

这种模形式与伽罗瓦表示之间的关联被称作朗兰兹对应 (Langlands correspondence), 作为类域论 (class field theory) 的高维推广成为当今数论的中心研究课题. 解决拉玛努金猜想是沿着从模形式出发构造伽罗瓦表示的方向, 反之怀尔斯证明的是与伽罗瓦表示相关联的模形式的存在, 由此解决了费马大定理.

证明的大致流程是这样的. 假设 ℓ 为大于等于 5 的素数, 方程 $X^\ell + Y^\ell = Z^\ell$ 有非平凡整数解. 用这个结论构造椭圆曲线 E, 再从 E 出发构造伽罗瓦表示 $H^1(E_{\overline{\mathbf{Q}}}, \mathbf{Q}_\ell)$, 在这个推导过程中出现矛盾. 这个证明的核心部分在于证明与伽罗瓦表示 $H^1(E_{\overline{\mathbf{Q}}}, \mathbf{Q}_\ell)$ 相关联的模形式的存在.

在此后的 20 年间, 怀尔斯在证明费马大定理的过程中导入的手法得到了极大的扩充发展, 在这之前甚至被认为是梦想的伽罗瓦表示的自守性也不断地得到证明. 这里不再做详细介绍, 不过可以提一下, 关于拉玛努金 Delta 函数的佐藤–泰特猜想 (Sato-Tate conjecture) 也是使用这个方法证明的定理之一.

下面把话题转到几何方面. 平展上同调的理论不仅仅是对每个代数簇 X 定义其 ℓ 进上同调 $H^q(X_{\overline{k}}, \mathbf{Q}_\ell)$, 而且能在每个代数簇上构造 ℓ 进层的范畴及其导出范畴 (derived category), 并能把它们通过正像、逆像等函子连接起来. 格罗滕迪克可能是联想到了加减乘除四则运算, 于是将这些函子称之为六则运算 (six operations).

大约与格罗滕迪克等创立平展上同调理论同一时期, 佐藤干夫、柏原正树等人在京都创立了 $\mathcal{D}$ 模($\mathcal{D}$-module) 的理论. 所谓 $\mathcal{D}$ 模, 就是用层的语言来描述复流形上的线性偏微分方程组. 虽然其起源与平展上同调无关, 但是完成后的理论却非常相似, 其中也出现了六则运算.

Deligne 通过对 $\mathcal{D}$ 模理论与 ℓ 进层理论这两方面都出现的傅里叶变换 (Fourier transform) 进行研究, 把着眼点放在了 $\mathcal{D}$ 模的非正则奇点 (irregular singularity) 与 ℓ 进层的非驯分歧 (wild ramification) 的类似上. 如上所述两个理论虽然非常相似, 可也有不同的地方.

在 $\mathcal{D}$ 模理论中被称作微局部分析 (micro-local analysis) 的、定义在余切丛 (cotangent bundle) 上的特征闭链 (characteristic cycle) 已变得十分重要, 但在 ℓ 进层理论中特征闭链才刚刚好不容易被定义出来. 在 Deligne 的研究以及利用加藤和也创立的高维类域论的方法开展的先驱性研究等基础之上, 关于特征闭链的研究正开始大踏步地前进.

// 专用术语 //

复分析

- 正则函数, 或称全纯函数: 定义在复平面中开集上的复值函数 $f(z)$, 在定义域内处处可微.
- 解析延拓: 把定义在复平面的开集 U 上的全纯函数 $f(z)$ 的定义域扩充到包含 U 的开集上.
- 极点与零点: 对于全纯函数 $f(z)$, 满足 $\lim\limits_{z\to a}|f(z)| = \infty$ 的点 $z = a$ 是 $f(z)$ 的极点, 满足 $f(a) = 0$ 的点 $z = a$ 是 $f(z)$ 的零点.

• 黎曼曲面: 把复平面的开集通过全纯函数黏合起来而得到的曲面. 通过引入黎曼曲面, 就可以从函数论中消去"多值"函数了.

代数学

• 域: 非零环的交换环, 除 0 以外的所有元素关于乘法都是可逆的. 例如有理数域、实数域、复数域与有限域等.

• 有限次扩张: 把域 K 作为子域包含的域, 将其看作 K 线性空间时是有限维的, 例如 $\mathbf{Q}(\sqrt{-1})$ 是 $\mathbf{Q}$ 的有限次扩张.

• 主理想整环: 所谓整环, 就是可以成为域的子环的环. 把由一个元素生成的理想称作主理想. 如果一个整环中所有理想都是主理想, 那么这个整环就称作主理想整环, 也称作 PID(principal ideal domain). 例如整数环 $\mathbf{Z}$ 以及域上的一元多项式环等.

• 极大理想: 如果交换环 A 的理想 I 使得商环 A/I 是域, 那么称 I 为 A 的极大理想. 如果商环 A/I 是整环, 那么就称理想 I 是素理想.

• 素元分解: 整环 A 的非 0 元素为 x, 如果 xA 是素理想, 就把这样的 x 称作素元. 如果整环 A 中所有非 0 元素都可以分解为素元的乘积, 那么这样的整环就称作唯一因子分解整环, 也称作 UFD (unique factorization domain), 主理想整环是唯一因子分解整环.

• 有限生成: 如果用环 A 的有限个元素能够把环 A 的其他所有元素都表示为这有限个元素的整系数多项式, 那么就称环 A 是有限生成的.

• 秩: 与 $\mathbf{Z}^n$ 同构的阿贝尔群的秩是 n.

• 对偶: 线性映射 $L \to \mathbf{Z}$ 全体构成的集合, 其上定义模的加群结构.

• 绝对伽罗瓦群: 有理数域的绝对伽罗瓦群是由代数数域 $\overline{\mathbf{Q}}$ 的全体域自同构所构成的紧群.

拓扑学

• 奇异上同调: 拓扑空间的通常的上同调. 可定义为从单形的连续映射构成的复形的上同调群.

• 莱夫谢茨迹公式: 用来表示到流形自身的连续映射的不动点个数的公式, 其中不动点个数用对上同调作用的迹的交错和表示.

代数几何

• 代数曲线: 由二元多项式定义的几何对象. 代数曲线及其有限覆盖构成的范畴等价于一元代数函数域及其有限次扩张构成范畴的对偶范畴. 复数域上的代数曲线可以看作紧黎曼曲面.

• 椭圆曲线: 亏格为 1 且指定了一个有理点的代数曲线. 可确定以指定的点为原点的加法群结构. 复数域上的椭圆曲线可以看作复平面上格的商.

• 奇点: 虽然是 d 维簇的点, 但这种点是指那些由方程组 $f_1, \cdots, f_m \in k[X_1, \cdots, X_n]$ 定义的偏微分构成的矩阵 $\left(\dfrac{\partial f_j}{\partial X_i}\right)$ 的秩小于 $n-d$ 的那些点.

[参考文献]

1) 小木曾启示《代数曲线论》朝仓书店 (2002 年)

2) 桂利行《代数几何入门》共立出版 (1998 年)

数论

• p 进域: 用由素数 p 确定的 p 进拓扑结构对有理数域进行完备化所得到的域 $\mathbf{Q}_p$.

• 模形式: 定义在上半平面上的全纯函数, 满足关于 $SL_2(\mathbf{Z})$ 或其子群作用的变换公式.

[参考文献]

1) 加藤和也、黑川信重、斋藤毅《数论 I——费马之梦与类域论》岩波书店 (2005 年)

2) J.-P. 塞尔 (弥永健一译)《数论讲义》岩波书店 (2002 年)

// 参考书 //

[1] 岩泽健吉《代数函数论》岩波书店 (1952 年)

一本评价很高的代数曲线理论的名著, 不过读起来可能会感觉稍微有点困难.

[2] J.-P. Serre, *Zeta and L-functions*, Oeuvres Collected papers, Vol. II, Springer(1986), pp. 249-259

对概形的 zeta 函数进行了简洁的总结.

[3] 斋藤秀司, 佐藤周友《代数闭链与平展上同调》丸善出版 (2012 年)

如果要使用日语版的关于平展上同调的书, 推荐这一本.

[4] 加藤和也《通往解决费马大定理・佐藤–泰特猜想之路 (类域论与非交换类域论 1)》岩波书店 (2009 年)

作者以独特的口吻从费马大定理最终得以证明的始末与佐藤–泰特猜想的解决开始描述了直到其后的发展的整个历程.

[5] 斋藤毅《费马猜想》岩波书店 (2009 年)

这是一本为使读者能真正学习费马大定理的证明以及证明中用到的伽罗瓦表示等而写作的书.

[6] 高木贞治《近世数学史谈》岩波文库 (1995 年),《复刻版　近世数学史谈・数学杂谈》共立出版 (1996 年)

栩栩如生地描绘了黎曼之前活跃在算术几何学领域的人物.

// 问题解答 //

1.1 环的态射 $A=\mathbf{F}_p[T]\to\mathbf{F}_{p^n}$ 的个数有两种数法. 一种是来自多项式环 $\mathbf{F}_p[T]$ 的环的态射, 由 T 的值决定, 所以有 p^n 个. 另一方面, 环的态射 $f:A\to\mathbf{F}_{p^n}$ 的核是 A 的极大理想 $\mathfrak{m}$. 进一步设 $N\mathfrak{m}=p^d$, 由此引发的域的态射 $A/\mathfrak{m}\to\mathbf{F}_{p^n}$ 的个数, 若 $d\mid n$ 则是 d, 若 $d\nmid n$ 则是 0. 因此, 如果在 $N\mathfrak{m}=p^d$ 成立的情形下设 A 的极大理想 $\mathfrak{m}$ 的个数为 $m(d)$, 则有 $p^n=\sum\limits_{d|n}d\cdot m(d)$ 成立.

把上式代入 $\log(1-pt)^{-1}=\sum\limits_{n=1}^{\infty}\dfrac{p^nt^n}{n}$ 中, 右边变为 $\sum\limits_{n=1}^{\infty}\sum\limits_{d|n}\dfrac{d\cdot m(d)t^n}{n}$. 设 $l=\dfrac{n}{d}$, 又因为 $\sum\limits_{d=1}^{\infty}m(d)\sum\limits_{l=1}^{\infty}\dfrac{t^{dl}}{l}=\sum\limits_{d=1}^{\infty}m(d)\log(1-t^d)^{-1}$, 所以有 $\dfrac{1}{1-pt}=\prod\limits_{d=1}^{\infty}\dfrac{1}{(1-t^d)^{m(d)}}$. 设 $t=p^{-s}$, 则得出要求的公式.

1.2 设 $f(x)$ 的零点为 $w_1,\cdots,w_{2n+1}$, 黎曼球面 $\mathbf{P}^1_{\mathbf{C}}$ 上有互不相交的曲线 $C_1,\cdots,C_{n+1}$. 当 $k\leqslant n$ 时, C_k 连接 w_{2k-1} 和 w_{2k}, C_{n+1} 连接 w_{2n+1} 和无穷远点.

把 $C_1,\cdots,C_{n+1}$ 在 $\mathbf{P}^1_{\mathbf{C}}$ 上留下的切痕 U 中的两片拼贴起来可得到紧黎曼曲面 X. U 的欧拉数是 $1-n$, 拼贴的部分与 S^1 同胚, 所以其欧拉数是 0. 因此, X 的欧拉数 $\sum\limits_{q=0}^{2}(-1)^q\operatorname{rank}H^q(X,\mathbf{Z})$ 是 $2(1-n)+(n+1)\cdot 0=1-2n+1$. $H^0(X,\mathbf{Z})$ 和 $H^2(X,\mathbf{Z})$ 都与 $\mathbf{Z}$ 同

构, 所以 $\operatorname{rank} H^1(X,\mathbf{Z})=2n$. 可知 X 的亏格是 n.

1.3 (1) 假设 A 与 B 都是偶数, 则 A,B,C 就全部是偶数, 与最大公约数是 1 的假定相矛盾. 假设 A 与 B 都是奇数, A^2 与 B^2 除以 4 的余数都是 1, 所以 C^2 除以 4 的余数应该是 2, 但这样的整数 C 不存在.

(2) 假设 $A^2+B^2=C^2$, 存在满足 $\dfrac{A}{C}=\dfrac{t^2-1}{t^2+1}, \dfrac{B}{C}=\dfrac{2t}{t^2+1}$ 的有理数 t. 设 $t=\dfrac{n}{m}$ 为不可约分数, 有 $\dfrac{A}{C}=\dfrac{n^2-m^2}{n^2+m^2}, \dfrac{B}{C}=\dfrac{2mn}{n^2+m^2}$ 成立. $2mn$ 与 n^2+m^2 的最大公约数由 n,m 的奇偶性决定, 当 n,m 双方都是奇数时最大公约数为 2, 当 n,m 双方只有一方为偶数时最大公约数为 1 . 因此, 假定 A,B,C 的最大公约数是 1, 当 B 是偶数时, n,m 双方只有一方为偶数, $(A,B,C)=\left(n^2-m^2,2mn,n^2+m^2\right)$ 成立.

1.4 因为 $\sharp\mathbf{P}^N(\mathbf{F}_{p^n})=\dfrac{(p^n)^{N+1}-1}{p^n-1}=1+p^n+\cdots+p^{nN}$, 所以与问题 1.1 的解答一样, $Z(\mathbf{P}^N_{\mathbf{F}_p}/\mathbf{F}_p,t)=\dfrac{1}{(1-t)(1-pt)\cdots(1-p^Nt)}$ 成立.

第二讲　代数几何

——黎曼曲面与雅可比流形

寺杣友秀

为了统一处理雅可比和阿贝尔开创的椭圆函数等代数函数的积分所表示的函数性质, 人们开始考虑黎曼曲面及曲面上的全纯微分的积分. 时至今日, 可以利用由黎曼曲面的积分周期所确定的雅可比流形来捕捉积分的周期, 从而更好地理解除子群的情况.

2.1　复变函数的解析延拓, 黎曼曲面的萌芽

到了大学二年级一般会学习复变函数论. 复变函数论中最重要的概念叫作全纯函数 (holomorphic function). 首先让我们回顾一下什么是全纯函数. 设 $f(z)$ 是以复平面或其开集为定义域的复值函数. 当复微分, 即

$$\frac{\mathrm{d}f}{\mathrm{d}z}=\lim_{\alpha\to 0}\frac{f(z+\alpha)-f(z)}{\alpha}$$

在定义域内的所有点 z 都存在时, 则把 $f(z)$ 定义为全纯函数. 也可以换一个说法, 表达的意思是一样的, 即令 $z=x+iy$, $f(z)=u(z)+iv(z)=u(x,y)+iv(x,y)$ 时, u,v 关于变量 (x,y) 可连续微分, 且满足下列柯西–黎曼关系式 (Cauchy-Riemann relatation)

$$\frac{\partial u}{\partial x}=\frac{\partial v}{\partial y},\quad \frac{\partial u}{\partial y}=-\frac{\partial v}{\partial x}.$$

另外, 对于复平面的一个开集 U 上定义的复值函数 $f(z)$ 和 U 内光滑且给定方向的曲线 γ, 可把 $f(z)$ 的线积分定义为 $\displaystyle\int_\gamma f(z)\mathrm{d}x, \int_\gamma f(z)\mathrm{d}y$, 作为其线性

组合, 可定义如下形式的复积分 (complex integral):

$$\int_\gamma f(z)\mathrm{d}z = \int_\gamma f(z)\mathrm{d}x + i\int_\gamma f(z)\mathrm{d}y.$$

以后, 把这样的曲线 γ 称作路径. 对于全纯函数, 下面的柯西积分定理 (Cauchy integral theorem) 和柯西积分公式 (Cauchy integral formula) 成立.

定理 2.1 (**柯西积分定理**) 设 U 为复平面内的单连通的开集, γ 为起点和终点一致的路径 (这样的路径称为闭曲线), 进而设 $f(z)$ 为 U 上的全纯函数. 此时

$$\int_\gamma f(z)\mathrm{d}z = 0$$

成立.

设 $U, f(z)$ 满足上面定理的假设, W 是 U 内的单连通区域, 其闭包包含在 U 中. 进一步设 W 的边界是光滑的, 则把从复平面的方向导出的方向确定为边界 γ 的方向. 这个方向是逆时针旋转的方向.

定理 2.2 (**柯西积分公式**) 在上述情形下, 设 w 为 W 的内部的点. 此时有

$$f(w) = \frac{1}{2\pi i}\int_\gamma \frac{f(z)}{z-w}\mathrm{d}z$$

成立.

柯西积分公式可由柯西定理导出. 从这些定理中能知道全纯函数的泰勒展开是否可能, 并且有下述定理成立. 这个定理被称作同一性定理 (identity theorem).

定理 2.3 设 U 为复平面内的连通开集, $f(z), g(z)$ 为在 U 内定义的全纯函数.

(1) 集合 $\{z \in U \mid f(z) = g(z)\}$ 要么是 U 的全体, 要么是 U 中没有聚点的集合.

(2) 设 W 为 U 中非空的开集. 此时, 若 $f(z) = g(z)$ 在 W 内成立, 则 $f(z) = g(z)$ 在 U 内成立.

利用该同一性定理, 有时可以把以复平面内的开集 U 为定义域的全纯函数 $f(z)$ 的定义域进行扩张. 如果存在包含 U 的连通的开集 V, 假设 $f(z)$ 被扩张为 V 的全纯函数, 则从同一性定理可以知道这个扩张是唯一的.

下面设 U, V_1, V_2 为复平面内连通的开集, 并且 $U \subset V_1$, $U \subset V_2$, 进而设 U 上的 $f(z)$ 作为全纯函数被扩张为 V_1, V_2 上的全纯函数 $f_1(z), f_2(z)$, 那么此

时 $f(z)$ 会扩张为 $V_1 \cup V_2$ 上的全纯函数吗? 如果 f_1 和 f_2 在 $V_1 \cap V_2$ 上一致的话, 可以知道这两个函数 f_1, f_2 决定了 $V_1 \cup V_2$ 上的全纯函数, 但同一性定理告诉我们这样一个事实: 在这里同一性仅与包含 $V_1 \cap V_2$ 的 U 的连通分支上的同一性相关, 对于 $V_1 \cap V_2$ 的其他的连通分支不能保证是否一致.

例如, 我们看一下由 $f(z) = \sqrt{z}$ 定义的函数. 设 U 是由 $U = \{z \mid \mathrm{Re}(z) > 0\}$ 定义的区域, 那么选择 $f(z) = \sqrt{z}$ 使得辐角从 $-\dfrac{\pi}{4}$ 变到 $\dfrac{\pi}{4}$, 就可以得到 U 上的全纯函数. 分别设 V_1, V_2 为

$$V_1 = \{x + iy \mid y > x\} \cup U, \quad V_2 = \{x + iy \mid y < -x\} \cup U,$$

这样, 在 V_1 上选取 $f(z)$ 使得辐角从 $-\dfrac{\pi}{4}$ 变到 $\dfrac{5\pi}{8}$ 就能确定全纯函数 $f(z)$ 的扩张 f_1. 与此相对应, 在 V_2 上选取 $f(z)$ 使得辐角从 $-\dfrac{5\pi}{8}$ 变到 $\dfrac{\pi}{4}$ 就能确定全纯函数 $f(z)$ 的扩张 f_2. 如果 $f_1(z)$ 与 $f_2(z)$ 在 $V_1 \cap V_2$ 上完全一致, 那么作为 $V_1 \cup V_2 = \mathbf{C} - \{0\}$ 上的全纯函数虽然能够扩张, 但可以知道 $f_1(z)$ 与 $f_2(z)$ 在 $V_1 \cap V_2$ 上的一个连通分支

$$U' = \{x + iy \mid x < y < -x\}$$

中, 其辐角正好相差一个 p. 实际上变成 $f_1(z) = -f_2(z)$.

像这样, 把反复使用同一性定理对给定的全纯函数的定义域进行扩张称作解析延拓 (analytic continuation). 从同一性定理出发, 如果能够实现解析延拓, 可以保证其是唯一的. 在上面的例子中, 假如要将 U 上的全纯函数 $f(z)$ 解析延拓, 可以看出, 能够解析延拓到 V_1 或 V_2, 却不能解析延拓到 $V_1 \cup V_2 = \mathbf{C} - \{0\}$.

本来定义域可以扩张到 V_1 或 V_2, 但由于存在不包含 U 的连通分支, 出现了定义域不能扩张到 $V_1 \cup V_2$ 的不合理情况. 为了消除这一情形, 我们将考虑仅用包含 U 的连通分支将 V_1 和 V_2 黏合在一起的 X. 在上面的例子中, 通过这样做可以得到 X 上的 "全纯函数" $f(z)$.

2.2 黎曼曲面和全纯函数、亚纯函数

像上面的 X 那样, 将复平面的开集黏合起来再稍做一般化处理, 不管从哪方面讲结果会变得好一些. 关于黏合起来得到的结果, 与讨论复平面的开集时一样, 肯定希望能够定义 "全纯函数", 同时也希望同一性定理等全纯函数的性质成立.

在这样的要求下, 黎曼曲面 (Riemann surface) 诞生了. 黎曼曲面定义如

下: 以复平面内的开集为基础, 使用全纯函数将其进行黏合得到的空间.

定义 2.1 设 X 为连通拓扑空间, $X = \cup_{i\in I} U_i$ 为其开覆盖. X 为黎曼曲面是指对 I 的每一个元素 i 分别给定同胚映射 $\varphi_i : U_i \to W_i$, 并具有以下性质:

(1) W_i 是 $\mathbf{C}$ 的开集.

(2) 对于任意的 i, j,

$$\varphi_i(U_i \cap U_j) \xrightarrow{\varphi_i^{-1}} U_i \cap U_j \xrightarrow{\varphi_j} \varphi_j(U_i \cap U_j)$$

是 $\varphi_i(U_i \cap U_j)$ 上的全纯函数.

此时, 根据同胚映射 φ_i 可以把 X 的开集 U_i 视为 W_i, 将其复数坐标 (complex coordinate) 称为 (复数) 局部坐标 (local coordinate).

对于黎曼曲面内的开集 U, 我们接下来定义 U 上的复值函数 f 为全纯函数 (holomorphic function).

定义 2.2 f 是全纯函数, 是指对于每个 i, 复合映射 $\varphi_i(U_i \cap U) \xrightarrow{\varphi_i^{-1}} U_i \cap U \xrightarrow{f} \mathbf{C}$ 是 $\varphi_i(U_i \cap U)$ 上的全纯函数.

设 U 为 X 的开集, 存在 $\mathbf{C}$ 的开集 W, 当 $\varphi_U : U \to W$ 是同胚的全纯映射时, 该映射也称作 U 的局部坐标. 这样一来, 对于 X 的任意点 x, 则在 x 的邻域 U 中的局部坐标是 $f : U \to D$, 并且可以得出 $f(x) = 0, D = \{z \mid |z| < 1\}$. 这时, 将 f 或 W 的坐标 z 称作位于 x 的局部参数 (local parameter). 至此, 我们就知道了全纯函数所具有的性质, 即利用局部参数能够进行泰勒展开, 并且与定理 2.3 形式相同的同一性定理成立. 通常, 只要不做特别说明, 就默认 X 满足第二可数公理和豪斯多夫性质. 对复流形 (complex manifold) 有所了解的人, 也可以换言之, 将黎曼曲面称作一维复流形.

通过将复平面 $\mathbf{C}$ 想象为二维欧几里得空间 $\mathbf{R}^2$, 可以认为黎曼曲面 X 是二维的 C^∞ 流形 (C^∞-manifold), 这样 X 上的 C^∞ 映射等概念也因此被确定下来. 把全纯映射看作从复平面到复平面的映射时, 因其保持着方向, 由此可以看出黎曼曲面是可定向流形 (orientable manifold). 因为 X 上有 C^∞ 流形的结构, 所以能够定义微分形式. 关于微分形式将在第四节详细介绍.

下面举一个黎曼曲面的例子. 首先, 复平面及其开集是黎曼曲面, 但它们并不紧. 关于紧黎曼曲面可以举出射影直线 (projective line) $\mathbf{P}^1$ 的例子. 这是把具有 z, w 两个复坐标的两个复平面 H_1, H_2, 利用它们的开集 $U_1 = \{z \in H_1 \mid z \neq 0\} \subset H_1$, $U_2 = \{w \in H_2 \mid w \neq 0\} \subset H_2$ 之间的同胚映射

$$U_1 \xrightarrow{\simeq} U_2 : z \mapsto w = \frac{1}{z}$$

黏合而成的. 它与二维球面同胚, 是一个紧黎曼曲面. 对应于 $w=0$ 的点可认为是 $z=\infty$ 的点. 也就是说, 可以认为是在复平面 $\mathbf{C}$ 上追加 1 个点 $z=\infty$, 并进行了紧化处理 (compactification).

定义 2.3 (**亚纯函数**) 设 X 是黎曼曲面, S 是 X 中的离散集合. 又设 f 为 $X-S$ 上的全纯函数. 那么 f 是亚纯函数 (meromorphic function), 是指在 S 的各点 s, 存在在 s 的邻域 U_s 内定义的全纯函数 $g, h(h \not\equiv 0)$, 在 $U_s-\{s\}$ 上可表示为 $f=\dfrac{g}{h}$ 的形式.

设 f 是 X 的亚纯函数, 使用上面的记号, 又设 $s \in S$, 则 f 可以写成极点的阶有限的洛朗级数 (Laurent series) 的形式. 因此, 如果 $f(z)$ 是不为 0 的亚纯函数, 设 s 是 X 上的任意一点, z 为 s 中的局部参数, 则通过取适当的整数 m, 在 s 的周围可将 f 写成如下形式:

$$f(z)=\sum_{i \geqslant m} a_i z^i \quad (a_m \neq 0),$$

这里 m 叫作 f 在 s 中的阶 (order), 记作 $\operatorname{ord}_s(f)$. 可以看出, 它并不取决于局部参数的取法.

2.3 超椭圆曲线

在这一节中, 再举一个黎曼曲面的代表性例子吧. 设 g 为大于等于 1 的整数, $a_1, a_2, \cdots, a_{2g+2}$ 为互不相同的复数. 为了更容易理解, 设 $a_1, a_2, \cdots, a_{2g+2}$ 全部为实数, 且 $a_1<a_2<\cdots<a_{2g+2}$. 上述设定在复平面上如图 2.1 所示.

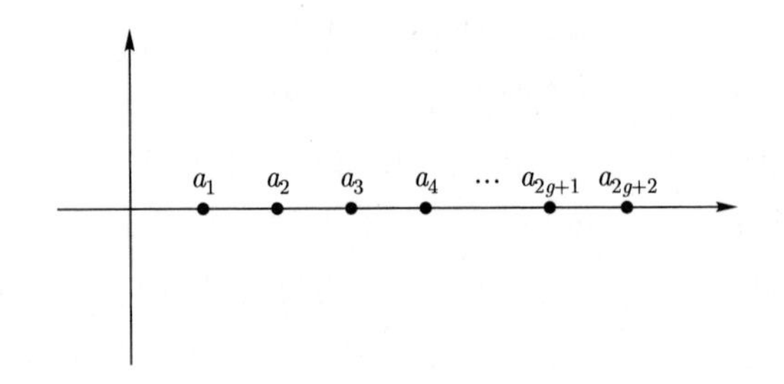

图 2.1 复平面内的 $2g+2$ 个点

在此, 将复平面中去掉 $g+1$ 个区间 $[a_1, a_2], \cdots, [a_{2g+1}, a_{2g+2}]$ 后而形成的部分作为 X_1, 准备一份 X_1 的复件记作 X_2. 再准备一个将它们黏合起来所需的“涂糨糊”的部分

$$D_1^{(i)}=\{(x, y) \mid x \in (a_{2i-1}, a_{2i}), y \in (-\epsilon, \epsilon)\} \quad (i=1, \cdots, g+1)$$

及其复件 $D_2^{(i)}$. 将 $D_1^{(i)}$ 中的 $y>0$ 的部分与 X_1 中对应的部分黏合, $y<0$ 的部分与 X_2 中对应的部分黏合. 关于 $D_2^{(i)}$ 也做同样的操作, 即 $y<0$ 的部分与 X_1 中对应的部分黏合, $y>0$ 的部分与 X_2 中对应的部分黏合.

之所以特意准备 "涂糨糊" 的那部分, 是为了实施所谓用开集进行黏合. 直观地说, 将 X_1 中的切断面 $[a_{2g-1},a_{2g}]$ 的上部与 X_2 中的切断面 $[a_{2g-1},a_{2g}]$ 的下部黏合. 那从拓扑角度来看是怎样的形状呢? 为了看得更清楚, 如图 2.2 所示, 在黏合 X_1 和 X_2 的时候, 采取把两个中的一个即 X_1 翻转过来黏合的方式.

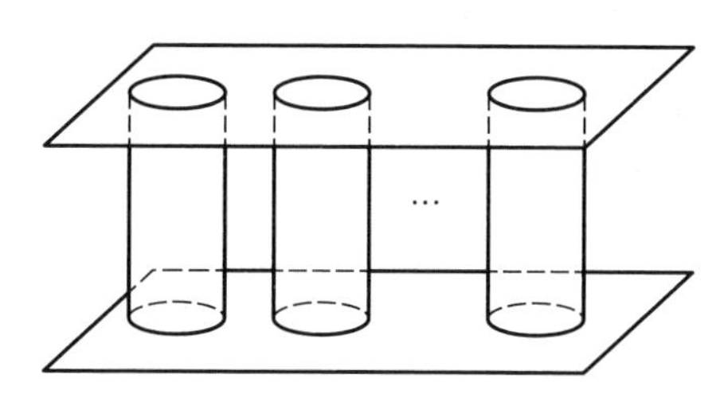

图 2.2 黏合两个复平面

这样的话, 就生成了一个黎曼曲面 X^0. 虽然 $z=a_1,a_2,\cdots,a_{2g+2}$ 已从 X_1,X_2 双方中去除, 但只需填埋其中一个点 $z=a_i$ 就可以制作 X_{aff}. 为此, 在 $z=a_i$ 的周围考虑 X^0 上的满足下式的 w,

$$w^2=(z-a_1)(z-a_2)\cdots(z-a_{2g+2}), \tag{2.1}$$

使 $w=0$ 成为它所在的局部坐标. 实际上, X^0 上的连续函数 w 在 X_1 中的 $\{(x,0)\mid x>a_{2g+2}\}$ 邻域内, 可以定义 w 的实部为正, 这样一来可知 w 在 X^0 上是全纯函数. 因为在 X_1 和 X_2 中 w 的符号不同, 所以为表示 X^0 上的点, 可以用两个全纯映射 x,w 表示成 (x,w) 的形式.

再如前一节所示, 对 X_1 或 X_2 中的 z, 追加对应于 $z=\infty$ 的点 ∞_1 或 ∞_2. 把这样生成的结果设为 X, 则 X 就是紧黎曼曲面. 也就是说, 在这个表示中追加两个无限远点, 相当于进行了紧化处理, 这个紧黎曼曲面被称作超椭圆曲线 (hyperelliptic curve). 本来是黎曼曲面却安上了 "曲线" 的名字. 如果从拓扑的角度考虑紧化处理后的结果, 则如图 2.3 所示.

这里, g 是被称作亏格 (genus) 的数, 如图 2.3 所示, 看起来像在 X 上开了 g 个洞. 就像在下一节那样, 一般情况下这个 g 也可以对紧黎曼曲面进行定义. g 为 1 时的超椭圆曲线称为椭圆曲线 (elliptic curve). 此时, 从拓扑角度上变成环面, 即与 $S^1\times S^1$ 微分同胚. 关于这个同胚, 利用黎曼曲面上的全

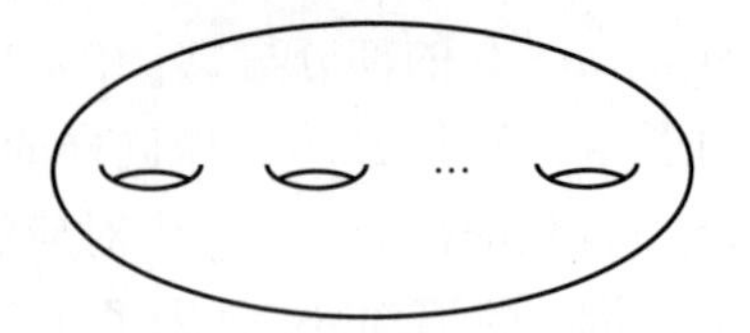

图 2.3　作为拓扑空间的黎曼曲面

纯微分的线积分理解起来更加容易, 这一点将在第七节中介绍.

对 X_{aff} 上的点 (z,w), 通过把 z 与其对应, 就可以生成从 X_{aff} 到 $\mathbf{C}$ 的全纯函数. 这个映射 f 可以扩张到从紧化的黎曼曲面 X 向黎曼曲面 $\mathbf{P}^1$ 的连续映射, 习惯上将其称为黎曼曲面的全纯映射 (holomorphic map). 在 $z \neq a_1, \cdots, a_{2g+2}$ 中, f 的逆像为两个点, 但在 $z = a_1, \cdots, a_{2g+2}$ 中, 其逆像仅为一个点. 把 $\mathbf{P}^1$ 中的 $z = a_1, \cdots, a_{2g+2}$ 称作分支点 (branching point), 因为 $f: X \to \mathbf{P}^1$ 是具有分支点的覆盖, 所以称其为分支覆盖 (branched covering).

2.4　全纯微分形式和线积分、亏格

定义了黎曼曲面后, 我们来谈谈黎曼曲面上的微分形式 (differential form). 如第二节所述, 因为黎曼曲面是一个 C^∞ 流形, 所以可以考虑 C^∞ 流形的微分形式. 设 U 是黎曼曲面 X 的开集, z 是其上的局部坐标. 令 $z = x + iy$, 则 (x,y) 是 C^∞ 流形的局部坐标, 所以, U 上的一次微分形式可以用 U 上的 C^∞ 函数 $u(x,y)$, $v(x,y)$ 写成 $u(x,y)\mathrm{d}x + v(x,y)\mathrm{d}y$ 的形式. 这里, 作为系数的 $u(x,y)$, $v(x,y)$ 是实值函数, 也可以是复值函数, 以后只要不做声明, 都是指复值的 C^∞ 函数. 此时, 也可以将基底 $\mathrm{d}x, \mathrm{d}y$ 置换成 $\mathrm{d}z = \mathrm{d}x + i\mathrm{d}y$, $\mathrm{d}\overline{z} = \mathrm{d}x - i\mathrm{d}y$. 用关于 z 的正则同胚映射 $w = w(z)$ 进行变量变换的公式如下:

$$\varphi^*(\mathrm{d}w) = \frac{\partial w}{\partial z}\mathrm{d}z, \quad \varphi^*(\mathrm{d}\overline{w}) = \frac{\partial \overline{w}}{\partial \overline{z}}\mathrm{d}\overline{z}.$$

其中, φ 为用 w 给出的全纯映射. 上式中

$$\frac{\partial}{\partial z} = \frac{1}{2}\left(\frac{\partial}{\partial x} - i\frac{\partial}{\partial y}\right), \quad \frac{\partial}{\partial \overline{z}} = \frac{1}{2}\left(\frac{\partial}{\partial x} + i\frac{\partial}{\partial y}\right).$$

在 X 上定义的一次微分形式具有 $(1,0)$ 形式 ($(1,0)$-form) 的性质, 这一性质对于各复坐标可以写成 $f(x,y)\mathrm{d}z$ 的形式. 如果这样定义, 可以得出以下结论, 即这个定义不取决于复坐标的取法. 进一步, 将 $(1,0)$ 形式用复坐标表示成 $f(z)\mathrm{d}z = f(x,y)\mathrm{d}z$, 则 $f(z)$ 变成全纯函数. 可以看出, 这个性质也不依赖于复坐标的取法. 把具有这一性质的微分形式叫作 (一次) 全纯微分形式

(holomorphic differential form).

现在, 设 g 为 X 上的具有方向的光滑曲线, 则关于黎曼曲面也成立以下柯西积分定理.

定理 2.4 设 p, q 为 X 上的两个点, γ_1, γ_2 为以 p 为起点、q 为终点的光滑曲线. 再设 γ_1 和 γ_2 在 X 中可连续形变 (在这种情况下, 两条曲线在 X 上为同伦). 进而设 η 为 X 上的全纯微分形式. 此时有

$$\int_{\gamma_1} \eta = \int_{\gamma_2} \eta.$$

定理 2.1 中所述的柯西积分定理是关于单连通区域内闭曲线上的复积分定理, 但需要注意的是, 如果积分的路径是可收缩的, 那么该定理依然成立. 在上述定理中, 当路径 γ_1 可连续形变为 γ_2 时, 把 γ_2 的反方向的路径连接到 γ_1 的后面, 这样得到的路径是可收缩的, 这一结论可从定理 2.1 推导得出.

根据定理 2.4, X 上的一次整同调群 (integral homology) $H_1(X, \mathbf{Z})$ 的元素给出了全纯微分形式全体所构成的向量空间 $\Omega^1(X)$ 上的 $\mathbf{C}$-线性形式.

定义了全纯微分形式后, 我们考虑前一节中定义的紧黎曼曲面即超椭圆曲线的情形会变成什么样子. 首先, 设 i 为大于等于 0 的整数, X^0 上的微分形式 ω_i 由 $\omega_i = \dfrac{z^i}{w}\mathrm{d}z$ 定义. 取在 X 上成立的等式 (2.1) 的外微分为

$$2w\mathrm{d}w = \frac{\mathrm{d}}{\mathrm{d}z}((z-a_1)\cdots(z-a_{2g+2}))\mathrm{d}z,$$

所以有

$$\frac{2\mathrm{d}w}{\dfrac{\mathrm{d}}{\mathrm{d}z}((z-a_1)\cdots(z-a_{2g+2}))} = \frac{\mathrm{d}z}{w}.$$

我们知道, 即使在 $z = a_1, \cdots, a_{2g+2}$ 中, $\dfrac{\mathrm{d}z}{w}$ 也是一次全纯微分形式. 关于在无限远点的正则性, 同样也可以考虑变量变换, 当 $i = 0, \cdots, g-1$ 时, 可得到 X 整体上的全纯微分形式. 因此, X 中存在 g 个 $\mathbf{C}$ 上独立的一次微分形式. 实际上也可知道一阶全纯微分形式的空间的维数为 g.

定义 2.4 如果将紧黎曼曲面的一阶全纯微分形式的空间记作 $\Omega^1(X)$, 则它是有限维的. 其维数称作 X 的亏格, 表示为 $g = g(X)$.

2.5 除子、除子类群和全纯线丛

让我们再回到一般黎曼曲面上来. 为了了解黎曼曲面各种各样的性质, 研究在黎曼曲面上的一些点处具有给定极点和零点的全体亚纯函数 (定义 2.3)

的这类集合是一个有效的办法. 为此, 需要对除子群和除子类群以及与之对应的线丛有基本的了解, 所以在这一节中, 我们来介绍它们的定义和性质. 这里我认为把线丛看成用来盛放亚纯函数的容器就可以了. 我们的目的是, 对于指定的黎曼曲面的几个点以及位于该点的极点 (或零点) 的阶, 讨论具有小于等于这个阶的极点的亚纯函数所构成的复向量空间有多少个.

这里设 X 为紧黎曼曲面. 将 X 的除子 (divisor) 定义为 X 上的点的整系数形式的有限线性组合, 表示为

$$D = \sum_{i=1}^{m} a_i[p_i], \tag{2.2}$$

这里, $p_i(i = 1, \cdots, m)$ 是互不相同的 X 上的点, a_i 是整数. 通过分析系数的和可知, 除子的全体具有模的结构. 把这个模记作 $\mathrm{Div}(X)$, 称作除子群 (divisor group).

对于非零亚纯函数 f, 设

$$S(f) = \{s \in X \mid f = 0 \text{ 或 } f = \infty\},$$

由于 S 是紧集 X 内的闭离散集合, 所以是有限集合. 因此, 当把 (f) 定义为

$$(f) = \sum_{s \in S(f)} \mathrm{ord}_s(f)[s]$$

时, 也就定义了 $\mathrm{Div}(X)$ 的元素. 把这称作由 f 决定的主除子 (principal divisor). 设 f, g 都是非零亚纯函数, 那么 fg 也是非零亚纯函数, 因为有 $(fg) = (f) + (g)$, 所以当设

$$P(X) = \{(f) \mid f \text{ 是非零的亚纯函数}\}$$

时, 其是 $\mathrm{Div}(X)$ 的子模, 将此称作主除子群 (principal divisor group). 进而把商群 $\mathrm{Div}(X)/P(X)$ 称作除子类群 (divisor class group), 记作 $\mathrm{Cl}(X)$.

那么对于 (2.2) 形式的除子 D, 其次数 $\deg(D)$ 定义为 $\deg(D) = \sum_{i=1}^{m} a_m$. 对于 $S(f)$ 上的点 s, 如果选取在 s 周围沿正方向旋转的闭路 C_s, 可知有

$$\frac{1}{2\pi i} \int_{C_s} \frac{\mathrm{d}f}{f} = \mathrm{ord}_s(f),$$

再利用柯西积分公式, 可知 $\deg(f) = 0$. 因此, 可以看出是 deg 诱导了从 $\mathrm{Cl}(X)$ 到 $\mathbf{Z}$ 的同态. 这个同态 deg 被称作度映射 (degree map), 设 $\mathrm{Cl}^0(X)$ 为度映射的核, 记作

$$\mathrm{Cl}^0(X) = \ker(\deg : \mathrm{Cl}(X) \to \mathbf{Z}).$$

那么, 除子群或主除子群有什么作用呢? 例如在给定的有限点集中给定一个整数, 具有这个整数以上阶的亚纯函数全体构成向量空间, 当讨论这个向量空间时可以利用除子群或主除子群. 为了搞清楚它们之间的关系, 下面将要叙述的线丛与除子群之间的关联非常重要.

首先介绍什么是黎曼曲面的全纯线丛 (holomorphic line bundle). 取 X 的开覆盖 $X=\cup_{i\in I}U_i$, 现在来看 $U_i\times\mathbf{C}$ 的并集, 把 $U_i\times\mathbf{C}$ 中的子集 $(U_i\cap U_j)\times\mathbf{C}$ 和 $U_j\times\mathbf{C}$ 中的子集 $(U_i\cap U_j)\times\mathbf{C}$, 利用 $U_i\cap U_j$ 上的可逆全纯函数 f_{ij}, 按以下形式进行黏合,

$$U_j\times\mathbf{C}\supset(U_i\cap U_j)\times\mathbf{C}\ni(z,l)\mapsto(z,f_{ij}\cdot l)\in(U_i\cap U_j)\times\mathbf{C}\subset U_i\times\mathbf{C},$$

黏合后得到的就是黎曼曲面的全纯线丛. 但是, 为了能够实现黏合, 关于 f_{ij} 需要满足两个条件, 第一个条件是 $f_{ii}=1$, 并且在 $U_i\cap U_j\cap U_k$ 上满足 $f_{ij}f_{jk}=f_{ik}$. 第二个条件是对于不同的 3 个下标 i,j,k, 只要 $U_i\cap U_j\cap U_k=\emptyset$ 即可. 对于一个开覆盖, $\{f_{ij}\}$ 是可逆的全纯函数族, 用 $\{f_{ij}\}$ 黏合得到线丛 L, 用 $\{g_{ij}\}$ 黏合得到线丛 M, 那么 L 与 M 为正则同构的, 即对于每个 i, 存在 U_i 上的可逆全纯函数 h_i, 对于每个 i,j, $h_if_{ij}=g_{ij}h_j$ 在 $U_i\cap U_j$ 上成立. 至此可以看出, L 与 M 实际上是定义在 U_i 上的 L 到 M 的同构映射 $(z,l)\mapsto(z,h_il)$, 黏合成了 X 整体上的同构映射.

到目前为止, 我们是在固定一个 X 上的开覆盖的前提下开展讨论的. 实际上, 对于一个开覆盖 $\mathcal{U}$ 的线丛, 如果考虑开覆盖 $\mathcal{U}$ 的加细 $\mathcal{U}'$, 那该线丛也是关于 $\mathcal{U}'$ 的线丛. 就像通过对开覆盖进行加细处理而得到的线丛也是同构的一样, 按照这个思路可以定义线丛的同构类. 线丛的同构类称作黎曼曲面 X 的皮卡群 (Picard group), 记作 $\mathrm{Pic}(X)$. 现在, 对于 $\mathcal{U}=\{U_i\}_{i\in I}$, 当用 $\{f_{ij}\}$ 黏合函数得到线丛 L 和用 $\{g_{ij}\}$ 黏合函数得到线丛 M 时, 将其张量积 $L\otimes M$ 定义为用 $\{f_{ij}\cdot g_{ij}\}$ 黏合函数得到的线丛. 再来看关于加细的等价类, 对其做张量积运算, 可知 $\mathrm{Pic}(X)$ 变成模.

对于除子 D, 线丛 $L(D)$ 按如下所述方式构成. 首先, 将除子 D 表示为 $D=\displaystyle\sum_{i=1}^{m}a_i[p_i]$, 将出现在其上的各 p_i 的邻域 U_i 取得足够小. 进而用 U_i 上的亚纯函数 h_i, 取 p_i 以外的可逆且 $\deg_{p_i}(h_i)=a_i$ 的那部分. 为了定义线丛 $L(D)$, 可以取 $X=(\cup_iU_i)\cup U$, $U=X-\cup_i\{p_i\}$ 作为 X 的开覆盖, 根据下述所示同胚定义其黏合,

$$U\times\mathbf{C}\supset(U\cap U_i)\times\mathbf{C}\ni(z,l)\mapsto(z,h_il)\in(U\cap U_i)\times\mathbf{C}\subset U_i\times\mathbf{C}.$$

此时, 如果除子 D 和 D' 的差是主除子, 则 $L(D)$ 和 $L(D')$ 作为线丛是同构的. 还有, 线丛 $L(D+D')$ 是线丛 $L(D)$ 和线丛 $L(D')$ 的张量积, 这一点从张量积的定义和构成 $L(D)$ 时的黏合函数的定义方法中可以看出. 所以, 可以得到如下所示的同态

$$\Phi : \mathrm{Cl}(X) \to \mathrm{Pic}(X). \tag{2.3}$$

下面还将介绍, 利用黎曼曲面总是代数曲线这一性质, 可以证明 (2.3) 是同构的.

2.6 亚纯函数的存在与代数曲线

到目前为止, 我们就紧黎曼曲面进行了讨论. 我们知道, 关于紧黎曼曲面有一个重要的性质, 即存在不是常数的亚纯函数. 这一事实可以用泛函分析的方法来说明. 虽然已知各种各样的证明方法, 但是不管哪个证明, 其中都有一部分不得不使用分析的方法, 而一旦证明了亚纯函数的存在, 就能够得到 $\mathbf{P}^1$ 的覆盖, 并且可以通过代数方法来讨论更多的部分.

2.7 曲线的雅可比流形和阿贝尔定理

本讲已接近尾声. 下面介绍一下阿贝尔定理. 当给出极点或零点的所在位置和阶时, 阿贝尔定理 (Abel's theorem) 就能根据线积分的形式判断是否存在亚纯函数能够实现这些数据. 上述问题可以用除子表示为如下形式.

问题 2.1 设 $D=\sum\limits_{i=1}^{m} a_i[p_i]$ 是 X 的除子, 且 $\deg(D)=0$. 此时是否存在满足 $(f)=D$ 的 f?

首先来定义黎曼曲面的雅可比流形 (Jacobian). 设 $\Omega^1(X)$ 为 X 的全纯微分形式空间, 根据亏格的定义, $\Omega^1(X)$ 是 g 维复向量空间, 记 $\Omega^1(X)$ 的 $\mathbf{C}$ 向量空间的对偶空间为 $(\Omega^1(X))^*$. 根据定理 2.4 所述线积分, X 的一次整系数同调群 $H_1(X,\mathbf{Z})$ 的元素 γ 给出了 $\Omega^1(X)$ 上的线性形式, 所以可定义下述映射,

$$\iota : H_1(X,\mathbf{Z}) \to (\Omega^1(X))^*.$$

至此可以看出, 实际上 ι 是单射, 其像是离散子群, ι 的余核

$$J(X)=\frac{(\Omega^1(X))^*}{H_1(X,\mathbf{Z})}$$

是紧的. 换言之, 它是复维数为 g 的复环面 (complex torus). 由此可知, 上述 $H_1(X,\mathbf{Z})$ 的 $\mathbf{Z}$ 上的秩为 $2g$. 如果再考虑将系数扩大到 $\mathbf{R}$ 的 $H_1(X,\mathbf{R})$, 还可以知道从 ι 中诱导出的映射 $\iota: H_1(X,\mathbf{R}) \to (\Omega^1(X))^*$ 给出了实向量空间的同构. 在此, 把这个复环面 $J(X)$ 称作 X 的雅可比流形.

接下来, 使用这个雅可比流形来定义阿贝尔–雅可比映射 (Abel-Jacobi map) $X \to J(X)$. 为此, 先确定 X 的起点 b 并将其固定. 设 p 为 X 上的点, 取以 b 为起点、p 为终点的路径 γ. 对于 ω, 如果考虑与复数

$$I_\gamma(\omega) = \int_\gamma \omega$$

相对应的 $\Omega^1(X)$ 上的线性形式 I_γ, 则 $(\Omega^1(X))^*$ 的元素就确定下来. 这时虽然线性形式 I_γ 与 γ 的取法有关, 但是如果另取一条以 b 为起点、p 为终点的路径 γ', 因为它们的差 $\gamma - \gamma'$ 成为 X 中的一个闭合路径, 所以可以据此确定 $H_1(X,\mathbf{Z})$ 的元素. 那么, 由 $I_\gamma - I_{\gamma'}$ 确定的 $\Omega^1(X)$ 上的线性形式就包含在 $H_1(X,\mathbf{Z})$ 的像里. 由此可知, 如果考虑关于 $H_1(X,\mathbf{Z})$ 的同余类, 则 I_γ 和 $I_{\gamma'}$ 在 $J(X)$ 中定义了相同的元素, 因此也知道仅与 p 相关. 将 I_γ 类记作 $\iota(p)$, 下面定义阿贝尔–雅可比映射.

从局部来看阿贝尔–雅可比映射时, 因为它是由全纯函数的复数积分决定的, 所以如果在 $J(X)$ 中加入复流形的结构, 则阿贝尔–雅可比映射就是全纯映射. 将此映射做 $\mathbf{Z}$ 线性扩张, 如下式:

$$j_X : \mathrm{Div}(X) \to J(X) : \sum_{i=1}^{m} a_i[p_i] \mapsto \sum_{i=1}^{m} a_i \iota(p_i).$$

这里, 把 $J(X)$ 中的和作为复环面的和来考虑. 这个映射 j_X 也叫阿贝尔–雅可比映射.

如果将该映射做如下限制 $\mathrm{Div}^0(X) = \ker(\mathrm{Div}(X) \xrightarrow{\deg} \mathbf{Z})$, 则它成为不依赖于起点 b 的取法的映射. 做完上述准备后, 接下来可以描述阿贝尔定理. 根据阿贝尔定理, 就可以判定除子 D 什么时候成为主除子.

定理 2.5 (**阿贝尔定理**) $D \in \mathrm{Div}^0(X)$ 成为主除子的充分必要条件是 $j_X(D) = 0$.

阿贝尔定理包含两层意思. 一方面, 如果 D 是主除子, 则有 $j_X(D) = 0$, 即前面讨论过的映射 $\mathrm{Div}^0(X) \to J(X)$ 是通过映射 $\bar{j}_X : \mathrm{Cl}^0(X) \to J(X)$ 推导出来的. 另一方面, 若 $j_X(D) = 0$, 则 D 是主除子, 这时意味着映射 $\bar{j}_X$ 是单射. 实际上因为 $\bar{j}_X$ 也是满射, 所以 $\bar{j}_X$ 是同构的.

在本讲中, 我们从复平面上的全纯函数的解析延拓出发, 介绍了讨论一维

复流形黎曼曲面的必要性, 了解了当黎曼曲面紧致时, 可以利用周期积分来判定其上是否存在具有给定极点或零点的亚纯函数. 由此得出的结论是, 亚纯函数的存在这一复变函数论的性质与周期积分这一几何学性质紧密联系在一起.

// 专用术语 //

复解析

- 洛朗级数: 在原点邻域内除原点外的点上定义的全纯函数, 如果具有有限个极点, 则可以展开成 $\sum_{i=-n}^{\infty} a_n z^n$ 的形式, 把这称作 (有限的) 洛朗级数.

流形理论, 拓扑几何

- 微分形式: 假设取流形的开覆盖 U_i 和 U_i 的局部坐标 $x^{(i)} = (x_1^{(i)}, \cdots, x_n^{(i)})$. 此时, 各开集上使用局部坐标表示为 $\omega^{(i)} = \sum_{m=1}^{n} f_m(x)^{(i)} \mathrm{d}x_m^{(i)}$ 形式的向量值 C^∞ 函数组 $\omega^{(i)}$, 当满足 $f_l^{(i)} = \sum_l f_m^{(j)} \frac{\partial x_m^{(j)}}{\partial x_l^{(i)}}$ 时, 称其为一次微分形式. 高次数的微分形式可用外代数及其基底变换规则定义.
- 整系数同调群: 从 n 维标准单形到流形的连续映射称作奇异 n 单纯形, 其整系数线性组合称作奇异 n 次链. 对 n 次链来说, 通过分析其边界发现进而可以分析 $n-1$ 次链, 我们把这种方法称作边界算子. 边界算子作用的结果会得出 0 链, 我们称之为闭链, 把成为边界算子的像的链称之为完全链. 完全链可以是闭链. 从 n 次闭链的完全链生成的同余类称作 n 次整系数 (奇异) 同调群.
- 复环面: 讨论由复向量空间的有限生成阿贝尔子群生成的商空间. 这个商空间是豪斯多夫空间, 当它紧致时, 称其为复环面. 一维复环面是椭圆曲线, 也是代数簇. 二维以上的复环面中有很多不是代数簇. 成为代数簇的充分必要条件是它满足可以极化这一特征, 这时其被称作阿贝尔簇, 雅可比流形是阿贝尔簇.

// 参考书 //

[1] 小木曾启示《代数曲线论》朝仓书店 (2002 年)

以复变函数论知识为基础，详细地推导有关黎曼曲面的基本定理. 运用泛函分析与上同调对紧黎曼曲面上的有理函数的存在性进行了详细证明.

[2] 今野一宏《黎曼曲面与代数曲线》共立出版 (2015 年)

本书在讲解黎曼曲面时没有使用上同调理论，所以通俗易懂. 最大特点是作者非常深厚的射影几何知识.

[3] 岩泽健吉《代数函数论 增补版》岩波书店 (1973 年)

对与闭黎曼曲面的第一种微分 (全纯微分)、第二种微分 (对数微分)、第三种微分 (亚纯微分) 相关的阿贝尔积分进行了详细介绍. 虽说内容有点古老但却很高深.

[4] 赫尔曼 • 外尔 (田村二郎译)《黎曼曲面》岩波书店 (1974 年)

这是第一本对于黎曼曲面进行严密论述的书. 从狄利克雷原理开始，对黎曼–罗赫定理、阿贝尔定理等也进行了证明. 在没有引入上同调理论的时代，本书展示了各种颇见功底的技巧.

第三讲　代数几何

——枚举几何学

户田幸伸

今天谈谈枚举几何学. 简而言之, 它的目的是研究空间上的点或直线等几何对象的数的性质. 很多情况下, 它们具有很漂亮的性质, 不仅在代数几何学方面, 而且在表示论、组合学、数理物理等各个领域都发挥着重要的作用. 下面, 让我们从古典的枚举问题出发, 接触一下最前沿的理论.

3.1　枚举问题

首先, 让我们考虑以下问题.

问题 3.1　在平面上给定圆和直线, 此时圆和直线的交点有几个?

如果实际画图, 大概能马上知晓答案. 根据平面上圆和直线的位置关系, 存在 3 种可能性, 即 2 个点、1 个点, 以及 0 个点. 也就是说要根据不同的情形来回答这个问题, 这样一来答案就显得不那么简约清晰. 如果可能, 我们想要一个无须分情形且简约清晰的答案. 在数学中, 经常会遇到这种答案不那么清晰的问题, 其实是因为我们没有提出正确的问题.

下面, 我们把上述几何问题换成代数问题来讨论. 首先设平面坐标为 (x, y), 圆和直线的方程式分别为

$$x^2 + y^2 = 1, \quad y = ax + b, \tag{3.1}$$

这里 a 和 b 是实数. 于是, 问题 3.1 就变成了公式 (3.1) 有几个公共解, 把公

式 (3.1) 的右式代入左式, 问题 3.1 就变成了下面的二次方程式

$$x^2 + (ax+b)^2 = 1 \tag{3.2}$$

存在几个解. 二次方程式解的个数可由其判别式

$$D = a^2 - b^2 + 1$$

确定, 不同情形下解的个数也不同. 如果 $D > 0$, 则有 2 个解, 如果 $D = 0$, 则有 1 个解, 如果 $D < 0$, 则有 0 个解.

说到这里, 我们自然会想能否把 "(3.1) 式有几个公共解" 这一问题进行巧妙的变换, 使其不再依赖不同情形呢? 首先, 改变一下公共解个数的定义, 即在公共解具有重根的情况下, 定义其公共解的个数是其重根的个数. 这样的话, 需要区分的情形就会稍微减少. 由于在判别式 $D = 0$ 的情况下有两个重根, 所以把解的个数算为两个. 这样一来就变成了 $D \geqslant 0$ 时有 2 个解, $D < 0$ 时没有解.

即使这样还是要区分两种情形. 下面考虑 $D < 0$ 的情况. 此时, 如果求解方程式 (3.2), 有

$$x = \frac{-ab \pm \sqrt{-D}i}{1+a^2}, \tag{3.3}$$

即解取复数值, 其个数为两个. 这样一来, 把解的考察范围扩展到了复数. 接着我们考虑下一个问题.

问题 3.2 $\mathbb{C}^2$ 中的圆和直线

$$\{(x,y) \in \mathbb{C}^2 : x^2 + y^2 = 1\}, \quad \{(x,y) \in \mathbb{C}^2 : y = ax + b\}$$

上共有的 $\mathbb{C}^2$ 内的点有几个?

从以前的讨论来看, 不管什么情形答案似乎总是两个. 这在 a, b 是实数的情况下的确是这样的. 但是由于我们的考虑范围已扩展到复数, 所以 $\mathbb{C}^2$ 内的直线也必须允许 a, b 取复数值. 这样一来, $a^2 + 1 = 0$, 也就是在 $a = \pm i$ 的情况下公式 (3.3) 就没有意义了. 例如在 $(a,b) = (\pm i, 0)$ 的情况下, 问题 3.2 的回答就变成了没有解. 实际上, 设 $b = 0$, 如果 a 向 $\pm i$ 靠近, (3.3) 的解就会向无穷远点发散. 之所以如此是因为 $\mathbb{C}^2$ 不是紧的, 所以应该把问题 3.2 结合 $\mathbb{C}^2$ 的紧性来讨论.

3.2 复射影空间

下面让我们更一般化地定义 $\mathbb{C}^n$ 的紧化的复射影空间 $\mathbb{P}^n$. 首先, 将 $\mathbb{P}^n$ 作为集合定义如下:

$$\mathbb{P}^n = \{\mathbb{C}^{n+1}\text{的全部一维向量子空间}\},$$

也可以表示如下:

$$\mathbb{P}^n = (\mathbb{C}^{n+1}\backslash\{0\})/\mathbb{C}^*.$$

这里, 对于 $(x_0, \cdots, x_n)$ 和 $(y_0, \cdots, y_n)$, 存在 $\lambda \in \mathbb{C}^* = \mathbb{C}\backslash\{0\}$, 当 $x_i = \lambda y_i$ 时, 可将其等同看待. 由于从 $\mathbb{C}^{n+1}$ 的拓扑结构中诱导出的拓扑结构包含在 $\mathbb{P}^n$ 中, 据此可知 $\mathbb{P}^n$ 是紧的拓扑空间. $\mathbb{C}^{n+1}\backslash\{0\}$ 中的点 $(x_0, \cdots, x_n)$ 的等价类记作 $[x_0 : \cdots : x_n]$. 设开集 $U_i \subset \mathbb{P}^n$ 为

$$U_i = \{[x_0 : \cdots : x_n] \in \mathbb{P}^n : x_i \neq 0\},$$

于是, $\mathbb{P}^n$ 被 $\cup_{i=0}^n U_i$ 和那些 U_i 所覆盖. 另外, 由下述对应关系

$$(z_1, \cdots, z_n) \mapsto [z_1 : \cdots : z_{i-1} : 1 : z_i : \cdots : z_n]$$

确定的映射 $\mathbb{C}^n \to U_i$, 即可将各个 U_i 与 $\mathbb{C}^n$ 等同看待. 也就是说, 可以认为 $\mathbb{P}^n$ 是由 $n+1$ 个 $\mathbb{C}^n$ 黏合而成.

下面, 开始尝试着在 $\mathbb{P}^2$ 上讨论问题 3.2. 将问题 3.2 中的 $\mathbb{C}^2$ 等同视为 $U_0 \subset \mathbb{P}^2$, 取 $\mathbb{C}^2$ 中的圆和直线在 $\mathbb{P}^2$ 中的闭包, 则可分别用下式表示:

$$\{[x_0 : x_1 : x_2] \in \mathbb{P}^2 : x_0^2 = x_1^2 + x_2^2\}, \tag{3.4}$$

$$\{[x_0 : x_1 : x_2] \in \mathbb{P}^2 : x_2 = ax_1 + bx_0\}. \tag{3.5}$$

公式 (3.4) 定义的 $\mathbb{P}^2$ 中的闭集被称作非奇异二次曲线 (smooth conic). 将公式 (3.5) 进行一般化处理, 由 $[\alpha : \beta : \gamma] \in \mathbb{P}^2$ 确定的 $\mathbb{P}^2$ 中的闭集

$$\{[x_0 : x_1 : x_2] \in \mathbb{P}^2 : \alpha x_0 + \beta x_1 + \gamma x_2 = 0\}$$

被称作直线. 在 $\mathbb{P}^2$ 上讨论过问题 3.1、3.2 后, 再来考虑下面的问题.

问题 3.3 在 $\mathbb{P}^2$ 中给定非奇异二次曲线与直线. 此时二次曲线与直线在 $\mathbb{P}^2$ 上的交点有几个?

这样一来就不取决于直线的取法, 答案总是 2. 实际上, 例如当 $a = i$, $b = 0$ 时, (3.4) 和 (3.5) 的交点是 $[0 : 1 : i]$, 变成两个重点, 因此, 我们可以说问题 3.3 才是本来应该问的正确问题.

下面来回顾一下从上述问题 3.1 转换到问题 3.2, 再从问题 3.2 转换到问题 3.3 时都做了哪些事情吧. 问题 3.2 中考虑的范围从实数变成了复数. 复数又称作代数闭域 (algebraically closed field), 以复数作为系数的多项式在其中一定有解. 问题 3.3 中所考虑的范围从非紧空间变成了紧空间. 因此像 $\mathbb{P}^n$ 这样在代数闭域上定义的紧空间里, 类似问题 3.3 的 "枚举问题" 总是可以期待得到理想的答案.

3.3 枚举不变量

但遗憾的是上面所说的一切不能断言一定正确. 在问题 3.3 中, 我们考虑了非奇异二次曲线, 但如果考虑一般化的二次曲线 (conic) 会怎样呢? 令一般化二次曲线为

$$\{[x_0:x_1:x_2]\in\mathbb{P}^2: ax_0^2+bx_1^2+cx_2^2+dx_0x_1+ex_1x_2+fx_0x_3=0\}, \quad (3.6)$$

这里 $[a:b:c:d:e:f]\in\mathbb{P}^5$.

问题 3.4 在 $\mathbb{P}^2$ 中给定二次曲线与直线, 此时二次曲线和直线在 $\mathbb{P}^2$ 上的交点有几个?

$\mathbb{P}^2$ 内的二次曲线通过巧妙地实施坐标变换可以变成非奇异二次曲线 (3.4) 或下列中的某一个:

$$\{[x_0:x_1:x_2]\in\mathbb{P}^2: x_0x_1=0\}, \{[x_0:x_1:x_2]\in\mathbb{P}^2: x_0^2=0\}. \quad (3.7)$$

在二次曲线是非奇异的情况下, 问题 3.3 的答案为 2 . 如果是上面中的某一个, 答案会怎样呢? 不管是上面哪种情况, 二次曲线都包含直线 $\{[x_0:x_1:x_2]\in\mathbb{P}^2: x_0=0\}$, 这时答案会变为 ∞. 但如果把问题 3.4 中的二次曲线和直线完全按照一般意义处理, 答案就会变为 2 , 所以说像上面那样二次曲线包含直线的状况不是问题 3.4 中的理想状况. 那么, 如何才能使问题 3.4 变成正确的问题呢? 那就是改变计数方法的定义, 使其变成理想状况下的枚举方法就可以了. 那么对于给定的枚举问题怎样才能找到 "理想状况下的枚举方法" 呢? 这就是下面要介绍的枚举不变量的想法.

考虑枚举不变量的第一步是把计数对象所有的集合看作某种几何对象. 这样的空间被称为模空间 (moduli space). 在问题 3.4 的情形里, 将给定的二次曲线和直线分别设为 C_2, C_1. 因为我们要考虑的集合是 C_2 和 C_1 上交点的集合, 所以此时的模空间可记为

$$M=C_1\cap C_2\subset\mathbb{P}^2.$$

这当然是 $\mathbb{P}^2$ 的闭集. 如果 C_2 和 C_1 完全是一般意义上的二次曲线和直线, M 就变成 2 个点. 但如上所述, 如果 C_1 包含在 C_2 中, 就变成了 $M=\mathbb{P}^1$. 这是 C_1 和 C_2 都不在理想状况下产生的问题, 因此 M 不是一个理想的模空间. 那怎样才能得到枚举不变量呢? 我们的想法是, 从这样不理想的模空间出发, "假想式地" 构筑一个理想的模空间 (正确的说法是模空间的基本类).

如何才能得到理想的模空间的基本类呢? 这一想法的基础是把 M 看作 $\mathbb{P}^2$ 上的向量丛 (vector bundle) 截面的零点集. 从射影空间 $\mathbb{P}^n$ 的构造可知, 其上自然存在着秩为 1 的复向量丛

$$\mathcal{O}_{\mathbb{P}^n}(-1) \to \mathbb{P}^n.$$

对于与 $\mathbb{P}^n$ 上的点对应的一维子空间 $l \subset \mathbb{C}^{n+1}$ 来说, 该点上的纤维即是 l 自身这个向量丛. 另外对于任意的 $k \in \mathbb{Z}$, 能够定义 $\mathcal{O}_{\mathbb{P}^n}(k)=\mathcal{O}_{\mathbb{P}^n}(-1)^{\otimes -k}$. 当 $k<0$ 时, $\mathcal{O}_{\mathbb{P}^n}(-1)^{\otimes -k}$ 意味着对 $\mathcal{O}_{\mathbb{P}^n}(-1)$ 进行 $(-k)$ 次张量运算; 当 $k \geqslant 0$ 时, 意味着对 $\mathcal{O}_{\mathbb{P}^n}(-1)$ 的对偶进行 k 次张量运算. 于是 $\mathcal{O}_{\mathbb{P}^n}(k)$ 的整体瓣 (global section) 的空间可等同看待为以 $x_0, \cdots, x_n$ 为变量的 k 次齐次多项式空间. 这样一来, C_1, C_2 分别确定 $\mathcal{O}_{\mathbb{P}^2}(1), \mathcal{O}_{\mathbb{P}^2}(2)$ 的整体瓣 s_1, s_2. 于是, $s=(s_1, s_2)$ 可以给出向量丛

$$\mathcal{E}=\mathcal{O}_{\mathbb{P}^2}(1) \oplus \mathcal{O}_{\mathbb{P}^2}(2) \to \mathbb{P}^2$$

的整体瓣, s 消失的那部分正好对应于 $M \subset \mathbb{P}^2$. 综上所述, 将 M 的假想基本类定义为

$$[M]^{\mathrm{vir}}=e(\mathcal{E}) \in H^4(\mathbb{P}^2, \mathbb{Z}). \tag{3.8}$$

这时, 可将 $[M]^{\mathrm{vir}}$ 考虑为这个例子中的 "理想的模空间的基本类". 这里, 对于拓扑空间 X, $H^i(X, \mathbb{Z})$ 是 X 的 i 次奇异上同调 (singular cohomology), $e(\mathcal{E})$ 称作 X 上的向量丛 $\mathcal{E}$ 的欧拉类 (Euler class). 关于欧拉类, 我们将在下一节进行详细讲解. 通过将 $H^4(\mathbb{P}^2, \mathbb{Z})$ 等同看待为 $\mathbb{Z}$, 可将 $[M]^{\mathrm{vir}}$ 视为整数. 现在把该整数称为 "C_1 和 C_2 上共有的假想点的个数".

问题 3.5 在 $\mathbb{P}^2$ 中给定二次曲线和直线, 此时二次曲线和直线在 $\mathbb{P}^2$ 上共有的假想点有几个?

不管 C_1 是否包含在 C_2 中, 问题的答案都一定是 2. 下一节我们来讨论这个问题.

3.4 陈类

一般设 X 为拓扑空间, $V \to X$ 为复向量丛, $H^*(X,\mathbb{Z})$ 为 X 的 i 次奇异上同调 $H^i(X,\mathbb{Z})$ 的直和. 此时, 存在被称作陈类的上同调类:

$$c(V) = c_0(V) + c_1(V) + \cdots \in H^*(X,\mathbb{Z}), c_i(V) \in H^{2i}(X,\mathbb{Z}),$$

下面的公理对其赋予了一些唯一的特征.

- $c_0(V) = 1$.
- 设 $f: Y \to X$ 为连续映射, 则 $c(Y \times_X V) = f^*c(V)$.
- $c(V \oplus W) = c(V) \cdot c(W)$.
- $c(\mathcal{O}_{\mathbb{P}^n}(-1)) = 1 - [H]$. 这里, $H \subset \mathbb{P}^n$ 是超平面.

例如, $\mathbb{P}^n$ 上的全纯切丛 $T_{\mathbb{P}^n}$ 的陈类可用下式计算:

$$c(T_{\mathbb{P}^n}) = (1 + [H])^{n+1}.$$

当 $V \to X$ 是秩为 r 的复向量丛时, 将其欧拉类 $e(V)$ 定义为

$$e(V) = c_r(V) \in H^{2r}(X,\mathbb{Z}),$$

其几何意义如下: 设 s 是 V 的整体瓣, 于是可局部地把 s 看作 X 上的 $2r$ 个实函数, 所以只要完全一般意义上地选取这样的 s, 则 s 的零点集 $(s = 0)$ 即是 X 中余维为 $2r$ 的闭集. 该零点集 $(s = 0)$ 确定的上同调类与欧拉类一致. 即有下式成立:

$$e(\mathcal{E}) = [(s = 0)] \in H^{2r}(X,\mathbb{Z}). \tag{3.9}$$

我们再回到问题 3.5, 即讨论向量丛 $\mathcal{E} \to \mathbb{P}^2$ 的欧拉类的计算. 利用公理中的第三条和第四条有下式成立:

$$c(\mathcal{E}) = (1 + [H])(1 + 2[H]) = 1 + 3[H] + 2[H]^2.$$

因为 $c_2(\mathcal{E}) = 2[H]^2 = 2$, 所以可得 $e(\mathcal{E}) = 2$. 利用等式 (3.9) 可以更明确地看出其意义. 只要完全一般意义上取 $\mathcal{E} \to \mathbb{P}^2$ 的整体瓣, 其零点集就是完全一般意义上的直线 C_1 和二次曲线 C_2 的交点, 所以其个数为 2 . 这样一来, 可把模空间看成向量丛的零点集, 通过利用其向量丛的欧拉类, 就能够构造 “理想的模空间的基本类”.

3.5 代数簇上曲线的枚举

到目前为止, 我们讨论了点的假想的枚举. 从现在开始讨论曲线的枚举, 对进一步的内容进行探讨. 如前所述, 为了对那些枚举问题给出理想答案, 可以考虑定义在复数域上的紧空间. 这样的空间大多数都是由以 $x_0, \cdots, x_n$ 为变量的若干个齐次多项式 $f_1, \cdots, f_k$

$$f_i \in \mathbb{C}[x_0, x_1, \cdots, x_n], 1 \leqslant i \leqslant k$$

的射影空间中的零点集

$$X = \{f_1 = \cdots = f_k = 0\} \subset \mathbb{P}^n \tag{3.10}$$

给出. 在零点集 X 中不存在奇点的情况下, 即当 X 变成簇时, X 被称为复射影代数簇 (complex projective variety). 在 X 是复 D 维的情形下, X 的次数定义为

$$(c_1(\mathcal{O}_{\mathbb{P}^n}(1))|_X)^D \in H^{2D}(X, \mathbb{Z}) \cong \mathbb{Z},$$

它表示 X 的"大小".

当 C 是复一维射影代数簇时, 它因此变为实二维的簇, 此时 C 被称为射影代数曲线 (projective curve) 或黎曼曲面 (Riemann surface). 从拓扑结构上来说它变成了一个在其上开了环形孔的二维簇. 环形孔的个数被称为亏格. 代数曲线 C 的亏格表示其"形状".

接着考虑下一个问题.

问题 3.6 X 是复射影代数簇. 此时, 具有给定次数与亏格的 X 上的代数曲线 C 有几个?

例如, 把 X 表示为如下的代数簇:

$$X = \{x_0^5 + x_1^5 + x_2^5 + x_3^5 + x_4^5 = 0\} \subset \mathbb{P}^4. \tag{3.11}$$

这里, X 是复三维的代数簇, 被称作五次费马超曲面 (Fermat hypersurface). 在 X 上有

$$C = \{x_0 + ix_1 = x_2 + ix_3 = x_4 = 0\} \subset \mathbb{P}^4.$$

很显然, C 可以与 $\mathbb{P}^1$ 同等看待, 因此其亏格为 0 . 另外, 由于 C 是由一些一次式定义的, 所以其次数为 1. 这样就能够找到 X 上的次数为 1、亏格为 0 的曲线. 问题 3.6 所要问的就是这样的曲线存在多少个.

但即使固定次数 d 和亏格 g, 也有可能存在无数的曲线 C, 因此有必要引

入"假想的枚举不变量". 我们暂且假定存在这样的枚举不变量 $n_{g,d} \in \mathbb{Z}$, 然后继续我们的话题.

3.6 镜像对称性

20 世纪 90 年代初期, 以发现镜像对称性为契机, 关于曲线枚举不变量 $n_{g,d}$ 的研究开始备受瞩目. 镜像对称性是指被称为 Calabi-Yau 流形 (Calabi-Yau manifold) 的两个代数簇之间不可思议的关系. 首先来定义 Calabi-Yau 流形. 对 D 维复射影代数簇 X, 令 T_X 为其全纯切丛 (holomorphic tangent bundle), 这是秩为 D 的复向量丛. 线丛

$$\omega_X = \bigwedge^D T_X^\vee$$

被称为 X 的典范丛 (canonical bundle). 当 X 的典范丛是平凡线丛时, 称 X 为 Calabi-Yau 流形. 一维 Calabi-Yau 流形对应亏格为 1 的情形. 此时 X 变成其上具有一个空洞的甜甜圈状的环面. (3.11) 式给出的代数簇变成复三维 Calabi-Yau 流形.

镜像对称性现象是通过物理学中的超弦理论 (super string theory) 发现的. 超弦理论认为物质是由一维弦构成的. 根据这个理论, 我们的宇宙由形状为 $\mathbb{R}^4 \times X$ 的 10 维空间构成. 这里, X 是如同 Planck 常数 (10^{-35} m) 那么小的实六维空间. 由于受超对称性的制约, 可知其必须是复三维 Calabi-Yau 流形. 但是我们知道, 超弦理论并不只有一种, 而是有五种理论. 我们讨论其中的两种, 即类型 IIA 理论以及类型 IIB 理论. 一旦假定这两种理论之间存在等价性, 就可以得到关于 Calabi-Yau 流形几何学上意义深远的猜想. 设 $X, X^\vee$ 为三维 Calabi-Yau 流形, 假定由 X 构成的类型 IIA 理论与由 $X^\vee$ 构成的类型 IIB 理论是等价的, 则称 X 和 $X^\vee$ 为镜像. 然而不管是类型 IIA 还是类型 IIB, 这样的超弦理论从数学意义上来说其构成还不是十分严密, 所以说 $(X, X^\vee)$ 并不是数学意义上的镜像. 但有时也存在这种情况, 即有些物理上没有给出数学定义的概念, 也会通过某种计算推导出具有数学意义的猜想.

关于曲线的枚举问题, 也是通过镜像对称性推导出了意义深远的猜想. 当 $(X, X^\vee)$ 具有镜像关系时, 可以简单地猜想成立下述关系式:

$$X\text{上亏格为 0 的代数曲线个数} = X^\vee\text{上的周期积分}. \tag{3.12}$$

关于周期积分 (period integral) 我们在本讲义中不再进行讲解, 但因为它满足 Picard-Fuchs 微分方程, 所以直接使用它的解对其进行描述. 这个微分方

程式的解像伽马函数一样使用具体的函数来描述, 所以利用这一点和关系式 (3.12) 应该可以求出 X 上亏格为 0 的代数曲线个数. 实际上, Candelas 等物理学家已经基于这个思想推导出了五次超曲面 (3.11) 上亏格为 0 的代数曲线的枚举不变量 $n_{0,d}$. 计算过程如下.

$$n_{0,1}=2875,\ n_{0,2}=609250,\ n_{0,3}=317206375,$$
$$n_{0,4}=242467530000,\ n_{0,5}=229305888887625\cdots.$$

由于 Candelas 等的计算是利用尚未给出数学定义的物理理论推导出来的, 所以那时提出的不过是关于 X 上亏格为 0 的曲线条数的猜想. 即便这样也已经是一个令人震惊的结果. 实际上, 关于次数较低的曲线条数的结果与已知的结果一致. 对于高次数的情形, 由于受当时代数几何的技术所限, 很难得出正确的条数. 正因为如此, 物理学家正确地预言出了高次数曲线的条数实在是令人惊奇. 另外, 曲线的条数与周期积分这两个看似无关的数学对象之间存在着关联也具有深远的意义. 后来, Candelas 等人的猜想被 Givental 从数学上证明, 此后, 镜像对称性也开始受到数学家们的关注.

3.7 曲线的模空间

根据上一节所述的 Candelas 等人的工作, 我们已经清楚地知道在镜像对称性的研究中, 对代数簇 X 上曲线的数量进行计数非常重要. 现在我们把注意力转移到枚举不变量 $n_{g,d}$ 的存在这个话题. 像前面对点进行计数时考虑模空间一样, 在此也有必要考虑 X 上曲线的模空间. 固定亏格 g 与次数 d, 设

$$M_{g,d}(X)=\{C\subset X : C\ \text{是亏格为}\ g\text{、次数为}\ d\ \text{的代数曲线}\}, \tag{3.13}$$

即可得知这个集合中包含某种“好”的几何结构.

下面, 用具体例子来研究空间 (3.13). 首先, 设 $X=\mathbb{P}^2, g=0, d=1$, 则 $M_{0,1}(\mathbb{P}^2)$ 与由 $[a:b:c]\in\mathbb{P}^2$ 给定参数的那些直线

$$\{[x_0:x_1:x_2]\in\mathbb{P}^2 : ax_0+bx_1+cx_2=0\}\subset\mathbb{P}^2$$

的集合相一致. 因此, 可推导出下式成立:

$$M_{0,1}(\mathbb{P}^2)=\mathbb{P}^2.$$

根据前面的论述, $\mathbb{P}^2$ 是复射影代数簇.

下面, 设 $X=\mathbb{P}^2, g=0, d=2$, 则 $M_{0,2}(\mathbb{P}^2)$ 是由 $[a:b:c:d:e:f]\in\mathbb{P}^5$

给定参数的二次曲线 (3.6) 中没有奇异点的那些曲线构成的. 这样一来, 有

$$M_{0,2}(\mathbb{P}^2) \subset \mathbb{P}^5 \tag{3.14}$$

成立, 这是 $\mathbb{P}^5$ 的开集. 这种情况下, $M_{0,2}(\mathbb{P}^2)$ 不是紧的. 如果模空间不紧, 就不能够使用示性类构造好的不变量. 例如, 为了从 (3.8) 中取出不变量, 必须将 $H^4(\mathbb{P}^2,\mathbb{Z})$ 与 $\mathbb{Z}$ 等同看待, 其原因就是利用了 $\mathbb{P}^2$ 是紧的这一事实.

因此, 我们来考虑如何将 $M_{0,2}(\mathbb{P}^2)$ 紧化. 单纯地取嵌入 (3.14) 的闭包就能得到紧化的 $\mathbb{P}^5$. 可将 $\mathbb{P}^5$ 的各个点与也许不是非奇异的二次曲线全体的集合等同看待. 另外, 与 $M_{0,2}(\mathbb{P}^2)$ 在 $\mathbb{P}^5$ 内补集的点所对应的曲线与 (3.7) 中列举的其中某一个二次曲线同构. 这两个二次曲线中, 由 $\{x_0x_1 = 0\}$ 定义的曲线上有奇异点, 但并不是多么不好的奇异点. 实际上这是一条在 $[0:0:1]$ 处只有结点 (node) 的代数曲线. 这里, 当代数曲线 C 的 $p \in C$ 的解析邻域与 $\mathbb{C}^2$ 中代数曲线 $\{(x,y) \in \mathbb{C}^2 : xy = 0\}$ 的原点的解析邻域同构时, 称 p 为结点. 另一方面, 再来考虑 (3.7) 的二次曲线中由 $\{x_0^2 = 0\}$ 定义的那个. 这条二次曲线是一条直线 $\{x_0 = 0\}$, 并且在每个点上都有二重解, 即所有的点都是奇异点, 这不是一个理想的状况.

下面看一看收敛到二次曲线 $\{x_0^2 = 0\}$ 的非奇异二次曲线族. 例如, 给定参数 $t \in \mathbb{C}^*$ 的曲线族

$$C_t = \{[x_0 : x_1 : x_2] \in \mathbb{P}^2 : x_0^2 = t^2x_1x_2\}$$

就是一个很好的例子. 实际上, $C_0 = \{x_0^2 = 0\}$. 另一方面, 当 $t \neq 0$ 时, 这个二次曲线 C_t 也可看成映射 $f_t : \mathbb{P}^1 \to \mathbb{P}^2$ 的像:

$$f_t([u:v]) = [tuv : u^2 : v^2].$$

于是, 当 $t \to 0$ 时, f_t 成了由 $[u:v] \mapsto [0:u^2:v^2]$ 给定的映射 $f_0 : \mathbb{P}^1 \to \mathbb{P}^2$. 虽然映射 f_0 的定义域 $\mathbb{P}^1$ 是非奇异代数曲线, 但是 f_0 却已不再是嵌入了.

下面, 对一般代数簇 X 上曲线 C 的概念加以扩充.

(1) C 最多只有结点.

(2) 存在不限于嵌入的代数映射 $f : C \to X$.

当上述组合 (C,f) 的自同构群是有限的情形时, 称 (C,f) 为稳定映射. 需要注意的是如果 f 是嵌入, 这个条件自动满足. 再来讨论一下包含 $M_{g,d}(X)$ 的下述集合.

$$\overline{M}_{g,d}(X) = \{\text{稳定映射 } (C,f) : C \text{ 的亏格为 } g,\ f_*[C] \text{ 的次数为 } d\}.$$

这里 $f_*: H_2(C,Z) \to H_2(X,Z)$ 是 f 诱导出的同调群间的态射, $[C] \in H_2(C,Z)$ 是 C 的基本同调类. 于是, 可知 $\overline{M}_{g,d}(X)$ 中 (也许有奇异点) 包含有复射影代数簇的结构. 我们把这称作 X 上的稳定映射的模空间.

3.8 Gromov-Witten 不变量

20 世纪 90 年代中期, 使用稳定映射的模空间 $\overline{M}_{g,d}(X)$ 导入了 X 上代数曲线的枚举不变量. 下面来简要说明这一想法. 模空间 $\overline{M}_{g,d}(X)$ 局部上是一个光滑代数簇上向量丛的截面. 因此, 能够局部地获取向量丛的欧拉类. 通过将这些局部的欧拉类进行 "黏合", 可以定义 $\overline{M}_{g,d}(X)$ 上的假想基本类 (virtual fundamental class)$[\overline{M}_{g,d}(X)]^{\mathrm{vir}}$. "局部向量丛的截面" 这一想法可以通过使用 Behrend 等人的完全障碍理论 (perfect obstruction theory) 进行严格公式化, 假想基本类也可由完全障碍理论构成. 特别是当 X 是三维 Calabi-Yau 流形的情形时, 假想基本类是零维, 所以, 通过取其次数就能够定义以下的不变量:

$$\mathrm{GW}_{g,d} = \deg[\overline{M}_{g,d}(X)]^{\mathrm{vir}} \in \mathbb{Q}.$$

这被称作 Gromov-Witten 不变量 (Gromov-Witten invariant, 以下称 GW 不变量).

这里需要注意的一点是, GW 不变量的取值不是整数而是有理数. 这发生在稳定映射 (C,f) 中存在非平凡自同构的情况下. 在这种情况下, 假想基本类将 (C,f) 自同构群的阶的信息反映在分母中. 因此 GW 不变量给出的并不是本来想要定义的整数不变量 $n_{g,d}$. 到了 20 世纪 90 年代末期, 物理学家 Gopakumar 和 Vafa 着眼于类型 IIA 超弦理论和 M 理论之间的对偶性, 提出了一个猜想, 即能够从 GW 不变量定义整数不变量 $n_{g,d}$, 并把 GW 不变量的生成函数定义为

$$\mathrm{GW}(X) = \sum_{d>0,g\geqslant 0} \mathrm{GW}_{g,d}\lambda^{2g-2}t^d.$$

这里把 λ 和 t 看成单纯的变量, 那么 $\mathrm{GW}(X)$ 可以写成以下的形式:

$$\mathrm{GW}(X) = \sum_{d>0,g\geqslant 0,k\geqslant 1} \frac{n_{g,d}}{k}\left(2\sin\left(\frac{k\lambda}{2}\right)\right)^{2g-2} t^{kd}. \tag{3.15}$$

这时, Gopakumar 和 Vafa 猜想 $n_{g,d}$ 是整数值. 例如, 在 $g=0$ 的情形下, 上

面的关系式与下述多重覆盖公式具有相同的意义:

$$\mathrm{GW}_{0,d} = \sum_{k\geqslant 1, k|d} \frac{1}{k^3} n_{0,d/k}. \tag{3.16}$$

Gopakumar 和 Vafa 又进一步猜想, 出现在等式 (3.15) 右边的 $n_{g,d}$ 可以用李环对某种空间的上同调作用来描述. 但是, $n_{g,d}$ 的整数值猜想, 严格数学意义上的李环作用的公式化, 甚至更简单的等式 (3.16), 在很多情形下都没得到解决.

3.9 Donaldson-Thomas 不变量

也许是因为 Gopakumar-Vafa 猜想太难了, 2003 年, Maulik-Nekarasov-Okounkov-Pandharipande (以下简称 MNOP) 提出了用其他整数值不变量来描述 GW 不变量的猜想. 回想一下定义 GW 不变量时的情形, 虽然考察的曲线要尽量保持非奇异性 (但像结点那样的奇异点还是允许的), 但这并不是说它们一定会嵌入原来的三维 Calabi-Yau 流形 X 中. 现在我们反其道而行之, 对考察的曲线的奇异点不做任何限制, 但是却假设它们嵌入 X 中. 假定对这样的曲线进行计数的不变量存在, 那么它应该是整数值. 对于 $d \in \mathbb{Z}$ 和 $n \in \mathbb{Z}$, 设 $I_n(X,d)$ 如下:

$$I_n(X,d) = \left\{ C \subset X : \begin{array}{l} C \text{ 是一维以下的闭子代数簇,} \\ \text{其次数为 } d,\ \chi(\mathcal{O}_C) = n \end{array} \right\}.$$

这里, 称 $\chi(\mathcal{O}_C)$ 为 C 的全纯欧拉示性数 (holomorphic Euler characteristic). 当 C 平滑时, 有 $\chi(\mathcal{O}_C) = 1 - g(C)$ 成立, 称 $I_n(X,d)$ 为曲线的希尔伯特概形 (Hilbert scheme), 也称作复射影代数概形 (complex projective scheme). 与公式 (3.10) 一样, 可描述为多项式系的零点集, 但是允许存在奇异点. Thomas 证明了该模空间 $I_n(X,d)$ 中存在零维假想基本类 $[I_n(X,d)]^{\mathrm{vir}}$, 且定义不变量如下:

$$\mathrm{DT}_{n,d} = \deg[I_n(X,d)]^{\mathrm{vir}}.$$

不变量 $\mathrm{DT}_{n,d}$ 被称作 Donaldson-Thomas 不变量 (Donaldson-Thomas invariant, 以下简称 DT 不变量). 设 DT 不变量的生成函数为

$$\mathrm{DT}_d(X) = \sum_{n\in\mathbb{Z}} \mathrm{DT}_{n,d} q^n, \quad \mathrm{DT}(X) = \sum_{d\geqslant 0} \mathrm{DT}_d(X) t^d.$$

首先, MNOP 认为生成函数的商

$$\frac{\mathrm{DT}_d(X)}{\mathrm{DT}_0(X)} \tag{3.17}$$

是关于 q 的有理函数在 $q=0$ 时的洛朗展开, 进而猜想通过变换 $q \to 1/q$, 这个有理函数可变为不变, 即常数. 例如, 下列级数

$$q - 2q^2 + 3q^3 - \cdots = \frac{q}{(1+q)^2}$$

是有理函数, 公式右边的有理函数通过变换 $q \to 1/q$ 变为了不变, 即常数.

接下来 MNOP 又猜想, 通过实施变量变换 $q = -e^{i\lambda}$, 下面的等式成立:

$$\exp(\mathrm{GW}(X)) = \frac{\mathrm{DT}(X)}{\mathrm{DT}_0(X)}. \tag{3.18}$$

这个变量变换只有在生成函数的商 (3.17) 的有理性成立时才有意义, 即把 (3.18) 右边给出的 DT 不变量的生成函数看作关于 q 的有理函数, 如果在 $q=-1$ 的邻域重新展开, 就能得到 GW 不变量的生成函数. 因此, 等式 (3.18) 不是通过比较每个不变量而得出的关系式, 而是通过使用所有的不变量来构成生成函数而得到的关系式. 另外, 生成函数 $\mathrm{DT}_0(X)$ 是对 X 内的点进行计数的 DT 不变量的生成函数. 在 (3.18) 右边公式中用 $\mathrm{DT}_0(X)$ 做除法运算的这一操作, 意味着消除了这种点的计数贡献, 只留下曲线计数的贡献.

笔者从 2008 年左右开始凝聚层的导出范畴 (derived category of coherent sheafs) 的研究, 在研究中导入了对其对象进行计数的不变量. 通过详细分析该不变量, 从根本上解决了 MNOP 对 (3.17) 的有理性猜想. 2012 年, Pandharipande-Pixton 证明了等式 (3.18) 在多个三维 Calabi-Yau 流形上成立. 另外, 通过把等式 (3.18) 和关于 DT 不变量的有意义的猜想对照起来考虑, Gopakumar-Vafa 猜想也变得明朗起来. 此外, DT 不变量与表示论的关系, 不仅对曲线还可以对曲面进行计数的不变量与自守形式的关系, 以及与 Bridgeland 稳定性条件 (Bridgeland stability condition) 的关系等, 类似这些关于枚举不变量的研究已超出了古典问题的认识, 呈现出更广阔的空间.

// 专用术语 //

代数学

- 代数闭域: 当一次以上任意的 k 系数单变量多项式在 k 上有根时, 域 k 被称为代数闭域.

代数几何

• 全纯切丛: 对于复流形 M, 在 M 的普通切丛 $T_{\mathbb{R}}M$ 上进行 $\otimes_{\mathbb{R}}\mathbb{C}$ 运算. 这样, 就在 $T_{\mathbb{R}}M \otimes_{\mathbb{R}} \mathbb{C}$ 上确定了由 M 的复结构决定的线性映射 $J: T_{\mathbb{R}}M \otimes_{\mathbb{R}} \mathbb{C} \to T_{\mathbb{R}}M \otimes_{\mathbb{R}} \mathbb{C}$, 满足 $J^2 = -1$. 将该映射的本征值 i 的本征空间 T_M 称为全纯切丛.

拓扑几何

• 奇异上同调: 作为由单形的连续映射所构成的复形上同调群而定义的拓扑空间的上同调群.

• 向量丛: 拓扑空间 X 上的向量丛定义为拓扑空间 E 和连续映射 $\pi: E \to X$ 的组合 (E, π), π 的各个纤维是向量空间, 且满足某种匹配条件.

• 整体瓣: 向量丛 $\pi: E \to X$ 的整体瓣被定义为连续映射 $s: X \to E$, 满足 $\pi \circ s = id$. 如果 E 和 X 具有复结构, 则还要求 s 是全纯映射.

// 参考书 //

[1] S. Katz (清水勇二译) 《枚举数学与弦理论》日本评论社 (2011 年)
本书是在面向在校大学生的关于枚举几何的讲义笔记基础上写成的.

[2] 深谷贤治编《镜像对称性入门》日本评论社 (2009 年)
一本从各种不同的观点介绍镜像对称性的入门书.

[3] D. A. Cox and S. Katz, *Mirror Symmetry and Algebraic Geometry*, American Mathematical Society (1999)
一本从代数几何角度介绍 Gromov-Witten 不变量和镜像对称性的教科书.

[4] W. Fulton, *Intersection Theory*, Springer-Verlag (1984)
本书详细介绍了在引入枚举不变量时技术上必不可少的相交理论.

第四讲　无限维李环与有限群

——顶点算子代数与月光猜想

松尾厚

在代数学中通常要学习群、环、域等, 李环也是一类重要的代数系统, 但由于与李群的关系, 它在几何学中也占有重要的位置. 此外, 由于量子力学中也用到了李环, 所以它与物理学也有着很深的关系, 现在李环在各个不同的领域发挥着重要的作用. 另一方面, 我想大家对于群都已经习以为常, 但通过群对代数或几何结构的作用, 我们可以看到它与其他领域的关联. 今天, 我想谈谈关于无限维李环和有限群的话题.

4.1　李环

我想从李环的基本概念谈起. 以下, 除非特别声明, 我们将讨论复数域 $\mathbf{C}$ 上的代数系统.

首先, 李环 (Lie algebra) 是向量空间 $\mathfrak{g}$, 在其上进行被称作李括号 (Lie bracket) 的双线性二元运算:

$$[-,-] : \mathfrak{g} \times \mathfrak{g} \longrightarrow \mathfrak{g} \tag{4.1}$$

且满足下列两个条件:

(a) $[X, X] = 0$;

(b) $[[X, Y], Z] = [X, [Y, Z]] - [Y, [X, Z]]$.

我们把这样的线性空间称作李环.

其中, 条件 (a) 对任意的 $X \in \mathfrak{g}$ 成立, 条件 (b) 对任意的 $X, Y, Z \in \mathfrak{g}$ 成立. 我们把条件 (b) 中的关系式叫作雅可比恒等式. 在条件 (a) 的前提下, 条

件 (b) 与下式等价:

$$[X,[Y,Z]]+[Y,[Z,X]]+[Z,[X,Y]]=0. \tag{b$'$}$$

通常也把这个公式叫作雅可比恒等式.

有时也把李环叫作李代数. 与环的情形一样, 可以同样定义李环的同态映射、李环的理想等.

一般情况下, 也把向量空间 V 上的线性变换叫作 V 上的算子 (operator). 对于由其全体构成的向量空间 $\mathrm{End}\,V$, 当确定李括号为 $[g,h]=gh-hg$ 时, 它就变为李环. 这里, gh 及 hg 表示映射的合成, 通常把 $gh-hg$ 形式的公式称作换位子 (commutator). 另外, 用来表示换位子生成结果的公式称作交换关系 (commutation relation).

例如, 当 $V=\mathbf{C}^2$ 时, $\mathrm{End}\,\mathbf{C}^2$ 一定是 2×2 的复数矩阵全体通过矩阵积的换位子 $[A,B]=AB-BA$ 作用生成的李环. 还有, 迹为 0 的矩阵全体构成的子空间具有以下矩阵形式

$$F=\begin{bmatrix}0&0\\1&0\end{bmatrix},\quad H=\begin{bmatrix}1&0\\0&-1\end{bmatrix},\quad E=\begin{bmatrix}0&1\\0&0\end{bmatrix} \tag{4.2}$$

的基底, 并且有 $[H,E]=2E$, $[H,F]=-2F$, $[E,F]=H$ 成立. 把通过这种方式得到的三维李环表示为 $sl_2(\mathbf{C})$. 在单李环的分类中, 这是一种典型的李环, 通常被称作最基本的 A_1 型.

假设给定一个李环 $\mathfrak{g}$. 把给向量空间 V 上的算子取值的李环同态映射 $\pi:\mathfrak{g}\longrightarrow \mathrm{End}\,V$ 称作李环 $\mathfrak{g}$ 的表示 (representation), 把向量空间 V 称作其表示空间. 有时也可以这样表达, 即把表示空间 V 称作表示, 李环 $\mathfrak{g}$ 通过映射 π 作用于 V.

特别是把李环 $\mathfrak{g}$ 自身作为 V, 通过下式

$$\mathrm{ad}(X)(Y)=[X,Y] \tag{4.3}$$

确定映射 $\mathrm{ad}:\mathfrak{g}\longrightarrow \mathrm{End}\,\mathfrak{g}$, 则可得到 $\mathfrak{g}$ 的表示, 称其为 $\mathfrak{g}$ 的伴随表示 (adjoint representation), 具有如下性质, 即雅可比恒等式 (b) 变为 $\mathrm{ad}([X,Y])=[\mathrm{ad}(X),\mathrm{ad}(Y)]$, 映射 $\mathrm{ad}:\mathfrak{g}\longrightarrow \mathrm{End}\,\mathfrak{g}$ 是李环的同态.

问题 4.1 关于李环 $sl_2(\mathbf{C})$ 的伴随表示 ad, 请把线性变换 $\mathrm{ad}(E),\mathrm{ad}(H)$, $\mathrm{ad}(F)$ 表示为与基底 E,H,F 相关的矩阵形式.

4.2 仿射型李环

下面介绍在无限维李环中同样占有重要位置的仿射型李环. 首先介绍预备知识.

假设给定李环 $\mathfrak{g}$ 上的双线性型 $(|) : \mathfrak{g} \times \mathfrak{g} \longrightarrow \mathbf{C}$. 对任意的 $X, Y, Z \in \mathfrak{g}$, 当下式

$$([X,Y] \mid Z) = (X \mid [Y,Z]) \tag{4.4}$$

成立时, 称 $(|)$ 为不变双线性型 (invariant bilinear form). 例如, 对于有限维李环, 被称作基灵型 (Killing form) 的下式

$$\kappa(X,Y) = \mathrm{Tr}\ \mathrm{ad}(X)\,\mathrm{ad}(Y) \tag{4.5}$$

是对称不变双线性型.

问题 4.2 请把李环 $sl_2(\mathbf{C})$ 的基灵型表示为与基底 E, H, F 相关的矩阵形式.

接下来讨论未定元 t. 把表示为整数幂 t^n $(n \in \mathbf{Z})$ 的线性组合称作洛朗多项式 (Laurent polynomial), 全体多项式通过一般的乘积运算可变为交换环, 记作 $\mathbf{C}[t, t^{-1}]$.

现在假设给定李环 $\mathfrak{g}$ 及其对称不变双线性型 $(|) : \mathfrak{g} \times \mathfrak{g} \longrightarrow \mathbf{C}$. 接下来对李环 $\mathfrak{g}$ 与洛朗多项式环 $\mathbf{C}$ 上的张量积 $\mathfrak{g} \otimes \mathbf{C}[t, t^{-1}]$ 进行讨论, 进而对一维向量空间 $\mathbf{C}K$ 求其直和, 将得出的向量空间记为

$$\widehat{\mathfrak{g}} = \mathfrak{g} \otimes \mathbf{C}[t, t^{-1}] \oplus \mathbf{C}K. \tag{4.6}$$

规定向量空间 $\widehat{\mathfrak{g}}$ 上的李括号满足下列条件:

$$[X \otimes t^m, Y \otimes t^n] = [X,Y] \otimes t^{m+n} + \delta_{m+n,0}\, m (X \mid Y) K, \quad [K, X \otimes t^m] = 0, \tag{4.7}$$

这里的 $\delta_{m+n,0}$ 是克罗内克符号 (Kronecker delta).

问题 4.3 请说明 $\widehat{\mathfrak{g}}$ 如何通过上述李括号变为李环.

把由此得到的李环 $\widehat{\mathfrak{g}}$ 称作原李环 $\mathfrak{g}$ 的仿射 (affinization). 以下这样的李环统称为仿射型李环 (affine Lie algebra).

特别是当 $\mathfrak{g}$ 为有限维单李环时, 对称不变双线性型变为基灵型的常数倍. 把基灵型进行适当正规化, 利用这一结果, 如果构造出仿射李环 $\widehat{\mathfrak{g}}$, 即可得到通常被称作仿射卡茨–穆迪代数 (affine Kac-Moody algebra) 的李环. 例如, 当 $\mathfrak{g} = sl_2(\mathbf{C})$ 时, 仿射李环 $\widehat{sl_2(\mathbf{C})}$ 变成典型的仿射卡茨–穆迪代数, 通常被称作 $\mathrm{A}_1^{(1)}$ 型.

其实更正确的说法是对上述 $\widehat{\mathfrak{g}}$ 求导的结果就是本来意义上的仿射卡茨–穆迪代数. 另外, 仿射卡茨–穆迪代数中也有一些类型不能通过这种方式得到.

4.3 算子积展开

从仿射李环的定义自然会得出其母函数, 根据这一点, 可以用算子积展开来描述李括号. 下面说明仿射李环的这一性质.

在仿射李环 $\widehat{\mathfrak{g}}$ 的表示 M 中, 中心 K 用标量 k 进行作用, 把这样的 k 称作表示 M 的水平 (level).

仿射李环 $\widehat{\mathfrak{g}}$ 的元素为 $X \otimes t^n$, 把 $X \otimes t^n$ 的表示 M 上的作用简记为 X_n, 进而用下列方式定义算子族 $(X_n)_{n\in\mathbf{Z}}$ 的母函数 $X(z)$:

$$X(z) = \sum_{n=-\infty}^{\infty} X_n z^{-n-1} \in (\operatorname{End} M)[[z, z^{-1}]], \tag{4.8}$$

这是一个正幂项和负幂项都有无限项的形式级数. 这样的形式级数 $X(z)$, $Y(z)$ 可确定如下:

$$^\circ_\circ X(z)Y(w)^\circ_\circ = X(z)_- Y(w) + Y(w)X(z)_+, \tag{4.9}$$

把上式称作 $X(z)$ 和 $Y(w)$ 的正规积 (normal product). 其中:

$$X(z)_- = \sum_{n=-\infty}^{-1} X_n z^{-n-1},$$
$$X(z)_+ = \sum_{n=0}^{\infty} X_n z^{-n-1}.$$

在上述定义的基础上, 成立下列关系式:

$$\begin{aligned} X(z)Y(w) &= {}^\circ_\circ X(z)Y(w)^\circ_\circ + \left.\frac{[X,Y](w)}{z-w}\right|_{|z|>|w|} + \left.\frac{k(X\mid Y)}{(z-w)^2}\right|_{|z|>|w|}, \\ Y(w)X(z) &= {}^\circ_\circ X(z)Y(w)^\circ_\circ + \left.\frac{[X,Y](w)}{z-w}\right|_{|z|<|w|} + \left.\frac{k(X\mid Y)}{(z-w)^2}\right|_{|z|<|w|}. \end{aligned} \tag{4.10}$$

这里, 对于正整数 m, $\left.\dfrac{1}{(z-w)^m}\right|_{|z|>|w|}$ 表示把有理函数 $\dfrac{1}{(z-w)^m}$ 展开为 w/z 的幂级数, 把由此得到的结果看成 w 和 z 的级数. 另外, $\left.\dfrac{1}{(z-w)^m}\right|_{|z|<|w|}$ 表

示展开为 z/w 的幂级数, 其他意义同上. 具体如下:

$$\left.\frac{1}{z-w}\right|_{|z|>|w|}=\sum_{n=0}^{\infty}w^n z^{-n-1},\quad \left.\frac{1}{z-w}\right|_{|z|<|w|}=-\sum_{n=0}^{\infty}w^{-n-1}z^n. \tag{4.11}$$

问题 4.4　请证明公式 (4.10).

由此得到的公式 (4.10) 中, 关注的是位于 $z=w$ 的极点的那部分, 在物理学中一般记作:

$$X(z)Y(w)\sim\frac{[X,Y](w)}{z-w}+\frac{k(X\mid Y)}{(z-w)^2}, \tag{4.12}$$

称其为算子积展开 (operator product expansion, OPE).

下面, 对非负整数 n 做如下定义:

$$X(z)_{(n)}Y(z)=\operatorname*{Res}_{y=0}(y-z)^n(X(y)Y(z)-X(y)Y(z)). \tag{4.13}$$

其中, $\operatorname*{Res}_{y=0}$ 表示取 y^{-1} 的系数. 此时有下式成立:

$$X(z)_{(n)}Y(z)=\begin{cases}[X,Y](z) & (n=0),\\ k(X\mid Y) & (n=1),\\ 0 & (n\geqslant 2).\end{cases} \tag{4.14}$$

这样一来, 就能够提取算子积展开中奇异部分的系数, 从而也能看到仿射李环的李括号是如何出现在算子积展开中的.

4.4　顶点代数

下面对上一节中介绍的算子积展开进行适当扩充. 假设仿射李环 $\widehat{\mathfrak{g}}$ 的表示 M 满足下列条件:

对任意的 $X\in\mathfrak{g}$ 和任意的 $v\in M$, 存在正数 N, 如果 $n\geqslant N$, 则 $X_n v=0$.

此时, 即使 $n=-m-1$ 为负整数, 也能够定义积 $X(z)_{(-m-1)}Y(z)$,

$$\begin{aligned}&X(z)_{(-m-1)}Y(z)\\ &=\operatorname*{Res}_{y=0}\left(\left.\frac{1}{(y-z)^{m+1}}\right|_{|y|>|z|}X(y)Y(z)-\left.\frac{1}{(y-z)^{m+1}}\right|_{|y|<|z|}Y(z)X(y)\right).\end{aligned} \tag{4.15}$$

实际上, 其结果是 $X(z)_{(-m-1)}Y(z)={}^{\circ}_{\circ}\partial^{(m)}X(z)Y(z){}^{\circ}_{\circ}$. 式中, $\partial^{(m)}X(z)$ 是把级数 $X(z)$ 关于 z 进行 m 次微分后再除以 $m!$.

这样就能够定义出可数个运算

$$(X(z), Y(z)) \mapsto X(z)_{(n)} Y(z) \quad (n \in \mathbf{Z}). \tag{4.16}$$

把这些运算所满足的性质进行公理化后, 就得出了被称作顶点代数的代数系统.

那什么是顶点代数 (vertex algebra) 呢? 所谓顶点代数是一个向量空间 V, 给定特别元素 $\mathbf{1}$ 及映射:

$$Y : V \longrightarrow (\text{End } V)[[z, z^{-1}]], \quad a \mapsto Y(a, z) = \sum_{n=-\infty}^{\infty} a_{(n)} z^{-n-1}, \tag{4.17}$$

且满足以下条件:

(A) 对任意的 $a, b \in V$, 存在整数 N, 如果 $n \geqslant N$, 则 $a_{(n)} b = 0$.

(B) 对任意的 $a, b, c \in V$, $p, q, r \in \mathbf{Z}$, 下述公式成立:

$$\begin{aligned}&\sum_{i=0}^{\infty} \binom{p}{i} \left(a_{(r+i)} b\right)_{(p+q-i)} c \\ =& \sum_{i=0}^{\infty} (-1)^i \binom{r}{i} a_{(p+r-i)} \left(b_{(q+i)} c\right) - \sum_{i=0}^{\infty} (-1)^{r+i} \binom{r}{i} b_{(q+r-i)} \left(a_{(p+i)} c\right).\end{aligned} \tag{4.18}$$

(C) 对任意的 $a \in V$, 下述公式成立:

$$a_{(n)} \mathbf{1} = \begin{cases} a & (n = -1), \\ 0 & (n \geqslant 0). \end{cases} \tag{4.19}$$

把条件 (B) 的公式称为柯西–雅可比恒等式 (Cauchy-Jacobi indentity) 或博尔切兹恒等式 (Borcherds identity). 值得注意的是, 根据条件 (A) 可知, 条件 (B) 的各项实质上是有限和. 尤其是当 $p = q = r = 0$ 时, 条件 (B) 的公式变成:

$$(a_{(0)} b)_{(0)} c = a_{(0)} (b_{(0)} c) - b_{(0)} (a_{(0)} c), \tag{4.20}$$

与李环的雅可比恒等式 (b) 相同.

另外, 从条件 (B),(C) 可得出 $\mathbf{1}_{(n)} \boldsymbol{a} = \delta_{n,-1} a$. 进而从条件 (B) 可得出:

$$Y(a_{(n)} b, z) = Y(a, z)_{(n)} Y(b, z). \tag{4.21}$$

这样, 对级数的二元运算 (4.16) 与顶点代数里给定的二元运算通过映射 Y 对应起来.

综上所述, 对于顶点代数, 给出能确定其维拉宿代数 (Virasoro algebra) 对称性的特别元素, 满足几个与之相关的条件, 把这样的顶点代数称作顶点算

子代数 (vertex operator algebra). 这个话题说起来有点过于冗长, 详细内容不再赘述.

4.5 海森伯顶点代数

下面举一个顶点代数的例子. 选择一维交换李环 $\mathfrak{a} = \mathbf{C}a$ 上的对称不变双线性型为 $(a \mid a) = 1$, 用来构造仿射李环 $\widehat{\mathfrak{a}}$. 这个李环就是一种海森伯代数 (Heisenberg Algebra). 实际上, 考虑到中心 K 是用标量 1 作用的表示, $\widehat{\mathfrak{a}}$ 的作用满足下列交换关系:

$$a_m a_n - a_n a_m = m\delta_{m+n,0}. \tag{4.22}$$

通过对生成元进行适当的常数倍处理, 它就会与量子力学中出现的海森伯典型交换关系一致.

下面对多项式环 $\mathbf{C}[x_1, x_2, \cdots]$ 进行分析. 对于每个复数 $\mu \in \mathbf{C}$, 一旦定义如下形式的映射:

$$a_n \mapsto \begin{cases} n\dfrac{\partial}{\partial x_n} & (n > 0), \\ \mu & (n = 0), \\ x_{-n} & (n < 0), \end{cases} \tag{4.23}$$

则空间 $\mathbf{C}[x_1, x_2, \cdots]$ 就变为海森伯代数 $\widehat{\mathfrak{a}}$ 的表示. 其中, 把乘以元素 x_{-n} 这一操作仅简单地表示成了 x_{-n}. 把由此得到的 $\widehat{\mathfrak{a}}$ 的表示记作 $M(1,\mu)$.

在海森伯代数的表示 $M(1,\mu)$ 中, 把多项式环 $\mathbf{C}[x_1, x_2, \cdots]$ 的单位元 1 记为 $|\mu\rangle$. 于是, 表示 $M(1,\mu)$ 作为向量空间可由 $x_{i_k} \cdots x_{i_1}|\mu\rangle$ 形式的元素生成. 特别是当 $\mu = 0$ 时, 把元素 $|0\rangle$ 称作真空 (vacuum), 把表示 $M(1,0)$ 称作 $\widehat{\mathfrak{a}}$ 的真空表示 (vacuum representation).

实际上, 在真空表示 $V = M(1,0)$ 上的顶点代数结构中, 存在唯一满足 $1 = |0\rangle$ 且 $Y(a_{-1}|0\rangle, z) = a(z)$ 的结构, 把这称作海森伯顶点代数 (Heisenberg vertex algebra). 关于复数 $\mu \neq 0$, 虽然 $M(1,\mu)$ 不再是顶点代数, 但却具有顶点代数 $M(1,0)$ 上的模结构.

下面讨论由复数构成的集合 L 的情形. 用下式对海森伯代数的表示 $M(1,\mu)$ 求其直和

$$V_L = \bigoplus_{\mu \in L} M(1,\mu). \tag{4.24}$$

例如, 假定 $L = \sqrt{2}\mathbf{Z}$, 则 V_L 自然就是顶点算子代数, 下面让我们具体写出其

部分结构. 为此, 设 $\alpha = \sqrt{2}, h_n = \sqrt{2}a_n$. 于是便可表示为

$$Y(|\pm\alpha\rangle, z) = \exp\left(\mp \sum_{n=-\infty}^{-1} \frac{h_n}{n} z^{-n}\right) \exp\left(\mp \sum_{n=1}^{\infty} \frac{h_n}{n} z^{-n}\right) e^{\pm\alpha} z^{\pm h_0}. \quad (4.25)$$

我们把类似这样的算子称作顶点算子 (vertex operator), 最开始这是物理学中提出来的概念. 其中, $e^{\pm\alpha}$ 表示算子 $e^{\pm\alpha}|\mu\rangle = |\mu \pm \alpha\rangle$. 另外, 规定 $z^{\pm h_0}|\mu\rangle = z^{\pm\alpha\mu}|\mu\rangle$. 需要注意的是这里的 $\alpha\mu$ 是整数.

通过这种方式得到的顶点算子代数 $V_{\sqrt{2}\mathbf{Z}}$, 实际上是仿射型李环 $\widehat{sl_2(\mathbf{C})}$ 即 $\mathrm{A}_1^{(1)}$ 型的仿射卡茨–穆迪代数的表示. 关于李环 $sl_2(\mathbf{C})$ 的标准基 E, F, H, 根据下列对应:

$$F(z) \mapsto Y(|-\alpha\rangle, z),\ H(z) \mapsto Y(h_{-1}|0\rangle, z),\ E(z) \mapsto Y(|\alpha\rangle, z),\ K \mapsto 1, \quad (4.26)$$

$V_{\sqrt{2}\mathbf{Z}}$ 变成 $\widehat{sl_2(\mathbf{C})}$ 的表示.

上述结果是一般构造法的一个特别情形. 也就是说, 从 n 维的交换李环开始进行同样的构造, 当集合 L 是 ADE 型根格时, 就能得到对应单李环附带的仿射卡茨–穆迪代数的表示. 把这种方法称作 Frenkel-Kac 构造法 (Frenkel-Kac construction). 下一节将对 ADE 型根系进行介绍.

在上述构造法发表的时候, 尚未出现顶点代数理论, 所以对根格以外的格还得不出什么有意义的结论. 在那以后, 博尔切兹提出了顶点代数的概念, 对任意的正定偶格 L, 给出了 V_L 的具有顶点代数结构形式的公式. 进而, 又清楚了 V_L 具有维拉宿代数的对称性, 因此也就成为顶点算子代数. 下一节将对格进行介绍.

4.6 偶幺模格

首先复习一下与格有关的基本术语. 所谓秩为 n 的 (正定的) 格 (lattice), 就是由与 $\mathbf{Z}^n$ 同构的欧几里得空间 $\mathbf{R}^n$ 的阿贝尔子群生成的 $\mathbf{R}^n$ 全体. 这里要特别说一下 $\mathbf{R}^n$ 通常的内积, 把格元素间的内积总是整数的格称作整格 (integral lattice). 通过对自由阿贝尔群 $\mathbf{Z}^n$ 给出正定的整数对称双线性型, 也能够定义整格. 以下如果只提到格, 意味着是整格.

把格元素 v 与自身的内积 (v, v) 称作 v 的平方范数 (squared norm). 平方范数为 2 的格 L 的元素称作格 L 的根 (root), 其全体称作格 L 的根系 (root system), 由根系生成的格称作根格 (root lattice). “根” 这一术语起源于单李环理论, 在基灵–嘉当 (Killing-Cartan) 的单李环分类中出现的根系分成

从 A 型到 G 型七个类型, 这里所涉及的格的根系仅限于 ADE 型.

下面举一个根格的例子. 为此, 先来看一个被称作 E_8 型的邓肯图 (Dynkin diagram). 如图 4.1.

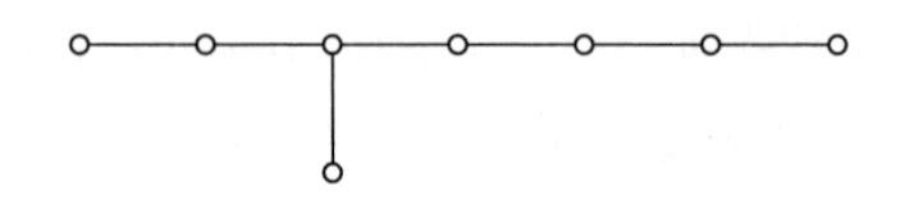

图 4.1　E_8 型邓肯图

给图中的八个顶点分配编号, 分析由其对应的基底 $\alpha_1, \cdots, \alpha_8$ 生成的自由阿贝尔群. 我们在这里规定, 当 $i = j$ 时, $(\alpha_i, \alpha_i) = 2$; 当 $i \neq j$ 时, 若 i 与 j 位于同一边的两端, $(\alpha_i, \alpha_j) = -1$, 否则, $(\alpha_i, \alpha_j) = 0$. 这样, 我们就得到了 E_8 型根格, 以下简称为 E_8 格. 把上一节讲过的 Frenkel-Kac 构造法应用于 E_8 格, 就能得到 $E_8^{(1)}$ 型的仿射卡茨–穆迪代数的表示, 同时也得到了作为其一部分的 E_8 型单李环的伴随表示.

E_8 格具有如下性质, 即其所有元素的平方范数都是偶数, 我们把这样的格称作偶格 (even lattice).

另外, E_8 格还有一个性质, 即关于 $\mathbf{Z}$ 上的基底的格拉姆矩阵的行列式为 1. 把这样的格称作幺模格 (unimodular lattice).

问题 4.5　说明 E_8 格是偶幺模格.

实际上偶幺模格的秩一定是 8 的倍数. 秩为 8 的偶幺模格只有那些与 E_8 同构的格, 秩为 16 时具有两个同构类, 其中一个是 $E_8 \oplus E_8$, 另一个是被记作 D_{16}^{+} 的格, 这是一种把 D_{16} 型的根格作为指数为 2 的子群包含的格. 另一方面, 一旦秩超过 32 时, 偶幺模格的种类急速增多. 例如, 秩为 32 的偶幺模格的种类多达十亿以上, 这一点从闵可夫斯基–西格尔质量公式 (mass formula) 可以得知.

让我们看一下秩为 24 的情形. 这种情形下的偶幺模格分类具有特别深远的意义. 为什么呢? 因为我们知道去掉同构它的分类正好有 24 类, 把这样的格称为尼迈尔格 (Niemeier lattice), 其中的 23 类具有根元素即平方范数为 2 的元素, 这样的元素全体是 ADE 型根系的和. 然而, 剩下的一类完全没有根, 把这样的格称为利奇格 (Leech lattice), 用 Λ_{24} 来表示.

把上一节讲过的博尔切兹构造法应用于利奇格 Λ_{24}, 可以得到顶点算子代数 $V_{\Lambda_{24}}$. 如前面介绍过的那样, 它已不是仿射卡茨–穆迪代数的表示, 但却仍具有顶点算子代数的结构.

但是, 利奇格自同构群的中心具有 ± 1 倍构成的阶为 2 的子群. 利奇格自同构群除以中心得到的商群通常被称作 Conway 群 (Conway group), 它是零散有限单群之一 Co_1. 通过上述介绍, 了解了顶点算子代数与有限单群之间的关联. 下一节介绍有限单群.

4.7 有限单群的分类

简单地说, 有限的单群称作有限单群 (finite simple group). 例如, 阶为素数 p 的群是循环群 $C_p = \mathbf{Z}/p\mathbf{Z}$, 这是一个单交换群, 除此以外的单群都是非交换群, 其中, 阶最小的群是阶为 60 的 5 次交错群 Alt_5. 阶次小的群是李型群 $\mathrm{GL}_3(\mathbf{F}_2)$, 其阶为 168. 这个群也与被记作 $\mathrm{PSL}_2(\mathbf{F}_7)$ 的群同构. 但是, 对素数幂 q 而言, $\mathbf{F}_q = \mathrm{GF}(q)$ 是阶为 q 的有限域.

问题 4.6 说明群 $\mathrm{GL}_3(\mathbf{F}_2)$ 的阶是 168.

非交换有限单群由若干个系列及 26 个例外的零散群 (sporadic group) 构成.

- 交错群系列
- 李型单群系列
- 26 个零散群

  M_{11}, M_{12}, M_{22}, M_{23}, M_{24}: Mathieu 群

  J_1, J_2, J_3, J_4: Janko 群

  HS: Higman-Sims 群, Suz: Suzuki 零散群

  McL: McLaughlin 群, He: Held 群

  Co_1, Co_2, Co_3: Conway 群

  Fi_{22}, Fi_{23}, Fi'_{24}: Fischer 群

  Ly: Lyons 群, Ru: Rudvalis 群, O′N: O’Nan 群

  M: 魔群, BM: 小魔群

  Th: Thompson 群, HN: Harada-Norton 群

零散群中, 最大的是魔群 (monster group), 它的阶大约是 8.08×10^{53}, 确切的值如下:

$$|M| = 2^{46} \cdot 3^{20} \cdot 5^9 \cdot 7^6 \cdot 11^2 \cdot 13^3 \cdot 17 \cdot 19 \cdot 23 \cdot 29 \cdot 31 \cdot 41 \cdot 47 \cdot 59 \cdot 71. \quad (4.27)$$

有限单群都有其个性, 每一个都令人着迷, 但由于我们的题目是关于魔群与顶点算子代数的关系, 所以我们主要对其中的魔群进行介绍.

下一节概要介绍被称作月光的现象, 月光现象是弄清魔群与顶点算子代

数之间关联的出发点.

4.8 月光与 Conway-Norton 猜想

20 世纪 70 年代, 有人猜想存在魔群, 虽然到了 80 年代初期其存在才得到证明, 不过, 当存在尚未被证明的时候, 从人们期待的性质中已经确定了特征标表, 且推导出了各种各样不同的性质. 全部的不可约表示共有 194 个, 其次数按从小到大的顺序依次是:

$$1, 196883, 21296876, 842609326, 18538750076, 19360062527, \cdots. \tag{4.28}$$

McKay 注意到, 这里出现的 196883 这个数, 与被称作椭圆模函数 (elliptic modular function) 的上半平面 $\mathbf{H}$ 上的函数 $j(\tau)$ 的 q-展开

$$j(\tau) = q^{-1}+744+196884q+21493760q^2+864299970q^3+\cdots, \ q = e^{2\pi i\tau} \tag{4.29}$$

中 q 的系数只差 1.

那么, 椭圆模函数 $j(\tau)$ 是怎样的函数呢? 对复上半平面 $\mathbf{H}$ 上的点 τ, 考虑其一维复环面 $E(\tau) = \mathbf{C}/\langle 1, \tau\rangle$, $E(\tau) \simeq E(\tau')$ 成立的充分必要条件是 $j(\tau) = j(\tau')$, 这里的 $j(\tau)$ 就是椭圆模函数. 具体可用艾森斯坦级数 (Eisenstein series) $E_4(\tau), E_6(\tau)$ 定义如下:

$$j(\tau) = \frac{E_4(\tau)^3}{\Delta(\tau)}, \quad \Delta(\tau) = \frac{E_4(\tau)^3 - E_6(\tau)^2}{1728} = q\prod_{n=1}^{\infty}(1-q^n)^{24}. \tag{4.30}$$

此后, 又发现 $j(\tau)$ 的 q-展开的系数, 以及更高次数的系数, 都可写成魔群不可约表示的次数的比较简单的和. 于是, 人们就期待这样的和是一个魔群表示的自然的无限系列数, 如 $M_0 = \underline{1}, M_2 = \underline{1} \oplus \underline{196883}, M_3 = \cdots$, 其次数的母函数的 q^{-1} 倍与 $j(\tau)$ 的 q-展开一致. 不过, 这里并不关心 q-展开的常数项, 将其设为不定.

针对这样的魔群表示的无限系列, 下面考虑是否可以把表示的次数替换成魔群的元素 g 的作用的迹 (trace):

$$T_g(\tau) = q^{-1}\sum_{n=0}^{\infty} \mathrm{tr}\,|_{M_n} q^n. \tag{4.31}$$

把上式称作 McKay-Thompson 级数 (McKay-Thompson series). McKay-Thompson 级数是对魔群共轭类定义的 q-级数.

Conway 与 Norton 在对 McKay-Thompson 级数进行认真研究的基础上, 猜测魔群的所有共轭类所对应的 McKay-Thompson 级数分别是某个亏格为 0

的模群 Γ_g 的主模函数. 这个猜测就是 Conway-Norton 猜想 (Conway-Norton conjecture), 也称作月光猜想 (moonshine conjecture).

然而, Γ_g 是按照魔群的元素 g 的共轭类而具体确定的 $\mathrm{SL}_2(\mathbf{Z})$ 的子群, 其亏格为 0(genus 0) 意味着对 $\mathbf{H}/\Gamma_g$ 紧化后变成亏格为 0 的代数曲线. 因此, 其函数域由一个函数生成, 把这样的函数称作主模函数 (principal modular function, Hauptmodul).

在证明这个猜想的过程中, 产生了很多新的数学领域. 其中发挥核心作用的是这一讲的主题——顶点算子代数, 如上述魔群的表示的无限系列数就是由被称作月光模的顶点算子代数 $V^\natural$ 自然地实现的.

4.9 月光模与魔群

我们已经介绍了如何由利奇格 Λ_{24} 构造顶点算子代数 $V_{\Lambda_{24}}$. 其实 $V_{\Lambda_{24}}$ 本身自然就带有次数. 以这个次数为维数的母函数, 与椭圆模函数 $j(\tau)$ 的 q-展开除常数项以外都是一致的. 但遗憾的是魔群作为自同构并不作用于 $V_{\Lambda_{24}}$.

为了使魔群产生作用, 于是考虑对顶点算子代数 $V_{\Lambda_{24}}$ 进行改造. 为此, 让我们看一下进行 -1 倍运算后形成的利奇格的自同构. 我们已经知道这个自同构出现在格顶点算子代数 $V_{\Lambda_{24}}$ 的阶为 2 的自同构中, 习惯上将其表示为 θ.

因此, 如果将自同构 θ 生成的本征值 ±1 的本征空间表示为 $V_{\Lambda_{24}}^{\pm}$, 则 $V_{\Lambda_{24}}^{+}$ 为 $V_{\Lambda_{24}}$ 的子代数, $V_{\Lambda_{24}}^{-}$ 为 $V_{\Lambda_{24}}^{+}$ 上的模.

实际上, $V_{\Lambda_{24}}^{+}$ 上的模不仅仅是 $V_{\Lambda_{24}}^{\pm}$, 通过巧妙地选择模 $V_{\Lambda_{24}}^{T,+}$, 并定义下式:

$$V^\natural = V_{\Lambda_{24}}^{+} \oplus V_{\Lambda_{24}}^{T,+}, \tag{4.32}$$

即可得到顶点算子代数 $V^\natural$. 把这种构造法称作轨形构造法 (orbifold construction).

这样得到的空间 $V^\natural$ 被称作月光模 (moonshine module), 是魔群作为自同构进行作用的顶点算子代数. 实际上 $V^\natural$ 的自同构群与魔群完全同构.

月光模 $V^\natural$ 是由 Frenkel-Lipowsky-Moorman 作为向量空间构造出来的, 但对其代数结构只做了部分描述. 之后博尔切兹引入了顶点代数的概念, 并指出月光模 $V^\natural$ 具有顶点代数的结构, 但详细的情况并没有发表. 在此基础上, Frenkel 等人在构筑顶点算子代数理论的同时, 还对月光模 $V^\natural$ 构造的详情进行了描述. 还有, 月光模这一名字及符号 $V^\natural$ 也是由 Frenkel 等人确定的. 从名字及符号可以看出, 他们把所得结果是一个自然现象的心情倾注到了音乐这一充满大自然气息的符号中.

月光模 $V^\natural$ 本身就带有自然的次数 $V^\natural = \bigoplus_{n=0}^{\infty} V_n^\natural$, 它自然而然地实现了出现在 Conway-Norton 猜想中的魔群表示的列. 因此, McKay-Thompson 级数被定义成:

$$T_g(\tau) = q^{-1} \sum_{n=0}^{\infty} \mathrm{tr}\,|_{V_n^\natural} q^n, \tag{4.33}$$

Conway-Norton 猜想由此变得更加确定、清晰. 后来, 博尔切兹证明了这个猜想, 并以此为契机创立了可对称化的卡茨 – 穆迪代数的一般化理论、关于模函数的一些新发现等. 虽然这些理论都具有非常深刻的意义, 但由于篇幅所限, 本讲不再加以讨论.

4.10 各种话题

在各个数学领域中都能见到顶点算子的身影. 例如在 20 世纪 80 年代, 搞清楚了孤子方程与顶点算子间的关系. 到了 20 世纪 90 年代, 又发现了曲面上的点的希尔伯特概形的同调与海森伯代数间的关系. 另外, 伴随着始于 20 世纪 80 年代的共形场理论的急速发展, 开始对与弦理论和共形场理论相关联的各种数学结构进行研究. 从这个观点来看, 顶点算子代数的理论可以认为是共形场理论在数学意义上的公式化. 例如, 被称作 W 代数的顶点代数, 原本是由物理学家开始研究的, 在研究过程中发现了一种被称作量子 Drinfeld-Sokolov 约化法的构造方法, 这是一种具有良好性质的顶点代数的强有力的构造法, 被人们投入了大量精力进行研究.

在博尔切兹以后, 基于顶点算子代数对魔群开展的研究一直在稳步发展. 例如, 利用标架顶点算子代数的技巧, 在关于魔群对月光模 $V^\natural$ 的作用方面, 搞清楚了很多各种各样的性质. 其中, 值得大书特书的成果是在顶点算子代数的框架下搞清楚了被称作 McKay 的 E_8 观察的现象, 这对有限群论的研究也产生了很大影响. 此外, 看到顶点算子代数中有 24 种尼迈尔格的情形, 考虑会不会有类似的情况发生呢? 于是物理学家提出了总共有 71 种的猜想. 目前, 证明这一猜想的各项研究正在全面推进中.

不过, 月光猜想最近有了新的发展. 已经有物理学家小组从 K3 曲面附带的非线性西格玛模型的椭圆亏格中发现了一种 q-级数, 其系数为 Mathieu 群 M_{24} 的表示的次数简单和. 这样一个类似月光猜想的现象被称作 Mathieu 月光猜想, 并引起很多研究者的关注. 人们又进一步提出了将 Mathieu 月光猜想作为特别情形包含在内的月光猜想新框架, 这被称作伴影月光猜想, 目前已经开展相关研究, 尼迈尔格在其中正承担着核心作用.

// 专用术语 //

线性代数

- 格拉姆矩阵: 在向量空间 V 上给定内积 $(,)$, 对于 V 的基底 $v_1, \cdots, v_n$, 其 (i, j) 元素是 (v_i, v_j) 的矩阵.

代数学

- 单群: 对于不是平凡群的群 G, 在平凡子群 1 和 G 以外没有正规子群.
- 交换李环: 李括号全部为 0 的李环.
- 单李环: 非交换李环 $\mathfrak{g}$, 在 0 和 $\mathfrak{g}$ 以外没有理想.

// 参考书 //

下面列举与本讲内容相关的书籍供参考. 首先是两本日语书.

[1] 原田耕一郎《魔群的扩展》岩波书店 (1999 年)

这是由日本的有限群论的大家所撰写的关于魔群的书. 虽然写作风格是读本方式, 但在数学专业方面也进行了深入详细的介绍, 同时还涉及了当时的一些最新话题.

[2] 江口彻, 菅原祐二《共形场理论》岩波书店 (2015 年)

这是一本对共形场理论进行全面解说的最新物理书. 全书取材广泛, 涉及了各种各样的话题, 尤其还提到了当下最前沿的话题——Mathieu 月光猜想. 虽然不是一本数学书, 但却具有很大的参考价值.

在英语书籍中, 我想列举 4 本与本讲内容关系深远的书, 供参考.

[3] I.B. Frenkel, J. Lepowsky and A. Meurman, *Vertex Operator Algebras and the Monster*, Birkhäuser (1988)

本书汇总了作者关于顶点算子代数和魔群的研究成果. 由于后来的理论取得长足发展, 书的内容在技术上早已过时, 但仍然是这个领域堪称金字塔的具有纪念碑意义的一本书.

[4] P. Di Francesco, P. Mathieu and D. Sénéchal, *Conformal Field Theory*, Springer (1997)

这是一本详细解说共形场理论的物理书. 因为这本书太厚了, 所以想要通读很困难. 但因为书中详细地介绍了典型无限维李环的表示论, 所以不失为一本优秀的参考书.

[5] A. Matsuo and K. Nagatomo, *Axioms for a Vertex Algebra and the Locality of Quantum Fields*, MSJ Memoire, 日本数学会 (1999 年)
永友清和与笔者合著的回忆录, 从算子积展开的观点出发, 浓缩了顶点代数的基础理论, 是一本关于顶点代数的合适的入门书.

[6] A.A. Ivanov, *The Monster Group and Majorana Involutions*, Cambridge University Press (2009)
这是由魔群研究第一人所写的详细介绍魔群的书. 虽然没有使用顶点算子代数本身, 却对从顶点算子代数研究派生出来的内容进行了新的尝试和论述.

除此以外, 有关顶点代数和顶点算子代数的书, 下面的 3 本也很有名.

[7] V.G. Kac, *Vertex Algebras for Beginners*, Second edition, American Mathematical Society (1998)

[8] J. Lepowsky and H.S. Li, *Introduction to Vertex Operator Algebras and Their Representations*, Birkhäuser (2003)

[9] E. Frenkel and D. Ben-Zvi, *Vertex Algebras and Algebraic Curves*, Second edition, American Mathematical Society (2004)

// 问题解答 //

4.1 矩阵依次是: $\begin{bmatrix} 0 & -2 & 0 \\ 0 & 0 & 1 \\ 0 & 0 & 0 \end{bmatrix} \begin{bmatrix} 2 & 0 & 0 \\ 0 & 0 & 0 \\ 0 & 0 & -2 \end{bmatrix} \begin{bmatrix} 0 & 0 & 0 \\ -1 & 0 & 0 \\ 0 & 2 & 0 \end{bmatrix}$.

4.2 矩阵是: $\begin{bmatrix} 0 & 0 & 4 \\ 0 & 8 & 0 \\ 4 & 0 & 0 \end{bmatrix}$.

4.3 为了证明 $\widehat{\mathfrak{g}}$ 是李环, 我们对定义中并没有写清楚的李括号做如下规定. 设 $[X \otimes t^m, K] = 0$, $[K, K] = 0$, 先来看交换性 (a). 在下式

$$[X \otimes t^m, X \otimes t^m] = [X, X] \otimes t^{m+m} + \delta_{m+m,0} m(X \mid Y)K$$

中, 先看右边第一项, 因为 $[X, X] = 0$, 所以第一项为 0. 再看第二项, 当 $\delta_{m+m,0} \neq 0$ 时, $m = 0$, 这时有 $m(X \mid Y)K = 0$, 所以第二项仍然

为 0. 下面证明雅可比恒等式 (b)′. 三个成分中, 只要有一个是 K, 条件显然成立, 所以只需研究三个成分都是 $X \otimes t^n$ 的形式即可. 计算如下.

$$\begin{aligned}
&[X \otimes t^k, [Y \otimes t^l, Z \otimes t^m]] \\
&= [X \otimes t^k, [Y, Z] \otimes t^{l+m} + \delta_{l+m,0} l(Y \mid Z)K] \\
&= [X \otimes t^k, [Y, Z] \otimes t^{l+m}] \\
&= [X, [Y, Z]] \otimes t^{k+l+m} + \delta_{k+l+m,0} k(X \mid [Y, Z])K.
\end{aligned}$$

这里, 对于右边来说可以这么认为, 巡回地移动 X, Y, Z 并相加, 结果为 0. 其中, 第一项容易理解. 第二项只考虑 $k + l + m = 0$ 的情形即可. 这时, 利用交换性与 $(|)$ 是对称不变双线性型这一事实, 即可得出:

$$\begin{aligned}
&k(X \mid [Y, Z]) + l(Y \mid [Z, X]) + m(Z \mid [X, Y]) \\
&= k([X, Y] \mid Z) + l([X, Y] \mid Z) + m([X, Y] \mid Z) \\
&= (k + l + m)([X, Y] \mid Z) = 0.
\end{aligned}$$

4.4 实际上, 因为 $X(z)Y(w) = {}^\circ_\circ X(z)Y(w){}^\circ_\circ + [X(z)_+, Y(w)]$, 所以只需计算 $[X(z)_+, Y(w)]$ 即可. 具体如下:

$$\begin{aligned}
[X(z)_+, Y(w)] &= \left[\sum_{l=0}^{\infty} X_l z^{-l-1} \sum_{m=-\infty}^{\infty} Y_m w^{-m-1}\right] \\
&= \sum_{l=0}^{\infty} \sum_{m=-\infty}^{\infty} [X_l, Y_m] z^{-l-1} w^{-m-1} \\
&= \sum_{l=0}^{\infty} \sum_{m=-\infty}^{\infty} ([X, Y]_{l+m} + k\delta_{l+m,0} l(X \mid Y)) z^{-l-1} w^{-m-1}.
\end{aligned}$$

在上述第一项中, 设 $l + m = n$, 则 $m = n - l$, 于是有:

$$\begin{aligned}
&\sum_{l=0}^{\infty} \sum_{m=-\infty}^{\infty} [X, Y]_{l+m} z^{-l-1} w^{-m-1} \\
&= \sum_{l=0}^{\infty} \sum_{n=-\infty}^{\infty} [X, Y]_n z^{-l-1} w^{-n+l-1} \\
&= \sum_{l=0}^{\infty} [X, Y](w) z^{-l-1} w^l \\
&= \left.\frac{[X, Y](w)}{z - w}\right|_{|z|>|w|}.
\end{aligned}$$

第二项中只剩下 $l+m=0$ 的项, 所以有:

$$\begin{aligned}&\sum_{l=0}^{\infty}\sum_{m=-\infty}^{\infty}k\delta_{l+m,0}l(X\mid Y)z^{-l-1}w^{-m-1}\\&=k(X\mid Y)\sum_{l=0}^{\infty}lz^{-l-1}w^{l-1}\\&=\left.\frac{k(X\mid Y)}{(z-w)^2}\right|_{|z|>|w|}.\end{aligned}$$

以上, 得出了所有公式.

4.5 先看其是否为偶. 对生成元有 $(\alpha_i,\alpha_i)=2$, 是偶数, 故偶成立. 再看其是否为幺模. 只需计算格拉姆矩阵的行列式即可. 详细计算略.

4.6 因为群 $\mathrm{GL}_3(\mathbf{F}_2)$ 是由线性无关的 3 个列向量排列而得到的全部矩阵构成的群, 所以第一列有 $2^3-1=7$ 种可能; 第一列与第二列也应该线性无关, 所以第二列有 $2^3-2=6$ 种可能; 第一列、第二列和第三列也应该线性无关, 所以第三列有 $2^3-4=4$ 种可能, 总计有 $7\cdot 6\cdot 4=168$ 种可能. 因此求得阶为 168.

第五讲　李群的表示论

——围绕表示的特征

松本久义

群是描述对称性的代数系统. 例如在物理学中出现的“对称性破缺”等说法, 其实是与群有关的话题. 实际上群的表示论的研究源于数论和物理学各自的需求, 是用来分析对称性的有效理论. 除了其自身的趣味性以外, 它不仅在数学上, 在其他各个领域也得到了广泛应用, 已迅速成长为一个很大的研究领域. 这里, 以群的表示的特征为切入点, 如果能触及表示论的趣味性和深度的话就达到目的了.

5.1　群的表示

首先从什么是群的表示 (representation) 开始讲起. 先阐述一下定义. 设 G 为群 (group), V 为向量空间, 标量场是什么都无所谓, 这里设为复数域. $\mathrm{GL}(V)$ 表示 V 的可逆线性变换全体构成的群. 例如, 如果 n 是正整数, V 是 n 维的, 则 $\mathrm{GL}(V)$ 与 $n\times n$ 可逆矩阵全体构成的群, 即一般线性群 (general linear group) $\mathrm{GL}_n(\mathbb{C})$ 同构, 但该同构依赖于基底的取法, 所以并不是能够自然决定的. G 的表示 (π, V) 意味着 π 是群的同态: $\pi: G\to \mathrm{GL}(V)$. 把 V 称作该表示的表示空间. 有时根据上下文的不同, 也简记为“G 的表示 π”、“G 的表示 V”等. 进而, 在 G 具有类似李群等适当的拓扑结构的情形下, 假定 π 具有适当的连续性. 另外, 当 V 为有限 (无限) 维时, 称为有限 (无限) 维表示. 对于无限维表示, 根据具体情况有时会要求 V 具有希尔伯特空间或弗雷歇空间这样的拓扑线性空间结构. 这样的状况会在第 4 节中出现, 但到那个时候, 如果再去正确地书写与拓扑结构和完备化有关的内容会变得非常枯燥无味, 所以关于一些细节描述不一定正确, 在这里请读者事先周知并谅解.

所谓 G 的两个表示 (π, V) 和 (π', V') 同构 (isomorphic) 是指某一线性空间的同构映射: $\psi : V \to V'$, 对于所有的 $g \in G$ 和 $v \in V$, $\pi'(g)\psi(v) = \psi(\pi(g)v)$ 都成立. 所谓两个表示是同构的, 是指作为表示可以把它们等同看待. 在对群的表示进行解释时, 看起来是在使用矩阵通俗易懂地 "表示" 群 (例外的事例除外), 但这种说法不够恰当. 例如当考虑如何用 SU(2) (参照第 2 节) 的表示来表现维数大于 2 的表示时, 你会觉得这相当于用更复杂的 $n \times n$ 矩阵来表现 2×2 矩阵构成的群, 事情变得毫无意义.

如何理解表示呢? 问题的关键在于 "线性化". 在各种各样的数学对象中, 向量空间 (或者更一般意义上环上的模) 处理起来是非常容易的. 虽说如果取基底, 就能够把坐标加进来进行具体计算, 但由于 "叠加原理" 的成立, 其计算量不管怎么说都非常大. 因为能够使用加法, 所以可以将想要分析的内容分解为基本项的和的形式. 例如, 当光照射在棱镜上, 会产生各种波长混合在一起的复杂波, 我们可以将其分解为单波长的激光光线. 这时, 光是一种被称作电磁波的波, 之所以可以这样做其背景是叠加原理成立. 这种做法就是傅里叶分析, 也可以说是表示论的原型. 例如, 在讨论流形时, 如果把容易处理的上同调群或函数空间之类的对象单独拿出来, 就可以将流形的对称性置换成向量空间的对称性, 这时其表示自然就显现出来了.

这里的重点是将想分析的对象分解为基本的对象. 那什么是基本对象呢? 这就是不可约表示 (irreducible representation). 为了说明以下定义先引进几个术语. 以下设 G 为群, 称 (ρ, W) 是 G 的表示 (π, V) 的子表示 (subrepresentation) 的意思是, W 是 V 的子空间, 而且对于所有的 $g \in G$ 和 $w \in W$ 有 $\pi(g)w \in W$ 成立. 同时, 对于各个 $g \in G$, 设 $\rho(g)$ 对 $\pi(g)$ 的 W 的限制一致. 所谓 G 的表示 (π, V) 不可约, 是指在 (π, V) 自身和 $\{0\}$ 以外不存在子表示. 但要先把 $V = \{0\}$ 的情形从不可约表示中去掉, 这和 1 不是素数是一个意思. 说到这里, 基本可以这么认为, 不可约表示给人的感觉就是不能再细分了, 因此把它称作基本的表示也是恰当的. 实际上对于重要的群, 一般的表示都可以合理地分解为不可约表示的直和 (以及它的一般化). 下面, 试着用标语式的说法来阐述表示论的目标:

- **表示论的目标 1** 对不可约表示 (同构除外) 进行分类并理解.
- **表示论的目标 2** 将给予的表示分解为不可约表示的直和 (及其类似).

5.2 紧群的表示

紧群除了具有群结构之外, 还具有紧豪斯多夫空间的结构, 群的运算和求逆元的映射是连续的. 例如包含离散拓扑结构的有限群或 $n \times n$ 的酉矩阵 (unitary matrix) 全体构成的群即 n 次酉群 (unitary group) $\mathrm{U}(n)$ 等都是紧群的例子. $\mathrm{U}(n)$ 的元素中行列式为 1 的全体是一个子群, 被称作 n 次特殊酉群 (special unitary group) $\mathrm{SU}(n)$. $\mathrm{U}(n)$ 和 $\mathrm{SU}(n)$ 具有流形 (manifold) 的结构, 群的运算和求逆元的映射是光滑的, 这样的群被称作李群 (Lie group). 例如 $\mathrm{SU}(2)$ 作为流形与三维球面同构, 具体如下所示:

$$\mathrm{SU}(2) = \left\{ \left(\begin{array}{cc} a & b \\ -\bar{b} & \bar{a} \end{array} \right) \middle| a, b \in \mathbb{C}, |a|^2 + |b|^2 = 1 \right\}.$$

我们知道紧群的所有不可约表示都是有限维的, 虽然无限维表示在应用上也很重要, 但是为了简单起见, 在这一节和下一节中只讨论有限维表示.

同时源于物理学的需要, 20 世纪前期由外尔 (Weyl) 构筑起了紧李群表示论的古典理论. 首先要介绍的重要成果是表示的完全可约性, 这就使上一节所说的讲义计划更趋合理.

定理 5.1 紧群的表示可分解为不可约表示的直和.

下面介绍一下证明的概况.

问题 5.1 证明满足下面引理 5.1 的结论的表示是完全可约的.

引理 5.1 设 (π, V) 为紧群的有限维表示, W 为 V 的任意子表示. 此时, 存在 V 的子表示 W', 使 $V = W \oplus W'$.

为了证明这个引理, 我们先准备一个 V 的埃尔米特内积 (Hermitian inner product) $\langle , \rangle$. 但是这个内积与表示没有任何关系, 如果不做处理则没有什么用处. 这里的关键是 G 是体积有限的测度, 具有不因群的作用而改变的性质. 这个测度被称作哈尔测度 (Haar measure), 除了正的常数倍以外可唯一确定. 下面定义新的埃尔米特内积 $\langle , \rangle'$ 如下:

$$\langle v, w \rangle' = \int_G \langle \pi(g)v, \pi(g)w \rangle \mathrm{d}g \quad (v, w \in V).$$

因为 G 是体积有限的, 所以这个积分收敛, 由 $\langle , \rangle$ 的正定性可知它不会是 0. 这里的 $\langle , \rangle'$ 还具有关于 G 的不变性:

$$\langle \pi(g)v, \pi(g)w \rangle' = \langle v, w \rangle' \quad (g \in G, v, w \in V).$$

将关于该内积的 W 的正交补设为 W', 这样就很容易理解这就是子表示, 引理得证.

接下来看一下不可约表示是怎样的呢? 关于紧李群, 我们知道不可约表示除了同构以外不管再怎么多也是可数个. 外尔还创立了根据最高权 (highest weight) 这一参数对紧李群进行分类的理论. 在有限群的情况下, 不可约表示是有限个, 与共轭类的个数一致.

下面介绍一下 SU(2) 的不可约表示. 首先考虑两个变量的多项式环 $\mathbb{C}[X,Y]$, 将其 k 次齐次成分设为 V_k. V_k 是以 $X^k, X^{k-1}Y, \cdots, X^{k-i}Y^i, \cdots, Y^k$ 为基底的 $k+1$ 维向量空间. 对两个变量的 k 次齐次多项式 $f(X,Y)$ 和 $g=\begin{pmatrix} a & b \\ -\bar{b} & \bar{a} \end{pmatrix} \in \mathrm{SU}(2)$, 如果设 $\pi_k(g)f(X,Y)=f(\bar{a}X-bY,\bar{b}X+aY)$, 则可得到 SU(2) 的 $k+1$ 维表示 (π_k, V_k). 它们都是不可约的, 任意的不可约表示与它们中的任意一个同构.

5.3 紧群的特征

表示论的目标之一, 就是充分理解各种不可约表示. 因为紧群的不可约表示是有限维的, 所以如果在表示空间中导入基底, 那么表示就可以写成矩阵的形式, 因此如果完整地写出矩阵元素, 那似乎至少就能了解表示的具体内容了, 究竟会是怎样呢? 实际上这样做存在各种各样的问题. 首先列举的问题是矩阵的表现形式取决于基底的选取方法. 就算写出了矩阵元素, 其中除了表示本来的信息以外, 像基底的选取方法这样多余的信息也会作为噪声混入其中, 也就是说如果不能下大气力找到一种自然的基底选取方法, 那很可能就没有什么用处. 实际上, 如何构造紧李群的不可约表示的自然基底至今仍是一个问题, 我们所知道的也就是由 Lusztig 和柏原正树各自独立发现的典范基 (也被称作全局结晶基底). 但这些都是用量子群 (quantum group) 理论构造的, 太过高深, 已不属于初等范畴. 另外, 一般人也很难看懂由这些基底形成的矩阵形式, 继续讨论下去最终会成为一个艰难的话题.

因此, 我们不妨换一种思路, 即放弃矩阵要素, 将不依赖于基底选取方法的要素作为表示的信息抽取出来. 说到不依赖于线性变换基底的量, 最有名的就是行列式了, 但这里我们对它并不感兴趣. 我们的想法是选取矩阵的迹 (对角元素的和) 来做尝试.

定义 5.1 所谓紧群 G 的有限维表示 (π, V) 的特征 (character) θ_V 是指

G 上的复值函数, 定义如下:

$$\theta_V(g) = \operatorname{tr}\pi(g) \quad (g \in G).$$

我们知道, 在紧李群的情形下, 群中唯一包含实解析流形的结构, 其特征是实解析函数.

可以更进一步地说, 两个表示的直和的特征是各自特征的和. 从使用线性性的观点来看这是令人期待的性质. 另外, 下面的定理也是一个重要的性质.

定理 5.2 设 $V_1, \cdots, V_k$ 为紧群 G 的互不同构的不可约表示. 此时, 作为 G 上的复值函数所构成的向量空间的元素, 这些特征 $\theta_{V_1}, \cdots, \theta_{V_k}$ 是线性独立的.

由此可见如果两个紧群的有限维表示的特征一致, 则它们是同构的, 从而特征给表示赋予了一些特性.

表示论的第二个目标是给定的表示的不可约分解, 在这里特征也发挥着重要作用. 为此, 我们先尝试考查一下表示的不可约分解. 在极端的情况下, 设 G 是只由单位元构成的群. 这时, 因为单位元在表示中的作用依赖于恒等映射, 所以讨论此类群的表示与单纯地讨论向量空间是一样的. 不可约表示是一维向量空间, 所谓任意的表示分解成不可约表示的直和, 是指向量空间被分解成一维子空间的直和. 由此可知表示的不可约分解的唯一性不成立. 但是仔细斟酌上述关于特征的话题不难看出, 即使分解本身不是唯一的, 但与进行不可约分解时给出的不可约表示同构的直和项的个数却是唯一确定的. 其实还可以对这一点进行进一步的精确化. 我们看一下与不可约分解中给出的不可约表示同构的所有直和项的直和, 实际上它不取决于不可约分解的选取方法. 把这称作与其不可约表示对应的 isotypical component.

接着, 我们来讨论紧群 G 的有限维表示 (π, V) 和不可约表示 (τ, U). 这里, 对于 G 上的复值连续函数 f, V 的线性变换 $\pi(f)$ 定义如下:

$$\pi(f)v = \int_G f(g)\pi(g)v\mathrm{d}g \quad (v \in V).$$

这里先要对 G 的哈尔测度 $\mathrm{d}g$ 做正规化处理, 使得 $\int_G \mathrm{d}g = 1$. 这样 (π, V) 就可以分解为几个与不可约表示有关的 isotypical component 直和, 与直和分解 (τ, U) 相关的 isotypical component 的投影算子 P_U 由下式给出

$$P_U = \dim U \pi(\overline{\theta}_U).$$

这里, $\overline{\theta}_U$ 是 θ_U 的复共轭.

由此可知, 不可约表示的特征不仅对其不可约表示赋予了一些特性, 而且在对给定的表示进行不可约分解的过程中也具有重要意义. 接下来, 让我们再设定一条表示论的目标:

- **表示论的目标 3** 具体描述不可约表示的特征.

实际上要达成这样的目标是存在一些问题的. 比如紧李群的情形, 它同时也是流形, 特征是流形上的函数, 但在一般情况下, 流形上的函数很难具体写出来. 之所以这么说是因为一般不存在整体坐标, 结果就变成了一味简单地取局部坐标系, 用各局部坐标来描述该函数. 但由于局部坐标的选取方法过于随意, 所以即使用这样的坐标系把特征写了出来, 但关于局部坐标系选取方法的信息仍不可避免地会作为噪声掺杂进来, 这样一来就变得没有意义了. 为克服这个困难, 我们来关注如下所述特征的性质.

定理 5.3 (π, V) 作为紧群 G 的表示时, 有下式成立:

$$\theta_V(hgh^{-1}) = \theta_V(g) \quad (g, h \in G).$$

这个结论很容易从迹的性质推导出来.

因为特征在共轭类上取常数值, 所以最合理的做法是在有限群的情形下, 列出其共轭类, 并求出共轭类上所有不可约表示的特征的值, 做成一张表格, 我们称之为特征表 (character table). 那么像 $\mathrm{U}(n)$ 和 $\mathrm{SU}(n)$ 这样的紧李群是怎样的呢? 这时候让我们关注一下酉矩阵被酉矩阵对角化这一事实. 从这个事实显而易见, 比如 $\mathrm{SU}(2)$ 的任意共轭类与下面这样的子群 T 一定具有交:

$$T = \left\{ \left(\begin{array}{cc} \mathrm{e}^{\mathrm{i}\theta} & 0 \\ 0 & \mathrm{e}^{-\mathrm{i}\theta} \end{array} \right) \middle| \theta \in \mathbb{R} \right\}.$$

因此, $\mathrm{SU}(2)$ 的表示的特征由 T 中的值决定. 因为 $T \cong \mathbb{R}/2\pi\mathbb{R}$, 所以只要是 T 上的函数都可以写成关于上述 θ 的周期为 2π 的函数. 这样, 就可以不再描述 $\mathrm{SU}(2)$ 全体上的值, 而只描述对特征 T 的限制即可. 上一节介绍的 $\mathrm{SU}(2)$ 的 $k+1$ 维不可约表示 (π_k, V_k) 的特征可如下描述:

$$\theta_{V_k}\left(\left(\begin{array}{cc} \mathrm{e}^{\mathrm{i}\theta} & 0 \\ 0 & \mathrm{e}^{-\mathrm{i}\theta} \end{array} \right) \right) = \frac{\mathrm{e}^{\mathrm{i}(k+1)\theta} - \mathrm{e}^{-\mathrm{i}(k+1)\theta}}{\mathrm{e}^{\mathrm{i}\theta} - \mathrm{e}^{-\mathrm{i}\theta}}.$$

问题 5.2 证明上述特征公式.

即使对 $\mathrm{SU}(n)$ 和 $\mathrm{U}(n)$, 如果把 T 当成包含在它们中的对角矩阵全体构成的群, 说法也是一样的, 哪怕对一般的连通紧李群也能得到与 T 相当的对象 (极大环面或嘉当子群). 外尔求出了不可约表示的特征的具体公式, 通常被称作外尔特征公式.

5.4 非紧约化李群的特征

约化李群 (reductive Lie group) 是包含紧李群在内的一个重要类别. 例如 $n \times n$ 实可逆矩阵构成的群 $\mathrm{GL}_n(\mathbb{R})$ 或行列式为 1 的 $n \times n$ 实矩阵构成的群 $\mathrm{SL}_n(\mathbb{R})$ 等都属于这一类, 但它们并不是紧的. 对于这样的群, 其不可约表示不一定是有限维的, 因此在应用上有必要积极地思考如何对无限维表示进行处理. 另外, 虽然存在哈尔测度, 但是群自身却不是体积有限的, 因此不能展开像引理 5.1 证明那样的讨论, 也就是说表示不一定能分解为不可约表示的直和. 因此考虑假定在群的作用下存在不变的埃尔米特内积, 且要求表示空间也具有完备性, 把这样的希尔伯特空间称作酉表示. 酉表示可以分解为不可约酉表示的直积分 (直和的一般化). 根据理论上的要求, 也经常使用可容许表示这一表示类别. 例如, 如果仅限于不可约表示, 那么不可约酉表示就是不可约可容许表示, 但反之不一定成立. 尽管也存在不是可容许表示的不可约表示, 但这大概是一种病态, 似乎没人对它抱有太大兴趣. 朗兰兹 (Langlands) 已经对不可约可容许表示进行了分类. 关于这一点后面还会提到, 简单来说朗兰兹最初的动机在于非阿贝尔类域论的公式化, 约化李群的表示论不过是其无限素元中的局部理论. 虽说研究的动机源于数论, 但朗兰兹的方法本身就是解析的方法, 即根据不可约表示的矩阵元素在无穷远的渐近状态对表示进行分类. 另外, 关于不可约可容许表示的分类, 还有 Vogan 的代数方法和 Beilinson 与 Bernstein 的旗流形上的几何描述方法. 令人吃惊的是, 这三种分类虽然方法完全不同, 但本质上却是一样的, 而且也很容易理解相互之间的关系.

不可约酉表示具有很好的理论性质, 并且易于处理, 但其分类仍是一大尚未解决的问题. 不过目前已经取得了相当大的进展, 例如 Vogan 已完成了关于 $\mathrm{GL}_n(\mathbb{R})$ 等的分类, 最近 Vogan 等人又确立了一种算法, 即当给定不可约可容许表示时, 利用此算法可判定其是否是酉的.

下面还是回到关于特征的话题. 与紧群的情况不同, 我们必须认真考虑如何对无限维表示进行处理. 在这里如何利用迹成了问题的关键. 例如, 由于可容许表示的表示空间可以作为可分希尔伯特空间, 所以其上的线性算子的迹可定义为: 取一个正交基, 由这个正交基生成的矩阵形式的对角元素的和. 但是因为这个和是无限和, 所以只要不收敛就没有意义. 比如单位元的最终归宿是恒等算子, 所以最终是发散的. 哈里希–钱德拉 (Harish-Chandra) 构筑了如下理论能够解决这一困难. 首先设 G 为约化李群, 这里为了处理简单, 把它限定为 $\mathrm{GL}_n(\mathbb{C})$ 的子群. 我们说 G 的元素是半单的, 意思是可以将其看作 $\mathrm{GL}_n(\mathbb{C})$ 的元素且能够进行对角化. 还有, 说它是正则半单的, 是指 G 中的中心化子是交换的. 设 G 的正则半单元所构成的集合为 G_{rs}, 则它是 G 的稠密开集. 另外, 用 $C_0^\infty(G)$ 表示 G 上的具有紧支集的 C^∞-级函数全体构成的空间. $C_0^\infty(G)$ 中包含着能构成 LF 空间的线性拓扑空间的结构. 这样, 把 (π, V) 作为 G 的可容许表示时, 对于 $\varphi \in C_0^\infty(G)$, 将 V 上的线性算子 $\pi(\varphi)$ 定义如下:

$$\pi(\varphi)v = \int_G \varphi(g)\pi(g)v\mathrm{d}g \quad (v \in V).$$

对于这个 $\pi(\varphi)$, 如按上述方式确定迹 $\mathrm{tr}\,\pi(\varphi)$, 则这个迹能很好地收敛. $C_0^\infty(G) \ni \varphi \mapsto \mathrm{tr}\,\pi(\varphi) \in \mathbb{C}$ 这一对应决定了 $C_0^\infty(G)$ 上的连续线性泛函, 这样的函数被称作施瓦兹 (Schwartz) 广义函数 (distribution). 哈里希－钱德拉就这样把可容许表示的特征定义成了广义函数. 以下设 V 的特征为 Θ_V. 对于 G 上适当的双边 G-不变线性微分算子 Ω, 利用满足微分方程 $\Omega\Theta_V = 0$ 这一事实, 广义函数 Θ_V 成为 G_{rs} 上的实解析函数. 另外, 哈里希－钱德拉给出了更进一步的结果, 即 Θ_V 是局部可积函数. 由此可知, Θ_V 最终由对 G_{rs} 的限制所决定. 定理 5.3 同样适用于这个函数, 在由 G 的正则半单元构成的所有共轭类上取常数值.

下面以 $G = \mathrm{SL}_2(\mathbb{R})$ 的情形为例进行说明. 首先, 设 I 是单位元, 在 $\mathrm{GL}_2(\mathbb{C})$ 中从可对角化的元素中除去 $\{\pm I\}$ 后得到的就是 G_{rs}. 在此将 G 的子群 A 和 T 定义如下:

$$A = \left\{ \begin{pmatrix} a & 0 \\ 0 & a^{-1} \end{pmatrix} \middle| a \in \mathbb{R}, a \neq 0 \right\},$$

$$T = \left\{ \begin{pmatrix} \cos\theta & -\sin\theta \\ \sin\theta & \cos\theta \end{pmatrix} \middle| \theta \in \mathbb{R} \right\}.$$

问题 5.3 假设对于 $g, g' \in \mathrm{GL}_2(\mathbb{R})$, 存在某个 $h \in \mathrm{GL}_2(\mathbb{C})$, 有 $g' = hgh^{-1}$ 成立. 证明此时存在 $r \in \mathrm{GL}_2(\mathbb{R})$, 有 $g' = rgr^{-1}$ 成立. 利用上述结论, 再来证明包含 $\mathrm{SL}_2(\mathbb{R})$ 的正则半单元的共轭类与 A 或 T 的其中一个相交.

如果承认上述问题中的结论, 设 $A' = A - \{\pm I\}$ 及 $T' = T - \{\pm I\}$, 这样一来, 求 G 的可容许表示的特征就变成了求对 A' 和 T' 的限制. 虽说 A 和 T 是嘉当子群, 但即使对一般的约化李群而言, 仍存在有限个嘉当子群, 只要能描述出对它们的限制, 那就求出了其特征.

最后说明一下如何求不可约可容许表示的特征. 首先考虑 G 上的双边不变线性微分算子构成的环 Z. 若把可容许表示的表示空间作为希尔伯特空间等, 那么虽然 Z 无法作用, 但是如果取适当的稠密子空间, 就可在其上定义作用. 对于不可约可容许表示, Z 的元素都是以标量倍作用. 哈里希－钱德拉证明了 Z 以相同标量倍作用的不可约可容许表示是有限个. 以下为简单起见, 考虑 Z 与平凡表示 (也就是说 G 的元素都是以恒等算子作用的一维表示) 相同标量倍作用的情形. (把这样的可容许表示称作具有平凡无穷小特征的表示. 无穷小特征与前述广义函数的特征不是一回事.)

下面, 让我们再回到朗兰兹的不可约可容许表示分类的话题. 首先他构造了标准表示. 那什么是标准表示呢? 子群的离散序列表示 (discrete series) 等构成了抛物子群 (parabolic subgroup) 的表示, 标准表示就是从抛物子群的表示中利用诱导这一操作构造而成的. 这个标准表示自身虽然不一定是不可约的, 但却具有有限的长度. 这里重要的是在可容许表示中, 不能像紧群的表示那样分解为不可约子表示的直和. 对于标准表示, 倒不如说是几个不可约分量的非平凡的扩张, 特别是朗兰兹证明了作为商的不可约表示是唯一确定的, 这通常被称作朗兰兹商表示. 朗兰兹关于不可约表示的分类要点是不可约表示与标准表示一一对应, 与标准表示对应的不可约表示就是朗兰兹商表示.

再来讨论离散序列表示, 这也是一个庞大的理论, 但哈里希－钱德拉已将其全部进行了分类, 在他的研究基础上, 平井等人也对特征进行了具体计算. 利用这个结果, 也能够计算标准表示的特征. 但在朗兰兹的讨论中, 只搞清楚了不可约表示是标准表示的商, 所以仅凭这个还不能知道不可约表示的特征. 为此, 开始考虑由具有平凡无穷小特征的可容许表示的特征生成的向量空间 $\mathcal{C}$, 这样一来就知道了不可约表示的全体特征与标准表示的全体特征分别是 $\mathcal{C}$ 的基底. 因此, 标准表示的合成列中会出现多少不可约表示只需求其重复度即可. 然而, 这却是一个很大的难题.

20 世纪 80 年代, Kahzdan 与 Lusztig 在解决这个问题方面取得了重大进展. 他们已经逼近了与可容许表示处于类似状况的最高权模范畴中的问题, 给出了计算旗簇 (flag variety) 中的 Schubert 簇的相交上同调 (intersection cohomology) 的算法. 这个证明需要用到正特征约化 (positive characteristic reduction), 还要延伸到 ℓ-进层的内容, 甚至要使用韦伊 (Weil) 猜想等更高深的内容. 然后我提出了旗簇的几何与最高权模是否相关联的猜想. 最高权模中也有与标准表示对应的对象, 被称作 Verma 模 (Verma module). 如果他们的猜想正确, 它的合成列中的不可约最高权模的重复度就可以使用他们的算法计算出来.

Kahzdan-Lusztig 猜想没过多久便被 Beilinson 和 Bernstein 以及 Brylinski 和柏原分别独立地证明. 求证的顺序大概如下. 首先, 在最高权模中进行局部化操作, 构造出旗簇上的凝聚 D-模. 因为这个 D-模是正则奇点型的完整系统, 所以后来就有了根据柏原的黎曼–希尔伯特对应引出的旗簇上的相交上同调的话题.

即使在作为最初起源的可容许表示中, Vogan 在上述研究的基础上也开展了旗簇上对应的几何研究, 把算法进行了公式化, 并与 Lusztig 一起证明了用这个算法能够计算出不可约可容许表示的特征.

除此之外, 像朗兰兹的思想发展, 以及在不可约酉表示中同样占有重要地位的幂幺表示的特征等关于特征的话题, 要介绍的东西太多, 根本就说不完, 这次暂时先到这里.

// 专用术语 //

线性代数

- 埃尔米特内积: 复向量空间 V 的埃尔米特内积是指一个映射 $\langle \cdot,\cdot \rangle : V \times V \to V$, 满足下列三个条件.

(a) 对任意的 $a, b \in \mathbb{C}$ 及 $x, y, z \in V$, $\langle ax + by, z\rangle = a\langle x, z\rangle + b\langle y, z\rangle$.

(b) 对任意的 $x, y \in V$, $\langle x, y\rangle = \overline{\langle y, x\rangle}$.

(c) 对任意的 $x \in V, x \neq 0$, $\langle x, x\rangle > 0$.

分析学

- Schwartz 广义函数: 在具有紧支集的无穷次可微函数空间中适当地引入 LF 空间的结构, 在这个新构成的空间上的连续泛函. 像函数一样构成函数层.

泛函分析

- 希尔伯特空间: 具有完备的正定埃尔米特内积的复向量空间. 根据内积确定的距离引入完备距离空间的结构. 作为拓扑空间, 可分与具有由可数个元素构成的正交基是等价的.
- 弗雷歇空间: 具有可数个半范数的复向量空间, 作为由多个半范数确定的距离空间是完备的.

- LF 空间: 作为弗雷歇空间的归纳极限而定义的拓扑向量空间. 一般不能在其上定义距离.

李群理论

- 李群: 同时具有光滑流形及群的结构, 群演算和求逆元的映射也是光滑的.
- 约化李群: 连通约化李群是指其李代数的复化与某个紧群的李代数复化一致. 在不连通的情形下, 根据目的不同定义各式各样, 比较复杂. 哈里希 – 钱德拉定义的哈里希 – 钱德拉类就是其中的一个. 例如, 被称作典型群 (classical group) 的一般线性群是约化李群. 当然, 紧李群也是约化李群.
- 抛物子群: 约化李群的闭子群, 商空间是紧的且正规化子与自身一致.

表示论

- 离散序列表示: 用左作用把约化李群 G 的平方可积函数构成的希尔伯特空间看成 G 的表示时, 作为子表示实现的不可约酉表示. 已由哈里希 – 钱德拉进行了分类.

代数分析

- 凝聚 D-模: (在这个讲义的上下文中) 在复数域上代数线性微分算子构成的环层 D 上的模层中, 满足连通性条件的模. 但是, 由于 D 是作为 D-模的连通模, 所以等同于局部有限表示.

几何学

- 相交上同调: Goresky 与 MacPherson 研究庞加莱对偶性定理在具有奇异性的流形上也能够成立这一上同调理论时得出的. 在此基础上, Deligne 指出在代数簇的情形下, 其特别情形可以作为相交复形 (intersection complex) 的超上同调实现. 后来将其发展成了反常层 (perverse sheaf) 理论.

// 参考书 //

[1] James Humphreys, *Introduction to Lie Algebras and Representation Theory* (Graduate Texts in Mathematics), Springer (1994)

李代数方面的标准教科书, 从李代数的观点介绍了基灵、嘉当、外尔等大师的工作. 可是并没有说到李群与李代数之间的关系.

[2] Anthony W. Knapp, *Lie Groups Beyond an Introduction* (Progress in Mathematics), Birkhäuser (2002)
把关于李群、李代数的重要内容毫无遗漏地进行了汇总, 介绍得非常细致. 作为接下来介绍的两册书的预备是再好不过了.

[3] Anthony W. Knapp, *Representation Theory of Semisimple Groups: An Overview Based on Examples* (Landmarks in Mathematics and Physics), Princeton University Press (2001)
以本讲义中介绍的特征的话题为中心, 从分析的观点讨论约化李群表示论的代表性教科书.

[4] Anthony W. Knapp and David A. Vogan, *Cohomological Induction and Unitary Representations* (Princeton Mathematical Series), Princeton University Press (1995)
这是一本从代数的观点讨论约化李群表示论的代表性教科书.

// 问题解答 //

5.1 用关于 V 维数的归纳法证明. V 是 0 维时显然成立. 设 $\dim V > 0$, 在 V 的非 $\{0\}$ 子表示中取一个维数最小的 U, 它是不可约子表示. 因此, 由 V 的假定可知, 存在一个子表示 V', 有 $V = U \oplus V'$ 成立. 因此, 如果 V' 与 V 满足相同的条件, 根据归纳法的假定, V' 是不可约子表示的直和, 问题得证. 下面, 设 W 为 V' 的任意子表示, 再设 $p: V \to V'$ 为关于直和分解 $V = U \oplus V'$ 的射影, 于是 $p^{-1}(W)$ 就是 V 的包含 U 的子表示. 根据定理假定, 存在一个 W', 有 $V = p^{-1}(W) \oplus W'$ 成立. 由此一来, $p(W')$ 是 V' 的子表示, 那么就可以说 $V' = W \oplus p(W')$, 问题得证.

5.2 根据 SU(2) 的 $k+1$ 维不可约表示 (π_k, V_k) 的基底 X^k, $X^{k-1}Y$, $\cdots$, $X^{k-i}Y^i$, $\cdots$, Y^k, 把 $\pi_k\left(\begin{pmatrix} e^{i\theta} & 0 \\ 0 & e^{-i\theta} \end{pmatrix}\right)$ 表示成如下矩阵形式:

$$\begin{pmatrix} e^{-ik\theta} & 0 & \cdots & 0 & 0 \\ 0 & e^{-i(k-2)\theta} & \cdots & 0 & 0 \\ \vdots & \vdots & & \vdots & \vdots \\ 0 & 0 & \cdots & e^{i(k-2)\theta} & 0 \\ 0 & 0 & \cdots & 0 & e^{ik\theta} \end{pmatrix},$$

取这个矩阵的迹即可.

5.3 后半部分比前半部分容易推导, 所以这里只证明前半部分. 首先用 2×2 的实矩阵 h_1, h_2 写出下式: $h = h_1 + \mathrm{i}h_2$, 则有 $(h_1 + \mathrm{i}h_2)g = g'(h_1 + \mathrm{i}h_2)$ 成立. 比较其实部, 可得出: $h_1 g = g'h_1$, $h_2 g = g'h_2$. 因此, 对任意的复数 t, 有 $(h_1 + th_2)g = g'(h_1 + th_2)$ 成立. 这里, 因为满足 $F(i) \neq 0$, 所以 $F(t) = \det(h_1 + th_2)$ 总不为 0 , 而且最多是二次式. 因此, 对 $t_0 \in \mathbb{R}$, 由于 $h_1 + t_0 h_2$ 可逆, 所以可以把这个设为 r.

第六讲　整数论

——潜伏在模曲线背后的数论现象

三枝洋一

复上半平面除以群作用能够得到模曲线, 这就是本讲将要介绍的主题. 乍一看模曲线与整数论似乎没有什么关系, 但实际上并不是这样, 今天就要讲讲隐藏在其背后的非常有趣的数论现象. 另外, 作为近期的热门话题, 我也想对高维情形下的模曲线研究进展情况做一下简单的介绍.

6.1　不可思议的模曲线

本讲的主题是模曲线. 那究竟什么是模曲线呢? 简单说来就是下述复上半平面

$$\mathbb{H} = \{z \in \mathbb{C} \mid \operatorname{Im} z > 0\}$$

除以下式

$$\mathrm{SL}_2(\mathbb{Z}) = \left\{ \left(\begin{array}{cc} a & b \\ c & d \end{array} \right) \middle| a, b, c, d \in \mathbb{Z}, ad - bc = 1 \right\}$$

的同余子群的作用得到的空间. 像在复分析的讲义中也会介绍的那样, $\mathrm{SL}_2(\mathbb{R})$ 是通过下述线性分式变换

$$\left(\begin{array}{cc} a & b \\ c & d \end{array} \right) \cdot z = \frac{az + b}{cz + d}$$

对 $\mathbb{H}$ 作用的. 这样一来, 也可以说是 $\mathrm{SL}_2(\mathbb{Z})$ 的任意子群 Γ 作用于 $\mathbb{H}$, 但是这里例举的同余子群 (congruence subgroup) 是指对于整数 $N \geqslant 1$, 满足下述条件

$$\Gamma \supset \Gamma(N) = \left\{ \begin{pmatrix} a & b \\ c & d \end{pmatrix} \in \mathrm{SL}_2(\mathbb{Z}) \mid a, d \equiv 1, b, c \equiv 0 \,(\mathrm{mod}\, N) \right\}$$

的 Γ. 不用说 $\mathrm{SL}_2(\mathbb{Z}) = \Gamma(1)$ 及 $\Gamma(N)$ 自身也是同余子群, 除此之外还可以列举出其他的例子, 如:

$$\Gamma_0(N) = \left\{ \begin{pmatrix} a & b \\ c & d \end{pmatrix} \in \mathrm{SL}_2(\mathbb{Z}) \middle| c \equiv 0 \,(\mathrm{mod}\, N) \right\},$$

$$\Gamma_1(N) = \left\{ \begin{pmatrix} a & b \\ c & d \end{pmatrix} \in \mathrm{SL}_2(\mathbb{Z}) \middle| c \equiv 0, d \equiv 1 \,(\mathrm{mod}\, N) \right\},$$

等等.

我们知道 Γ 为同余子群时, Γ 对 $\mathbb{H}$ 的作用的商空间 $\Gamma\backslash\mathbb{H}$ 自然具有黎曼曲面 (一维复流形) 的结构, 这个商空间就被称作模曲线 (modular curve). 仅从这个定义来看, $\Gamma\backslash\mathbb{H}$ 是复分析乃至复几何世界的对象, 似乎与整数论完全没有关系, 但实际上并非如此.

首先, 我们知道下列事实成立:

• 模曲线可用复系数的代数方程式表示. 换句话说就是, "模曲线是 $\mathbb{C}$ 上的代数曲线". 这一事实虽然有点令人感到不可思议, 但是由于 "紧黎曼曲面是 $\mathbb{C}$ 上的代数曲线" 已经是一般性的理论, 上述结论可以由此推导出来, 所以这并不是模曲线特有的现象.

从整数论的观点来看, 还有一个更不可思议的有趣的现象, 即:

• 表示模曲线的代数方程式的系数可以取代数整数. 特别是在 $\Gamma = \Gamma_1(N)$ 的情形下, 可以取整系数. 例如, 模曲线 $\Gamma_1(11)\backslash\mathbb{H}$ 可以用 $y^2 + y = x^3 - x^2$ 这样的方程式来表示.

那么为什么会发生这样的现象呢? 说明这个问题的关键在于用另外一种方法解释商空间 $\Gamma\backslash\mathbb{H}$ 中的点. 解决问题的第一步, 我们先来考虑一下最简单的情形, 即 $\Gamma = \mathrm{SL}_2(\mathbb{Z})$ 时的情形.

首先, 假定给定复上半平面上的点 $\tau \in \mathbb{H}$, 然后就可以创建 $\mathbb{C}$ 的阿贝尔子群 $\Lambda_\tau = \mathbb{Z} + \mathbb{Z}\tau = \{a + b\tau \mid a, b \in \mathbb{Z}\}$. 把这样的阿贝尔子群称作格 (lattice). 如下述问题 6.1 所示那样, $\tau, \tau' \in \mathbb{H}$ 在 $\mathrm{SL}_2(\mathbb{Z})\backslash\mathbb{H}$ 中的像 $[\tau], [\tau']$ 一致的充分必要条件可以使用对应的格 Λ_τ, $\Lambda_{\tau'}$ 来表示.

问题 6.1 对于 $\tau, \tau' \in \mathbb{H}$, 证明以下两个结论是等价的.

• 存在 $g \in \mathrm{SL}_2(\mathbb{Z})$, 有 $\tau = g\tau'$ 成立. 也就是说 $[\tau] = [\tau']$ 成立.

• 存在 $\alpha \in \mathbb{C}^\times$, 有 $\alpha\Lambda_\tau = \Lambda_{\tau'}$ 成立.

下面看一下由格 $\Lambda_\tau \subset \mathbb{C}$ 生成的商, 这样一来就能够创建复环面 $\mathbb{C}/\Lambda_\tau$. 这是一个环形的紧黎曼曲面. 对于 $\tau, \tau' \in \mathbb{H}$, 我们来考虑一下 $\mathbb{C}/\Lambda_\tau$ 和 $\mathbb{C}/\Lambda_{\tau'}$ 什么时候作为复流形是同构的. 我们来关注两个事实, 一个是同构 $\mathbb{C}/\Lambda_\tau \xrightarrow{\cong} \mathbb{C}/\Lambda_{\tau'}$ 出现在同构 $\mathbb{C} \xrightarrow{\cong} \mathbb{C}$ 中, 另一个是作为 $\mathbb{C}$ 的复流形的自同构只有常数倍. 由此可知 $\mathbb{C}/\Lambda_\tau \cong \mathbb{C}/\Lambda_{\tau'}$ 与 "存在 $\alpha \in \mathbb{C}^\times$ 有 $\alpha\Lambda_\tau = \Lambda_{\tau'}$ 成立" 是等价的. 由问题 6.1 可知, 上述结论与 $[\tau] = [\tau']$ 等价, 所以最终结果是: $\mathbb{C}/\Lambda_\tau \cong \mathbb{C}/\Lambda_{\tau'} \Longleftrightarrow [\tau] = [\tau']$ 成立.

最后一步是确定 $\mathbb{C}/\Lambda_\tau$ 实际上就是代数曲线. 若用下式来定义 Weierstrass 的 $\wp$ 函数

$$\wp_\tau(z) = \frac{1}{z^2} + \sum_{\omega \in \Lambda_\tau \setminus \{0\}} \left(\frac{1}{(z-\omega)^2} - \frac{1}{\omega^2} \right),$$

则下述定理成立.

定理 6.1 设 $g_4(\tau) = \sum\limits_{\omega \in \Lambda_\tau \setminus \{0\}} \omega^{-4}, g_6(\tau) = \sum\limits_{\omega \in \Lambda_\tau \setminus \{0\}} \omega^{-6}$, 考虑如下代数曲线

$$E_\tau : y^2 = 4x^3 - 60g_4(\tau)x - 140g_6(\tau).$$

此时, 存在下述复流形的同构

$$(\wp_\tau, \wp'_\tau) : \mathbb{C}/\Lambda_\tau \xrightarrow{\cong} E_\tau; \quad [z] \mapsto (\wp_\tau(z), \wp'_\tau(z)).$$

出现在上述定理中的代数曲线 E_τ 是椭圆曲线 (elliptic curve) 中的一种. 一般来说, 特征不为 2 或 3 的域 K 上的椭圆曲线是指可用方程式 $y^2 = x^3 + ax + b\,(a, b \in K, 4a^3 + 27b^2 \neq 0)$ 表示的代数曲线 (虽然 E_τ 中 x^3 的系数不是 1 , 但通过变量代换能够使其为 1). 对特征为 2 或 3 的情形也进行了定义, 但因为有点复杂, 在此就不作介绍了. 对于 $\tau, \tau' \in \mathbb{H}$, 因为 $\mathbb{C}/\Lambda_\tau \cong \mathbb{C}/\Lambda_{\tau'}$ (作为复流形的同构) 与 $E_\tau \cong E_{\tau'}$ (作为代数簇的同构) 是等价的 (所谓的 GAGA 原理), 所以得出如下结论: $E_\tau \cong E_{\tau'} \Longleftrightarrow [\tau] = [\tau']$.

刚才讲述的过程有些冗长, 我们把它简单归纳如下:

$$\tau(\mathbb{H}\text{上的点}) \mapsto \Lambda_\tau(\text{格}) \mapsto \mathbb{C}/\Lambda_\tau(\text{复环面}) \mapsto E_\tau(\text{椭圆曲线}).$$

利用上述对应关系, 就能够如下述定理那样, 对 $\mathrm{SL}_2(\mathbb{Z})\backslash\mathbb{H}$ 上的点给出新的解释.

定理 6.2 根据 $[\tau] \to E_\tau$, 可给出下述一一对应关系:

$$\mathrm{SL}_2(\mathbb{Z})\backslash\mathbb{H}\text{上的点} \longleftrightarrow \mathbb{C}\text{上的椭圆曲线的同构类}.$$

把这种状况称作 “$\mathrm{SL}_2(\mathbb{Z})\backslash\mathbb{H}$ 是 $\mathbb{C}$ 上的椭圆曲线的模空间 (moduli space)”.

这里问题的重点在于一一对应关系的右边, 即椭圆曲线的同构类不仅限于复数域 $\mathbb{C}$, 还可以扩展到以有理数域 $\mathbb{Q}$ 为主的各种各样的域上. 这样, $\mathbb{Q}$ 上的椭圆曲线的模空间就成了 $\mathbb{Q}$ 上的代数曲线, 即可以用有理系数的代数方程式来定义的代数曲线. 所以参照上述定理可以知道, $\mathrm{SL}_2(\mathbb{Z})\backslash\mathbb{H}$ 具有系数为有理数 (去分母则是整系数) 的定义方程.

为了使刚才讲过的 $\mathbb{Q}$ 上的代数曲线及模空间的表达更加准确, 那就必须用到代数几何现代框架的概形 (scheme) 理论.

到目前为止我们已经搞清楚了 $\Gamma = \mathrm{SL}_2(\mathbb{Z})$ 的情形, 下面看一下 $\Gamma = \Gamma_1(11)$ 的情形. 因为 $\Gamma_1(11) \subset \mathrm{SL}_2(\mathbb{Z})$, 所以 $\tau, \tau' \in \mathbb{H}$ 在 $\Gamma_1(11)$ 的作用下相互转换比在 $\mathrm{SL}_2(\mathbb{Z})$ 的作用下相互转换更难. 由此可以想象, 如果只是考虑椭圆曲线 $E_\tau, E_{\tau'}$, 那么包含的信息过于粗糙, 很有必要再追加一些详细的信息. 那怎样做才好呢? 说到这里想到了 $\mathbb{C}/\Lambda_\tau$ 上的点 $P_\tau = \left(\dfrac{1}{11} \bmod \Lambda_\tau\right) \in \mathbb{C}/\Lambda_\tau$ 与 $\mathbb{C}/\Lambda_\tau$ 的组合 $(\mathbb{C}/\Lambda_\tau, P_\tau)$, 正好能很好地解决这个问题. 请尝试证明下面的问题.

问题 6.2 对于 $\tau, \tau' \in \mathbb{H}$, 证明以下两个结论是等价的.

- 存在 $g \in \Gamma_1(11)$, 有 $\tau = g\tau'$ 成立. 即在 $\Gamma_1(11)\backslash\mathbb{H}$ 中有 $[\tau] = [\tau']$ 成立.
- 存在满足 $f(P_\tau) = P_{\tau'}$ 的复流形的同构 $f : \mathbb{C}/\Lambda_\tau \xrightarrow{\cong} \mathbb{C}/\Lambda_{\tau'}$.

式中, 同构 $f : \mathbb{C}/\Lambda_\tau \xrightarrow{\cong} \mathbb{C}/\Lambda_{\tau'}$ 可以使用 $[z] \mapsto [\alpha z]$ (α 是满足 $\alpha\Lambda_\tau = \Lambda_{\tau'}$ 的 $\mathbb{C}^\times$ 的元素) 的形式.

那么, 使用定理 6.1 的同构 $(\wp_\tau, \wp'_\tau) : \mathbb{C}/\Lambda_\tau \xrightarrow{\cong} E_\tau$ 会怎样呢? 这时也可以把 P_τ 看成椭圆曲线 E_τ 上的点. 接下来看看这个点具有怎样的性质. 这里需要注意的是 $\mathbb{C}/\Lambda_\tau$ 具有阿贝尔群的结构, $P_\tau \in \mathbb{C}/\Lambda_\tau$ 满足 $11P_\tau = 0$. 因为 $\mathbb{C}/\Lambda_\tau$ 与 E_τ 作为复流形是同构的, 所以 E_τ 也应该具有阿贝尔群的结构. 一般来说, 对于椭圆曲线 $E : y^2 = x^3 + ax + b$, 可以像如下那样在 E 上定义阿贝尔群的结构.

(1) 对 E 上的点 $P = (x, y)$, 设 $-P = (x, -y)$.

(2) 对 E 上的点 P, Q, 设连接 P, Q 的直线 ($P = Q$ 时为 P 的切线) 为 l, l 与 E 的交点为 $P * Q$, 则可确定 $P + Q = -(P * Q)$.

(3) 当 (2) 中 l 与 y 轴平行时, 把 $P * Q, P + Q$ 解释为虚的 “无穷远点” O (把 O 也看成 E 上的点, 而且是单位元). 定义 $-O = O$, $P + O = P$, $O + O = O$.

问题 6.3 设 $E: y^2 = x^3 + ax + b$ 是域 K 上的椭圆曲线,

$$E(K) = \{(x, y) \in K^2 \mid y^2 = x^3 + ax + b\} \cup \{O\}$$

是 E 在 K 上的全体有理点集合. 如果 $P, Q \in E(K)$, 证明 $P + Q \in E(K)$ 成立.

问题 6.4 证明 $(\wp_\tau, \wp'_\tau) : \mathbb{C}/\Lambda_\tau \xrightarrow{\cong} E_\tau$ 是阿贝尔群的同态.

由问题 6.4 可知, $P_\tau \in E_\tau(\mathbb{C})$ 也满足 $11P_\tau = 0$. 这样的点被称作椭圆曲线 E_τ 的 11 等分点. 这里需要关注的是 $P_\tau = (x, y)$ 是 11 等分点的条件能够用关于 x, y 的代数方程式来描述.

现在把前面讲过的内容做一个小结. 对于 $\tau \in \mathbb{H}$, 能形成复环面及其上的点的组合 $(\mathbb{C}/\Lambda_\tau, P_\tau)$, 把这个组合通过同构 $(\wp_\tau, \wp'_\tau)$ 进行映射, 即可生成椭圆曲线及其 11 等分点的组合 (E_τ, P_τ). 与定理 6.2 一样, 利用这个对应可以把 $\Gamma_1(11)\backslash\mathbb{H}$ 解释为模空间.

定理 6.3 根据 $[\tau] \to (E_\tau, P_\tau)$, 可以给出下述一一对应关系:

$$\Gamma_1(11)\backslash\mathbb{H}\text{上的点} \longleftrightarrow \text{组合}(E, P)\text{的同构类}.$$

式中, E 是 $\mathbb{C}$ 上的椭圆曲线, P 是满足 $11P = O$, $P \neq O$ 的 E 上的 $\mathbb{C}$ 有理点.

正如已经说过的那样, 椭圆曲线 E 可以在一般的域 K 上讨论. 我们进一步知道, 如果把 "$\mathbb{C}$ 有理点" 变更为 "K 有理点" (参照问题 6.3), 那么关于 P 的 "组合 (E, P) 的同构类" 也变成一个在 K 上有意义的概念. 这样, 如果考虑 $\mathbb{Q}$ 上的组合 (E, P) 的模空间, 那它就变成 $\mathbb{Q}$ 上的代数曲线. 对照定理 6.3 可以得出如下结论, 即 $\Gamma_1(11)\backslash\mathbb{H}$ 是用有理系数的代数方程式定义的代数曲线.

上述做法中, 只是说 $\Gamma_1(11)\backslash\mathbb{H}$ 是 $\mathbb{Q}$ 上的代数曲线, 但并没有具体求出其定义方程. 不过通过进一步详细深入的分析也能够给出定义方程, 如前面讲过的那样, 答案是 $y^2 + y = x^3 - x^2$, 我们把具体的求解计算部分作为问题留给读者. 把乍看起来有些抽象的模空间与方程式这一具体的对象结合起来, 无疑是一个十分有趣的话题, 建议有兴趣的读者务必挑战一下.

问题 6.5 设 E 是域 K 上的椭圆曲线, P 是曲线的 K 有理点且满足 $11P = O$, $P \neq O$. 下面如图 6.1 所示那样重新改换一下坐标轴.

在新的坐标下, E 的方程式变为 $y^2 + (1-b)xy - ay = x^3 - ax^2$, 且 $P = (0, 0)$.

(1) 请用 a, b 表示 $2P, 3P, 4P, 5P, 6P$ 的坐标.

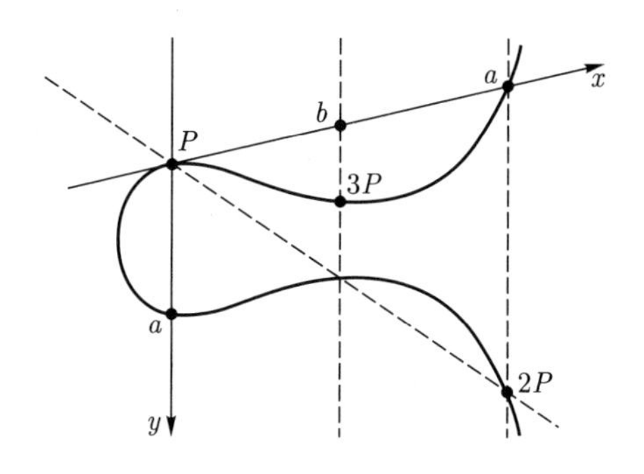

图 6.1　新坐标轴

(2) 由 $11P = O$, 有 $5P = -6P$ 成立, 所以 $5P$ 与 $6P$ 的 x 坐标相等. 对从该等式得出的 a, b 的关系式进行整理, 通过适当的置换, 请推导 $\Gamma_1(11)\backslash\mathbb{H}$ 的定义方程 $y^2 + y = x^3 - x^2$.

(3) 请证明方程式 $y^2 + y = x^3 - x^2$ 定义了 $\mathbb{Q}$ 上的椭圆曲线 X. 另外, 请证明 $X(\mathbb{C})$ 上的 5 个点 O, $(0,0)$, $(1,0)$, $(0,-1)$, $(1,-1)$ 不与 $\Gamma_1(11)\backslash\mathbb{H}$ 上的点对应.

至此可知 $\Gamma_1(11)\backslash\mathbb{H}$ 是从问题 6.5 (3) 的椭圆曲线 X 中去掉 5 个点 O, $(0,0)$, $(1,0)$, $(0,-1)$, $(1,-1)$ 后得到的代数曲线. 把这个 X 称作 $\Gamma_1(11)\backslash\mathbb{H}$ 的紧化. 也常常把 X 记作 $X_1(11)$. 去掉的 5 个点与具有奇点的三次曲线对应, 被称作 $\Gamma_1(11)\backslash\mathbb{H}$ 的尖点 (cusp).

6.2　模曲线与整数论

如上所述, 由于模曲线可用以代数整数为系数的代数方程式定义, 所以对它的方程式进行整数论的讨论就成为可能. 这里, 我们以 $\Gamma_1(11)\backslash\mathbb{H}$ 的紧化 X 为例做一下尝试. 因为 X 的定义方程 $y^2 + y = x^3 - x^2$ 是整系数, 所以对每个素数 p 可以进行系数的 mod p 运算. 通过这个操作, 对每个 p 能得到有限域 $\mathbb{F}_p$ 上的代数曲线 X_p. 实际上当 $p \neq 11$ 时, 这些曲线全部是椭圆曲线. 另一方面, 因为当 $p = 11$ 时, X_p 是具有奇点的三次曲线, 所以不是椭圆曲线.

这里讨论一下发生在有限域上的特殊事例, 即 X_p 的 $\mathbb{F}_p$ 有理点集合

$$X_p(\mathbb{F}_p) = \{(x, y) \in \mathbb{F}_p^2 \mid y^2 + y = x^3 - x^2\} \cup \{O\}$$

是有限集. 下面看一下这个集合的元素个数 $\#X_p(\mathbb{F}_p)$. 把与数值较小的那些 p 对应的结果整理到下表中, 是否发现了其中的规律性呢?

p	2	3	5	7	(11)	13	17	19	23	29	31	37	41	43	$\cdots$
$\#X_p(\mathbb{F}_p)$	5	5	5	10	(11)	10	20	20	25	30	25	35	50	50	$\cdots$

仅从这张表很难找出一般的规律性, 其实关于这一点有下述定理成立.

定理 6.4 如果由 $q\prod_{n=1}^{\infty}(1-q^n)^2(1-q^{11n})^2=\sum_{n=1}^{\infty}a_nq^n$ 定义数列 $\{a_n\}$, 那么当 $p\neq 11$ 时, 有 $a_p=(1+p)-\#X_p(\mathbb{F}_p)$ 成立.

用定理中出现的无穷乘积 $q\prod_{n=1}^{\infty}(1-q^n)^2(1-q^{11n})^2$ 可得到 $q=\mathrm{e}^{2\pi\mathrm{i}z}(z\in\mathbb{H})$ 形式的复函数 $f(z)$, 该函数是权为 2、级为 $\Gamma_1(11)$ 的自守形式 (automorphic form). 也就是说, $f(z)$ 是与 $\begin{pmatrix} a & b \\ c & d \end{pmatrix}\in\Gamma_1(11)$ 对 $\mathbb{H}$ 的作用相关的、具有

$$f\left(\frac{az+b}{cz+d}\right)=(cz+d)^2f(z)$$

形式的对称性的函数. 上述内容可简单总结如下:

- 紧化的模曲线 $X_1(11)$ 的 $\mathbb{F}_p$ 有理点的个数可以用权为 2、级为 $\Gamma_1(11)$ 的自守形式描述.

实际上, 这一性质不仅限于 $X_1(11)$, 对其他的模曲线 $\Gamma_1(N)\backslash\mathbb{H}$ 的紧化 $X_1(N)$ 也是成立的. 作为例子可以看看 $N=14,15$ 的情形, 这时 $X_1(N)$ 的方程式与描述其 $\mathbb{F}_p$ 有理点的自守形式 $f(z)$ 如下:

- $X_1(14): y^2+xy+y=x^3-x$,
  $$f(z)=q\prod_{n=1}^{\infty}(1-q^n)(1-q^{2n})(1-q^{7n})(1-q^{14n}).$$
- $X_1(15): y^2+xy+y=x^3+x^2$,
  $$f(z)=q\prod_{n=1}^{\infty}(1-q^n)(1-q^{3n})(1-q^{5n})(1-q^{15n}).$$

上述例子中不管哪个都是 $X_1(N)$ 的亏格为 1 的情形. 这时, 权为 2、级为 $\Gamma_1(N)$ 的尖点形式 (大致来说是用 $q=\mathrm{e}^{2\pi\mathrm{i}z}$ 的幂级数写出时常数项为 0 的自守形式) 除去常数倍是唯一的. 换句话说, 权为 2、级为 $\Gamma_1(N)$ 的尖点形式是上述例举的自守形式的常数倍. 当 $N=13$ 及 $N\geqslant 16$ 时, $X_1(N)$ 的亏格 g 变得比 1 大. 在这种情况下, 权为 2、级为 $\Gamma_1(N)$ 的尖点形式构成 g 维向量空间. $X_1(N)$ 的 $\mathbb{F}_p$ 有理点个数已不能用一个自守形式描述, 但是可以通过把几个尖点形式组合起来的方式进行描述.

以上内容可以分解为下述两句话来理解掌握.

- 作为 $X_1(N)$ 的 ℓ 进艾达尔上同调 $H^1(X_1(N)_{\overline{\mathbb{Q}}},\overline{\mathbb{Q}}_\ell)$ 得出的伽罗瓦表示,

可用来描述 $X_1(N)$ 的 $\mathbb{F}_p$ 有理点个数.

• $H^1(X_1(N)_{\overline{\mathbb{Q}}}, \overline{\mathbb{Q}}_\ell)$ 是二维伽罗瓦表示的直和, 二维伽罗瓦表示与自守形式具有紧密的联系.

第一句话是 Grothendieck 创立的一般论的归纳和总结, 属于所谓数论几何的范畴. 第二句话中出现的自守形式与二维伽罗瓦表示的关联实际上是朗兰兹对应 (Langlands correspondence) 的特别情形 ($\mathrm{GL}_2/\mathbb{Q}$ 的朗兰兹对应). 朗兰兹对应是一个包含古典类域论的非交换性的宏大猜想, 是持续引领 20 世纪下半叶以后整数论的重要研究课题之一. 随着对其研究的进展, 拉马努金猜想、志村 • 谷山猜想、费马猜想等几大猜想相继得到解决, 这其中的经过想必大家都已有所耳闻吧!

6.3 从模曲线到志村簇

前面讲过的内容大概到了 20 世纪 70 年代基本上都已经搞清楚了. 作为最新的话题, 就是把前面讲过的内容进行高维推广会怎样呢? 我想就这方面做一些说明.

因为模曲线是作为复上半平面 $\mathbb{H}$ 的商定义的, 所以首先讨论 $\mathbb{H}$ 的高维推广会变成什么样子. 这里先告诉大家答案, 对整数 $n \geqslant 1$, 下式

$$\mathbb{H}_n = \{Z \in M_n(\mathbb{C}) \mid {}^t Z = Z,\ \mathrm{Im}\, Z\text{是正定的}\}$$

可作为复上半平面上的一个高维推广, 通常称作西格尔上半空间 (Siegel upper-half space). 那么为什么这个相当于高维推广呢? 虽然的确有 $\mathbb{H}_1 = \mathbb{H}$, 但是为了观察更深层的同调性, 与讨论 $\mathbb{H}$ 时一样, 让我们关注一下对 $\mathbb{H}_n$ 的群作用. 设 $J = \begin{pmatrix} 0 & I_n \\ -I_n & 0 \end{pmatrix} \in \mathrm{GL}_{2n}(\mathbb{R})$ (I_n 是 n 次单位矩阵), 辛群 $\mathrm{Sp}_{2n}(\mathbb{R})$ 定义为: $\mathrm{Sp}_{2n}(\mathbb{R}) = \{g \in \mathrm{GL}_{2n}(\mathbb{R}) \mid g^{-1} = J^t g J^{-1}\}$, 则 $g = \begin{pmatrix} A & B \\ C & D \end{pmatrix} \in \mathrm{Sp}_{2n}(\mathbb{R}) (A, B, C, D \in M_n(\mathbb{R}))$ 对 $Z \in \mathbb{H}_n$ 的作用由下式确定:

$$g \cdot Z = (AZ + B)(CZ + D)^{-1}.$$

这个作用是可递的, 下述 $i \cdot I_n \in \mathbb{H}_n$ 的稳定子群:

$$\begin{aligned} K &= \{g \in \mathrm{Sp}_{2n}(\mathbb{R}) \mid g(i \cdot I_n) = i \cdot I_n\} \\ &= \left\{ \begin{pmatrix} A & B \\ -B & A \end{pmatrix} \middle| A, B \in M_n(\mathbb{R}),\ A \cdot {}^t A + B \cdot {}^t B = 1 \right\} \end{aligned}$$

是 $\mathrm{Sp}_{2n}(\mathbb{R})$ 的极大紧群. 由此可知, $\mathbb{H}_n \cong \mathrm{Sp}_{2n}(\mathbb{R})/K$. 另外, 对 $\mathrm{Sp}_2(\mathbb{R}) = \mathrm{SL}_2(\mathbb{R})$ 稍加注意还发现, 可把它看成 $\mathbb{H} \cong \mathrm{SL}_2(\mathbb{R})/\mathrm{SO}(2)$ 的自然的高维推广.

如上所述, 因为已经得出了复上半平面及线性分式变换的高维推广, 所以对 $\mathrm{Sp}_{2n}(\mathbb{Z})$ 的同余子群 Γ 而言, 利用其商空间 $\Gamma\backslash\mathbb{H}_n$ 也可以得到模曲线的高维版本, 把这称作西格尔模簇 (Siegel modular variety). 因为西格尔模簇是 $n(n+1)/2$ 维, 与一维的模曲线相比处理起来要困难得多, 但是通过采用将其解释为模空间这一想法, 依然能够证明其是定义在有理数域 $\mathbb{Q}$ 乃至其有限扩张上的代数簇. 在这个情形下, 我们不再讨论椭圆曲线, 而是讨论其高维版本的阿贝尔簇 (abelian variety) 的模空间. 另一方面, 在模曲线情形下还有可能具体计算定义方程, 但其高维推广将变得极其困难. 如果继续讨论与西格尔模簇相关的整数论, 那么就不可能再依赖具体的方程式, 这就要求我们使用更加考究的技巧和方法.

实际上模曲线的高维推广不仅仅是这些, 对于整数 $r, s \geqslant 0$, 观察下述空间:

$$X_{r,s} = \{\varphi \in \mathrm{Hom}_{\mathbb{C}}(\mathbb{C}^s, \mathbb{C}^r) \mid \|\varphi\| < 1\}.$$

这里, 设 $\|\varphi\| = \sup\limits_{x \in \mathbb{C}^s \setminus \{0\}} \dfrac{|\varphi(x)|}{|x|}$ 表示 φ 的算子范数, 特别是当 $s = 1$ 时, $X_{r,1}$ 是 $\mathbb{C}^r$ 的开球.

实际上, $X_{r,s}$ 是 $\mathbb{H}_n$ 的 "酉群类似". 为了对其进行说明引入以下几个记号:

- $(\,,\,)_{r,s} : \mathbb{C}^{r+s} \times \mathbb{C}^{r+s} \to \mathbb{R}; ((x_i), (y_i))_{r,s} = \sum\limits_{i=1}^{r} x_i \overline{y}_i - \sum\limits_{i=r+1}^{r+s} x_i \overline{y}_i.$
- $U(r, s) = \{g \in \mathrm{GL}_{r+s}(\mathbb{C}) \mid$ 确保满足 $(\,,\,)_{r,s}\}$.

这时, $g = \begin{pmatrix} A & B \\ C & D \end{pmatrix} \in U(r, s)$ (A 是 $r \times r$ 矩阵, D 是 $s \times s$ 矩阵) 对 $X_{r,s}$ 的作用由下式

$$g \cdot \varphi = (A\varphi + B)(C\varphi + D)^{-1}$$

定义. 由此可知这个作用是可递的, $0 \in X_{r,s}$ 的稳定子群与 $U(r, s)$ 的极大紧群 $U(r) \times U(s)$ 一致. 特别地还有 $X_{r,s} \cong U(r, s)/U(r) \times U(s)$ 成立, 这个正好是用酉群 $U(r, s)$ 置换前面出现过的同构 $\mathbb{H}_n \cong \mathrm{Sp}_{2n}(\mathbb{R})/K$ 的 $\mathrm{Sp}_{2n}(\mathbb{R})$ 的结果.

在此情形下, 也可以用 $U(r, s)$ 的同余子群生成的商来定义酉群版本的模簇. 进而还知道通过将其解释为模空间, 这个模簇也是在 $\mathbb{Q}$ 的有限扩张上定

义的代数簇.

根据上述几个例子, 我们是否可以做这样的想象? 即对于各种各样的群, 可以定义像 $\mathbb{H}_n$ 以及 $X_{r,s}$ 这样的空间, 通过它们的商似乎能够得到模簇的类似. 实际上已经存在这样的理论, 就是被称作志村簇 (Shimura variety) 的理论. 首先, 作为 Sp_{2n} 与 $U(r,s)$ 等群的一般化, 有被称作约化代数群 (reductive algebraic group) 的类. 当约化代数群满足某种条件时, 可由其创建类似 $\mathbb{H}_n$ 和 $X_{r,s}$ 这样的复流形, 把这样的复流形称作埃尔米特对称有界域. 埃尔米特对称有界域除以同余子群 (更准确地应该叫作数论子群) 得到的空间就是志村簇. 与 $\mathbb{H}_n$ 和 $X_{r,s}$ 的例子一样, 可以证明志村簇是在 $\mathbb{Q}$ 的有限扩张上自然定义的代数簇 (典范模型 (canonical model) 理论).

上节中说过, 模曲线的 $\mathbb{F}_p$ 有理点的个数可以用自守形式描述. 那关于志村簇又会怎样呢? 自从 20 世纪 70 年代志村簇出现以后, 这个问题吸引了众多的研究者. 近年来随着技术的进步, 该问题终于向完全解决迈进. 在这个过程中重要的是自守表示 (automorphic representation) 理论, 这是一个用表示理论的框架去分析把握自守形式精髓的理论. 从对一般约化代数群的朗兰兹对应, 到其精密化也就是 Arthur 猜想的公式化, 若使用自守表示的语言进行处理, 这一切的结果究竟会怎样呢? 当时连提出猜想都十分困难. 猜想终于于 20 世纪 90 年代提了出来. 从那以后, 虽说关于 Arthur-Selberg 迹公式稳定化的基本引理 (fundamental lemma) 这一未决问题成为瓶颈, 但是在以 Waldspurger 为首的众多研究者的贡献的基础上, Ngo 于 2008 年完全解决了基本引理, 这称得上是一个重大突破.

能够用自守表示描述志村簇的 $\mathbb{F}_p$ 有理点的个数这一结果本身非常有趣, 而且还有着各种各样的数论方面的应用. 其中最重要的应用是关于朗兰兹对应的, 即关于从 GL_n 的自守表示构造 n 维伽罗瓦表示的问题. 这也成了解决 $\mathbb{Q}$ 上椭圆曲线的 Sato-Tate 猜想的出发点.

经过庞大的研究积累, 志村簇最终成了 "被充分了解" 的代数簇. 也因为它跟自守表示理论之间的紧密关联, 现在已不限于朗兰兹对应的研究, 在整数论的各个领域都广泛使用志村簇开展研究. 随着志村簇理论的灵活应用, 今后的整数论将会怎样发展呢?

// 专用术语 //

复分析

• 复流形: 根据全纯函数把 $\mathbb{C}^n$ 的开集黏合得到的空间. 一维复流形称作黎曼曲面.

• 亏格: 指黎曼曲面上洞的个数. 可定义为 $\mathbb{Q}$ 系数一次上同调维数的一半.

代数学

• 可递的作用: 所谓对群 G 的集合 X 的作用是可递的, 是指对任意的 $x, x' \in X$, 存在 $g \in G$, 有 $gx = x'$ 成立.

• 稳定子群: 群 G 作用于集合 X 时, 对 $x \in X$, 固定 x 的 G 的元素全体 $\{g \in G \mid gx = x\}$ 是 G 的子群. 把这个子群称作 x 的稳定子群.

• 格: $\mathbb{C}$ 的阿贝尔子群 Λ 被称作格, 如果它是一个秩为 2 的自由阿贝尔群, 并且是作为 $\mathbb{C}$ 的 $\mathbb{C}$ 模的生成集.

代数几何

• 代数簇: 把表示几个多元多项式的公共零点的图形进行黏合后得到的空间. 可以定义维的概念, 一维代数簇称作代数曲线.

• 模空间: 各个点能够与某种几何学对象对应的代数簇. 现在已经使用"可表示函子"这个术语实现了公式化.

• 平展上同调: 能够对代数簇很好地发挥作用的上同调理论的一种. 其定义的主要思想是把代数簇间的平展态射看作开集的类似.

数论

• 代数整数: 可以表示整系数的首一多项式的根的复数. 能表示有理系数多项式的根的复数被称作代数数.

• 伽罗瓦表示: 对 $\mathbb{Q}$ 的有限扩张 F, 其代数闭包 $\overline{F}$ 在 F 上的自同构群是紧群, 被称作 F 的绝对伽罗瓦群. 绝对伽罗瓦群的连续表示称作伽罗瓦表示. 主要是指对素数 ℓ, 在 ℓ 进域的代数闭包 $\overline{\mathbb{Q}}_\ell$ 中取系数的伽罗瓦表示.

// 参考书 //

[1] Goro Shimura, *Introduction to the Arithmetic Theory of Automorphic Functions*, Princeton University Press (1994)
这是志村簇的创立者关于模曲线及自守形式的经典著作 (原书 1971 年出版). 书中介绍了包括复乘理论在内的诸多题目, 内容引人入胜.

[2] Fred Diamond and Jerry Shurman, *A First Course in Modular Forms*, Graduate Texts in Mathematics 228, Springer-Verlag (2005)
一本关于模曲线及自守形式的入门书.

[3] J.-P. 塞尔 (弥永健一译) 《数论讲义》岩波书店 (2002 年)
书的第七章讨论了自守形式, 可作为关于自守形式的初学者的推荐书.

[4] Daniel Bump, *Automorphic Forms and Representations*, Cambridge Studies in Advanced Mathematics 55, Cambridge University Press (1997)
书中关于自守形式的介绍比《数论讲义》还要详细. 另外, 虽然内容局限于 GL_2 的情形, 但也介绍了自守表示理论.

[5] Eberhard Freitag (长冈升勇译) 《西格尔模函数理论》共立出版 (2014 年)
例举关于志村簇的入门文献恐怕有些困难, 但是关于西格尔模簇, 可以通过这本书学习其中的一部分理论. 2014 年从德语翻译为日语.

[6] 论坛 "Sato-Tate 猜想的解决与展望",《数学的乐趣》2008 最终号, 日本评论社
以 Sato-Tate 猜想的解决为主线, 通俗地介绍了 2000 年后期的朗兰兹对应及志村簇理论的发展. 阅读此书能感受到近年来这个领域最新进展的氛围.

// 问题解答 //

6.1 假设对 $g = \left(\begin{smallmatrix} a & b \\ c & d \end{smallmatrix}\right) \in SL_2(\mathbb{Z})$, $\tau = g\tau'$ 成立. 这时, 有 $\tau = \dfrac{a\tau' + b}{c\tau' + d}$ 成立. 另外, 从 $\tau' = g^{-1}\tau$ 可知 $\tau' = \dfrac{d\tau - b}{-c\tau + a}$ 也成立. 设 $\alpha = c\tau' + d$, 由 $\alpha = c\left(\dfrac{d\tau - b}{-c\tau + a}\right) + d = (-c\tau + a)^{-1}$, 有 $\alpha^{-1} = -c\tau + a$. 下面使用上述结果证明 $\alpha\Lambda_\tau = \Lambda_{\tau'}$. 由 $\alpha = c\tau' + d \in \Lambda_{\tau'}$, $\alpha\tau = a\tau' + b \in \Lambda_{\tau'}$, 有 $\alpha\Lambda_\tau \subset \Lambda_{\tau'}$. 另外, 由 $\alpha^{-1} = -c\tau + a \in \Lambda_\tau$, $\alpha^{-1}\tau' = d\tau - b \in \Lambda_\tau$ 可得

出 $\alpha^{-1}\Lambda_{\tau'} \subset \Lambda_\tau$, 即 $\alpha\Lambda_\tau \supset \Lambda_{\tau'}$, 通过以上可得出: $\alpha\Lambda_\tau = \Lambda_{\tau'}$.

下面, 假设对 $\alpha \in \mathbb{C}^\times$, $\alpha\Lambda_\tau = \Lambda_{\tau'}$ 成立. 由 $\alpha, \alpha\tau \in \Lambda_{\tau'}$, 存在 $a, b, c, d \in \mathbb{Z}$, 有 $\alpha = c\tau' + d$, $\alpha\tau = a\tau' + b$ 成立. 因为 α 和 $\alpha\tau$ 是作为 $\Lambda_{\tau'}$ 的 $\mathbb{Z}$ 模的基底, 所以一定有 $ad - bc \in \mathbb{Z}^\times = \{\pm 1\}$. 另一方面, 从 $\tau = \dfrac{\alpha\tau}{\alpha} = \dfrac{a\tau' + b}{c\tau' + d}$ 和 $\operatorname{Im}\tau > 0$, $\operatorname{Im}\tau' > 0$, 知道 $ad - bc > 0$. 通过以上分析可得出: $ad - bc = 1$, 设 $g = \left(\begin{smallmatrix} a & b \\ c & d \end{smallmatrix}\right)$, 则有 $g \in \mathrm{SL}_2(\mathbb{Z})$ 且 $g\tau' = \dfrac{a\tau' + b}{c\tau' + d} = \tau$ 成立.

6.2　假设对 $g = \left(\begin{smallmatrix} a & b \\ c & d \end{smallmatrix}\right) \in \Gamma_1(11)$, $\tau = g\tau'$ 成立. 从问题 6.1 可知, 如果设 $\alpha = c\tau' + d$, 则有 $\alpha\Lambda_\tau = \Lambda_{\tau'}$ 成立. 用 $[z] \mapsto [\alpha z]$ 定义复流形的同构 $\mathbb{C}/\Lambda_\tau \cong \mathbb{C}/\Lambda_{\tau'}$. 这个同构的 $P_\tau = \dfrac{1}{11} \bmod \Lambda_\tau$ 的像是 $\dfrac{c\tau' + d}{11} \bmod \Lambda_{\tau'}$, 因为从 $g \in \Gamma_1(11)$ 有 $c \equiv 0$, $d \equiv 1 \pmod{11}$, 所以同构与 $\dfrac{1}{11} \bmod \Lambda_{\tau'} = P_{\tau'}$ 一致.

反过来, 假设存在 $f(P_\tau) = P_{\tau'}$ 的同构 $f : \mathbb{C}/\Lambda_\tau \xrightarrow{\cong} \mathbb{C}/\Lambda_{\tau'}$. 可用满足 $\alpha\Lambda_\tau = \Lambda_{\tau'}$ 的 $\alpha \in \mathbb{C}^\times$ 把它记为 $[z] \mapsto [\alpha z]$. 与问题 6.1 的解答一样, 设 $\alpha = c\tau' + d$, $\alpha\tau = a\tau' + b$, $g = \left(\begin{smallmatrix} a & b \\ c & d \end{smallmatrix}\right)$, 有 $g \in \mathrm{SL}_2(\mathbb{Z})$, $g\tau' = \tau$ 成立. 另一方面, 从 $f(P_\tau) = P_{\tau'}$ 有 $\dfrac{c\tau' + d}{11} \equiv \dfrac{1}{11} (\mathrm{mod}\Lambda_{\tau'})$ 成立. 由此可知, $c \equiv 0, d \equiv 1 \pmod{11}$, 从而 $g \in \Gamma_1(11)$ 成立.

6.3　P, Q 中只要有一个为 O 时, 从定义不证自明, 所以可以假设 $P, Q \neq O$. 连接 P, Q 的直线 l 的方程式是 K 系数. 把这代入 $y^2 = x^3 + ax + b$ 中, 当 l 与 y 轴不平行时, 可得 x 的 K 系数 3 次方程式. 因为这个方程式的解中具有 P 及 Q 的 x 坐标, 所以从解与系数的关系可知另一个解也是 K 的元素. 因此, $P * Q$ 的 x 坐标是 K 的元素, 通过代入 l 的方程式可知 y 坐标也是 K 的元素. 这样一来, $P + Q$ 的 x 坐标、y 坐标也是 K 的元素, $P + Q \in E(K)$ 成立. 如果考虑解的重复度, 这个证明在 $P = Q$ 时也有效. 另一方面, 当 l 与 y 轴平行时, 因为 $P + Q = O$, 所以也成立.

6.4　从 $\wp$ 函数的加法公式得知问题成立. 例如, 可参考下列书籍的第 2.4 节.

梅村浩《椭圆函数论——椭圆曲线的解析学》东京大学出版会 (2000 年).

6.5 (1) $2P = (a, ab)$, $3P = (b, a-b)$, $4P = (r(r-1),\ r^2(b-r+1))$, $5P = (rs(s-1),\ rs^2(r-s))$, $6P = (-mt, m^2(m+2t-1))$. 式中, 设 $r = \dfrac{a}{b}$, $s = \dfrac{b}{r-1}$, $m = \dfrac{s(1-r)}{1-s}$, $t = \dfrac{r-s}{1-s}$. 详细计算省略. 另外, 由于 $b = (r-1)s$, $a = br = r(r-1)s$, 所以, a, b 可以从 r, s 复原.

(2) $rs(s-1) = -mt \iff rs(s-1)^3 = -s(1-r)(r-s)$ 成立. 当 $s = 0$ 时, 因为 $a = b = 0$, 所以有 $2P = P$. 这样违背 $P \neq O$, 所以 $s \neq 0$. 由此可得出 r, s 的关系式 $r(s-1)^3 = -(1-r)(r-s)$. 设 $U = s-1$, $Y = r-1$, 可得 $(Y+1)U^3 = Y(Y-U)$, 即 $Y^2 - UY - U^3Y - U^3 = 0$. 将 $X = \dfrac{Y}{U}$ 即 $U = \dfrac{Y}{X}$ 代入, 并去分母, 有 $Y^2(X^3 - X^2 - Y^2 - Y) = 0$ 成立. 如果 $Y = 0$, 有 $r = 1, a = b = 0$ 成立, 违背 $P \neq O$, 所以 $Y \neq 0$. 因此有 $X^3 - X^2 - Y^2 - Y = 0$, 可得方程式 $Y^2 + Y = X^3 - X^2$.

上述计算摘录自 Markus A. Reichert, *Explicit determination of nontrivial torsion structures of elliptic curves over quadratic number fields*, Math. Comp. 46 no.174(1986), 637–658.

(3) 设 $x' = x - \dfrac{1}{3}$, $y' = y + \dfrac{1}{2}$, 有 $y'^2 - \dfrac{1}{4} = x'^3 - \dfrac{1}{3}x' - \dfrac{2}{27}$ 即 $y'^2 = x'^3 - \dfrac{1}{3}x' + \dfrac{19}{108}$ 成立. 因为 $4\left(-\dfrac{1}{3}\right)^3 + 27\left(\dfrac{19}{108}\right)^2 = \dfrac{11}{16} \neq 0$, 所以这是 $\mathbb{Q}$ 上的椭圆曲线. 另外看看 (2) 中的置换, 可知 O, $(0,0)$, $(1,-1)$, $(1,0)$, $(0,-1)$ 不对应 $\Gamma_1(11)\backslash\mathbb{H}$ 的点.

第七讲　整数论

——谈谈朗兰兹对应

今井直毅

研究算术群的表示已成为当今整数论研究中的一个主流. 虽说对表示进行研究, 但面对一个算术群却也常常有搞不清楚其结构的情形. 正因为如此才不得不去思考怎样构造一个奇妙的表示. 今天就来谈谈如何利用几何方法构造表示.

7.1　引子

首先看看什么是整数论. 所谓整数论是起源于研究整数性质的一个领域. 例如, 给定一个整系数方程式, 这个方程式有怎样的整数解, 这就是一个经典且有难度的整数论问题. 对于非零的 a 和 b, 看下列方程式

$$ax^2 + by^2 = z^2. \tag{7.1}$$

虽然该方程式具有 $(x, y, z) = (0, 0, 0)$ 的平凡整数解, 但我们要考虑的是除此以外还有没有其他整数解. 对于这样的问题, 一个有效的方法是从局部的角度进行思考. 对素数 p, 设

$$\mathbb{Z}_p = \varprojlim_n \mathbb{Z}/p^n\mathbb{Z},$$

把其商域 $\mathbb{Q}_p$ 称作 p 进数域 (p-adic number field). 对于每个素数 p 都有确定的 p 进距离 (p-adic metric), p 进数域就是关于这个距离的有理数域 $\mathbb{Q}$ 的完备化. 在这里还有一个事实也很重要, 即关于 $\mathbb{Q}$ 的绝对值确定的距离的完备化是实数域 $\mathbb{R}$. 在 $\mathbb{Q}_p$ 和 $\mathbb{R}$ 上讨论问题, 相当于在有理数域素点 (place) 的附

近进行讨论, 把这样一些域称作局部域 (local field).

实际上, "(7.1) 式具有非平凡整数解" 与 "对所有的素数 p, 在 $\mathbb{Q}_p$ 和 $\mathbb{R}$ 上具有非平凡解" 是等价的. 这是哈塞–闵可夫斯基定理 (Hasse-Minkowski theorem) 的特殊情形. (7.1) 式在 $\mathbb{R}$ 上是否有非平凡解由 a 和 b 的符号决定, 在 $\mathbb{Q}_p$ 上是否有非平凡解也可以使用 p 进方式的分析手法, 这样比原来直接研究整数解的问题会简单很多.

例如, 假定 p 是奇素数, a 和 b 都不能整除它. 这时通过分析的手法可以知道, (7.1) 式在 $\mathbb{Q}_p$ 上具有非平凡解与在有限域 $\mathbb{F}_p$ 上具有非平凡解是等价的. 甚至可以说, 对于这样的 p, 因为知道 (7.1) 式在 $\mathbb{F}_p$ 上具有非平凡解, 所以作为结果也就知道在 $\mathbb{Q}_p$ 上有非平凡解.

如上所述, 在讨论关于整数的问题时, p 进数域、实数域、有限域等这些域也发挥着重要作用. 下面就介绍与这些域相关的群的表示. 然后会看到这些表示与控制着有理数域代数扩张的 $\mathbb{Q}$ 的绝对伽罗瓦群 (absolute Galois group) 表示的话题紧密地联系在一起.

7.2 一条曲线

首先从有限域上的一条曲线讲起. 设 p 为素数, 讨论由下式

$$xy^p - x^p y = 1$$

定义的 $\mathbb{F}_p$ 上的仿射平面曲线C, 然后再对下面的两个群进行分析:

$$\mathrm{SL}_2(\mathbb{F}_p) = \left\{ \begin{pmatrix} a & b \\ c & d \end{pmatrix} \in \mathrm{GL}_2(\mathbb{F}_p) \middle| ad - bc = 1 \right\},$$

$$\mu_{p+1}(\mathbb{F}_{p^2}) = \left\{ t \in \mathbb{F}_{p^2}^{\times} \mid t^{p+1} = 1 \right\}.$$

这里 $\mathbb{F}_{p^2}$ 表示阶为 p^2 的有限域. 这时可以用下面的公式定义这两个群对曲线 C 的作用:

$$(x, y) \mapsto (ax + by, cx + dy),$$
$$(x, y) \mapsto (tx, ty).$$

这两个群的作用是交换的, 因此也可以认为是直积群 $\mathrm{SL}_2(\mathbb{F}_p) \times \mu_{p+1}(\mathbb{F}_{p^2})$ 在发挥着作用.

因为接下来要用到曲线 C 的平展上同调 (étale cohomology), 所以对此稍加说明. 对素数 ℓ, $\mathbb{Q}_\ell$ 的代数闭包记为 $\overline{\mathbb{Q}}_\ell$. 格罗滕迪克对任意代数闭域上的代数簇 (algebraic variety) 构造出了上同调理论. 这个理论的实质是每当取

一个与代数闭域的特征值不同的素数 ℓ, 就能很好地捕捉到被称作 ℓ 进平展上同调的代数簇的几何性质. 这里考虑的是 $\overline{\mathbb{Q}}_\ell$ 上带有系数的紧支集 ℓ 进平展上同调 (compactly supported ℓ-adic étale cohomology). 这样得到的上同调是 $\overline{\mathbb{Q}}_\ell$ 上的有限维线性空间. 另外, 一旦群作用于代数簇, 也会诱导出对其 ℓ 进平展上同调的群作用, 从而可得到群表示. 还有, 因为从代数簇的态射诱导出的上同调的态射的迹可以用莱夫谢茨迹公式 (Lefschetz trace formula) 计算, 所以也能够利用该公式来研究所得到的群表示.

以下设素数 ℓ 与 p 是不一样的. 把 $\mathbb{F}_p$ 的代数闭包记作 $\overline{\mathbb{F}}_p$, 把在 $\overline{\mathbb{F}}_p$ 上讨论的曲线 C 记作 $C_{\overline{\mathbb{F}}_p}$. 下面讨论曲线 $C_{\overline{\mathbb{F}}_p}$ 的一次紧支集 ℓ 进平展上同调 $H^1_{\mathrm{c}}(C_{\overline{\mathbb{F}}_p}, \overline{\mathbb{Q}}_\ell)$. 由于 $\mathrm{SL}_2(\mathbb{F}_p)\times\mu_{p+1}(\mathbb{F}_{p^2})$ 作用于曲线 C, 所以 $H^1_{\mathrm{c}}(C_{\overline{\mathbb{F}}_p}, \overline{\mathbb{Q}}_\ell)$ 是 $\mathrm{SL}_2(\mathbb{F}_p)\times\mu_{p+1}(\mathbb{F}_{p^2})$ 的表示 (representation). 接下来取非平凡特征 (character) $\chi:\mu_{p+1}(\mathbb{F}_{p^2})\to\overline{\mathbb{Q}}_\ell^\times$, 然后来看下述空间

$$\mathrm{Hom}_{\mu_{p+1}}(\mathbb{F}_{p^2})(\chi, H^1_{\mathrm{c}}(C_{\overline{\mathbb{F}}_p}, \overline{\mathbb{Q}}_\ell)), \tag{7.2}$$

由于 $\mathrm{SL}_2(\mathbb{F}_p)$ 作用于 $H^1_{\mathrm{c}}(C_{\overline{\mathbb{F}}_p}, \overline{\mathbb{Q}}_\ell)$, 所以空间 (7.2) 是 $\mathrm{SL}_2(\mathbb{F}_p)$ 的表示, 把这个表示记作 τ_χ. 实际上, 表示 τ_χ 是被称作 $\mathrm{SL}_2(\mathbb{F}_p)$ 的尖点表示 (cuspidal representation) 的不可约表示. 从某种意义上说尖点表示是不可约表示中最非平凡的表示, 一般来说很难构造出来. 但是在上述解说中, 即使没有分析群 $\mathrm{SL}_2(\mathbb{F}_p)$ 的任何结构, 就已经把尖点表示构造出来了. 如上所述, 无须了解群的结构就能构造出奇妙的表示, 可以认为这是利用几何的一大优势. 而且, χ 与 τ_χ 的对应被称作 Macdonald 对应 (Macdonald correspondence). 以上结论由德林费尔德发现, 曲线 C 被称作德林费尔德曲线 (Drinfeld curve).

问题 7.1 群 $\mathrm{SL}_2(\mathbb{F}_p)$ 的阶是多少?

7.3 从群开始

刚才我们先是用公式定义了曲线 C, 又说有两个群作用于曲线 C 上, 其实从 SL_2 出发也能构造出相同的说法, 接下来我们就对此进行说明. 正确的做法是必须把 SL_2 看成 $\mathbb{F}_p$ 上的线性代数群 (linear algebraic group), 但是这里单纯地把它看成 $\mathrm{SL}_2(\overline{\mathbb{F}}_p)$ 也没有关系.

为了记号更加简单, 把 SL_2 写成 G. 再设

$$B=\left\{\begin{pmatrix} a & b\\ 0 & d\end{pmatrix}\in G\right\}, U=\left\{\begin{pmatrix} 1 & b\\ 0 & 1\end{pmatrix}\in B\right\},$$

$$T = \left\{ \begin{pmatrix} a & 0 \\ 0 & d \end{pmatrix} \in B \right\}, w = \begin{pmatrix} 0 & -1 \\ 1 & 0 \end{pmatrix}.$$

用线性代数群的语言来表述的话, B 是博雷尔子群 (Borel subgroup), U 是 B 的幂幺根 (unipotent radical), T 是 G 的极大环面 (maximal torus), w 是 G 关于 T 的外尔群 (Weyl group) 的非平凡元素的代表元素. 虽然如此, 即使不知道这些术语对理解下面的内容也没有影响. 把各个成分进行 p 次幂运算, 即可确定弗罗贝尼乌斯映射 (Frobenius map) $F\colon G \to G$. 这时, $\mathbb{F}_p$ 上的曲线 $C(w)$ 可由下式定义

$$C(w) = \left\{ gU \in G/U \mid g^{-1}F(g) \in UwU \right\}. \tag{7.3}$$

实际上不难看出 $C(w)$ 与刚才的曲线 C 同构, 简要说明如下.

设 $V = \mathbb{F}_p^2$, e_1, e_2 是其标准基. 以下把 V 看成 $\mathbb{F}_p$ 上的二维仿射空间. 于是 G 自然作用于 V, 利用该作用可得到同构

$$G/U \to V \backslash \{0\};\ gU \mapsto ge_1.$$

由这个同构可知, $gU \in C(w)$ 与满足 $v \wedge F(v) = e_1 \wedge e_2$ 的 $v \in V \setminus \{0\}$ 相对应, 进而把这个 v 表示成 $xe_1 + ye_2$ 并考虑 (x, y), 也就知道了 $gU \in C(w)$ 与曲线 C 上的点对应.

再把话题切回到曲线 $C(w)$ 上. 讨论下面两个群

$$G^F = \{g \in G \mid F(g) = g\},\ T^{wF} = \left\{g \in T \mid wF(g)w^{-1} = g\right\}.$$

这里把 G^F 看作从左对 G/U 的作用, T^{wF} 是从右对 G/U 的作用, 于是由 (7.3) 可知这两个群作用定义了对 $C(w)$ 的作用. 说到这儿也许大家已经注意到了, 具体可写成下式

$$G^F = \mathrm{SL}_2(\mathbb{F}_p),\ T^{wF} = \left\{ \begin{pmatrix} a & 0 \\ 0 & a^{-1} \end{pmatrix} \middle| \, a \in \mu_{p+1}(\mathbb{F}_{p^2}^{\times}) \right\}.$$

这样一来, 又再现了本讲开始时出现过的两个群作用.

实际上, G 是 $\mathbb{F}_p$ 上的被称作连通约化代数群 (connected reductive algebraic group) 的更宽类的线性代数群, 上述这些内容可在这类线性代数群的情形下进行一般化. 即对于这样的 G, 构造 $\mathbb{F}_p$ 上的代数簇, 使用其紧支集 ℓ 进平展上同调能构造 $G(\mathbb{F}_p)$ 的尖点表示. 这就是 Deligne-Lusztig 理论, 所构造的代数簇被称作 Deligne-Lusztig 簇.

7.4　再谈整数论

因为讲义的标题是整数论, 所以不应该总是谈论有限域上的话题, 下面谈谈 p 进数域 $\mathbb{Q}_p$.

取 $\mathbb{Q}_p$ 的代数闭包 $\overline{\mathbb{Q}}_p$, 以下把 $\mathbb{Q}_p$ 的代数扩张当作 $\overline{\mathbb{Q}}_p$ 的子域. 接下来讨论 $\mathbb{Q}_p$ 的绝对伽罗瓦群 $G_{\mathbb{Q}_p} = \mathrm{Gal}(\overline{\mathbb{Q}}_p/\mathbb{Q}_p)$. 根据伽罗瓦理论, $G_{\mathbb{Q}_p}$ 的指数有限开子群与 $\mathbb{Q}_p$ 的有限次扩张域是一一对应的. 设 $W_{\mathbb{Q}_p}$ 是 $\mathbb{Q}_p$ 的韦伊群 (Weil group), 它在 $G_{\mathbb{Q}_p}$ 的子群中引入了适当的拓扑结构, 所以与 $G_{\mathbb{Q}_p}$ 一样, $W_{\mathbb{Q}_p}$ 的指数有限开子群与 $\mathbb{Q}_p$ 的有限次扩张域一一对应. 将 $W_{\mathbb{Q}_p}$ 的阿贝尔化记作 $W_{\mathbb{Q}_p}^{\mathrm{ab}}$, 于是由上述内容可知, $W_{\mathbb{Q}_p}^{\mathrm{ab}}$ 的指数有限开子群与 $\mathbb{Q}_p$ 的有限次阿贝尔扩张域 (abelian extension field) 一一对应. 另一方面, 因为存在局部类域论 (local class field theory) 的同构

$$\mathbb{Q}_p^{\times} \simeq W_{\mathbb{Q}_p}^{\mathrm{ab}}, \tag{7.4}$$

所以关于 $\mathbb{Q}_p$ 的有限次阿贝尔扩张域究竟有多少, 只需通过了解 $\mathbb{Q}_p^{\times}$ 的指数有限开子群有多少就足够了.

下面看一看从局部类域论的同构 (7.4) 得出的下面两个集合:

- $\mathbb{Q}_p^{\times}$ 的 $\overline{\mathbb{Q}}_\ell^{\times}$ 值连续特征的集合,
- $W_{\mathbb{Q}_p}$ 的 $\overline{\mathbb{Q}}_\ell^{\times}$ 值连续特征的集合

之间的双射. 设 n 为正整数, 实际上上述两个集合间的双射可在下面两个集合

- $\mathrm{GL}_n(\mathbb{Q}_p)$ 的 $\overline{\mathbb{Q}}_\ell$ 上不可约光滑表示的同构类集合,
- $W_{\mathbb{Q}_p}$ 的弗罗贝尼乌斯半单的 $\overline{\mathbb{Q}}_\ell$ 上的 n 维连续表示的同构类集合

之间的双射上进行一般化. 这里出现的几个术语也许有些陌生, 暂请不要介意, 只需知道两个群的表示之间存在着对应就可以了. 由于 $\mathrm{GL}_n(\mathbb{Q}_p)$ 与 $W_{\mathbb{Q}_p}$ 并不存在作为群之间的直接关系, 但却存在着这样的对应, 所以也确实是一件令人震惊的事情. 而且这种对应都保留着分别由 $\mathrm{GL}_n(\mathbb{Q}_p)$ 和 $W_{\mathbb{Q}_p}$ 各自定义的算术不变量的信息, 因此可以说从算术上把两个不同的对象联系在一起. 通常把这个对应称作对 GL_n 的局部朗兰兹对应 (1ocal Langlands correspondence). 如果深入探讨的话, 局部朗兰兹对应的正规化又分为几个种类, 在此就不去关注这些细节了. 另外需要说明的是, 刚才不过是顺便提到了 $\overline{\mathbb{Q}}_\ell$ 上的表示而已, 实际上也可以利用 Weil-Deligne 表示, 也就是用 $\mathbb{C}$ 上的表示将对应进行公式化, 因此平常说到局部朗兰兹对应大多是指的这个对应. 现在, 也在考虑局部朗兰兹对应在连通约化代数群上的一般化, 关于这方面的研究已经开展得如

火如荼.

下面再介绍一个不同群表示间的对应. 设 A 是 $\mathbb{Q}_p$ 上的 n^2 维中心单代数 (central simple algebra). 这时

- $A^\times$ 的 $\overline{\ell}$ 上不可约光滑表示的同构类集合,
- $\mathrm{GL}_n(\mathbb{Q}_p)$ 的 $\overline{\mathbb{Q}}_\ell$ 上不可约光滑离散序列表示的同构类集合

之间存在自然的双射, 这个对应被称作局部雅凯 – 朗兰兹对应 (local Jacquet-Langlands correspondence). 这里虽然未对离散序列表示 (discrete series representation) 进行定义, 但是根据局部朗兰兹对应可以看出, 它是包含与 $W_{\mathbb{Q}_p}$ 的不可约表示对应的超尖点表示 (supercuspidal representation) 的表示类. 这里也顺便讨论了 $\overline{\mathbb{Q}}_\ell$ 上的表示, 通常都是讨论 $\mathbb{C}$ 上的表示. 与局部朗兰兹对应的情形不同, 在局部雅凯 – 朗兰兹对应的情形下两个群之间存在某种程度的直接关系. 具体说来就是当把 $A^\times$ 看成 $\mathbb{Q}_p$ 上的线性代数群时, $A^\times$ 的 $\overline{\mathbb{Q}}_p$ 中的值对应的点构成的群与 $\mathrm{GL}_n(\overline{\mathbb{Q}}_p)$ 同构. 话虽如此, 但一般来说 $A^\times$ 与 $\mathrm{GL}_n(\mathbb{Q}_p)$ 的群结构是完全不同的, 所以它们之间竟然存在局部雅凯 – 朗兰兹对应, 可以说是令人震惊的事情.

局部朗兰兹对应与局部雅凯 – 朗兰兹对应在 $\mathbb{R}$ 上也都有成熟的表述, 就不在这里谈及了. 但是如果要讨论整体方面的话题, 对它们进行讨论则变得非常重要.

7.5 再话几何

下面谈一下如何构造对 GL_n 的局部朗兰兹对应. 这里要再一次借助几何的力量.

为简单起见对 $n=2$ 的情形进行说明. 设 E 是 $\overline{\mathbb{F}}_p$ 上的椭圆曲线 (elliptic curve), 并且没有非平凡 $\overline{\mathbb{F}}_p$ 值 p 等分点, 这样的椭圆曲线被称作超奇椭圆曲线 (supersingular elliptic curve). 另一方面, 把 $\overline{\mathbb{F}}_p$ 上的非超奇椭圆曲线称作正常椭圆曲线 (ordinary elliptic curve). 从名字上也可以看出正常椭圆曲线是多数派, 与超尖点表示相关的是超奇椭圆曲线. E 是代数曲线 (algebraic curve), 但也可将其看成具有被称作群概形 (group scheme) 的群结构的空间. 对于正整数 m, 下面讨论作为 E 的群概形的 p^m 倍态射的核 E_m. 虽然 E_m 的 $\overline{\mathbb{F}}_p$ 值对应的点只有平凡的, 但是作为群概形却是非平凡的. 这些群概形构成的序列 $\{E_m\}_{m\geqslant 1}$ 是被称作 p 可除群 (p-divisible group) 的几何学对象, 把这个 p 可除群记作 $\mathcal{G}$. 设 $D=\mathrm{End}(\mathcal{G})\otimes_{\mathbb{Z}}\mathbb{Q}$, 那么 D 就是 $\mathbb{Q}_p$ 上的四维中心可除代数

(central division algebra).

对正整数 N, 设

$$\mu_N(\overline{\mathbb{Q}}_p)=\left\{\zeta\in\overline{\mathbb{Q}}_p^\times\,\middle|\,\zeta^N=1\right\},\quad \mathbb{Q}_p^{\mathrm{ur}}=\bigcup_{p\text{与素正整数}N}\mathbb{Q}_p(\mu_N(\overline{\mathbb{Q}}_p))\subset\overline{\mathbb{Q}}_p.$$

$\mathbb{Q}_p^{\mathrm{ur}}$ 是 $\mathbb{Q}_p$ 的极大非分歧扩张 (maximal unramified extension). 设 $I_{\mathbb{Q}_p}=\mathrm{Gal}(\overline{\mathbb{Q}}_p/\mathbb{Q}_p^{\mathrm{ur}})$, 这是被称作惯性群 (inertia group) 的 $W_{\mathbb{Q}_p}$ 的子群. 进而把 $\mathbb{Q}_p^{\mathrm{ur}}$ 的 p 进完备化记作 $\widehat{\mathbb{Q}}_p^{\mathrm{ur}}$.

下面讨论一个控制如何把 $\mathcal{G}$ 延拓到无穷小邻域的形变空间 (deformation space), 从中可得到 $\widehat{\mathbb{Q}}_p^{\mathrm{ur}}$ 上的刚性解析空间 (rigid analytic space) $\mathcal{M}$, 把这个空间称作卢宾–泰特空间 (Lubin-Tate space). 刚性解析空间是 p 进空间的一种, 同时具有解析的和代数的性质. 再给 $\mathcal{G}$ 加上被称作水平结构 (level structure) 的附加结构, 利用形变空间的性质可以构造出由 $\mathcal{M}$ 的覆叠空间构成的射影系 $\{\mathcal{M}_m\}_{m\geqslant 1}$, 这个射影系通常被称作卢宾–泰特塔 (Lubin-Tate tower). 现在正在讨论的 $n=2$ 的情形下, 出现在卢宾–泰特塔中的空间都是一维的.

记 $\overline{\mathbb{Q}}_p$ 的 p 进完备化为 $\mathbb{C}_p$, 把卢宾–泰特塔的基域从 $\widehat{\mathbb{Q}}_p^{\mathrm{ur}}$ 扩张到 $\mathbb{C}_p$ 得到的射影系记作 $\{\mathcal{M}_{m,\mathbb{C}_p}\}_{m\geqslant 1}$. 接下来取在 $\{\mathcal{M}_{m,\mathbb{C}_p}\}_{m\geqslant 1}$ 上出现的空间的一次紧支集 ℓ 进平展上同调, 讨论其极限

$$\mathcal{H}=\varinjlim_{m} H_{\mathrm{c}}^1(\mathcal{M}_{m,\mathbb{C}_p},\overline{\mathbb{Q}}_\ell).$$

于是, 从上述极限的设计方法可知, 虽然直积群 $I_{\mathbb{Q}_p}\times\mathrm{GL}_2(\mathbb{Q}_p)\times D^\times$ 作用于 $\mathcal{H}$, 但是可以把这个作用自然地扩张到 $W_{\mathbb{Q}_p}\times\mathrm{GL}_2(\mathbb{Q}_p)\times D^\times$ 的作用上.

至此终于完成了所有准备工作. 由于超尖点表示的情形是局部朗兰兹对应的构造的本质, 所以只对这个情形进行说明. 设 π 是 $\mathrm{GL}_2(\mathbb{Q}_p)$ 的 $\overline{\mathbb{Q}}_p$ 上不可约光滑超尖点表示. 从 $W_{\mathbb{Q}_p}\times\mathrm{GL}_2(\mathbb{Q}_p)\times D^\times$ 作用于 $\mathcal{H}$ 可知, $W_{\mathbb{Q}_p}\times D^\times$ 作用于空间

$$\mathrm{Hom}_{\mathrm{GL}_2(\mathbb{Q}_p)}(\mathcal{H},\pi).\tag{7.5}$$

因为这个作用的关系, 空间 (7.5) 与 $W_{\mathbb{Q}_p}$ 的表示 σ 和 $D^\times$ 的表示 ρ 的张量积 $\sigma\otimes\rho$ 同构. 通过局部朗兰兹对应可知, σ 是与 π 对应的 $W_{\mathbb{Q}_p}$ 的表示, 再通过局部雅凯–朗兰兹对应可知, ρ 是与 π 对应的 $D^\times$ 的表示. 也就是说, 局部朗兰兹对应和局部雅凯–朗兰兹对应这种极其非平凡的对应, 在卢宾–泰特塔这一几何学对象的上同调上很自然地实现了. 这个实现也是卢宾–泰特理论

(Lubin-Tate theory) 的某种非交换性, 即使用某种 p 可除群的等分点构造 p 进数域的最大阿贝尔扩张, 通常把这称作非交换卢宾–泰特理论 (non-abelian Lubin-Tate theory).

问题 7.2 众所周知 $\mathbb{Q}_p$ 上的四维中心可除代数除同构外只有一个. 例如, $p=3$ 的情形, 如何描述这个可除代数?

7.6 两个话题

前面分别对有限域和 p 进数域的内容做了介绍, 实际上这两个话题之间存在着某种关系.

我们依然用 GL_2 的情形进行说明. 讨论特征是 $\chi:\mathbb{F}_{p^2}^\times\to\overline{\mathbb{Q}}_p^\times$ 且不经由范数映射 $\mathrm{Nr}_{\mathbb{F}_{p^2}/\mathbb{F}_p}:\mathbb{F}_{p^2}^\times\to\mathbb{F}_p^\times$ 的对象. 这样, 在 GL_2 上根据 Deligne-Lusztig 理论, 对特征 χ 可以使用 Macdonald 对应构造出对应的 $\mathrm{GL}_2(\mathbb{F}_p)$ 的尖点表示 τ_χ.

首先从 χ 构造 $W_{\mathbb{Q}_p}$ 的表示. 把由 $\mathbb{Z}_p$ 上的 $\mu_{p^2-1}(\overline{\mathbb{Q}}_p)$ 生成的环记作 $\mathbb{Z}_{p^2}$, 其商域记作 $\mathbb{Q}_{p^2}$. 利用对应于 $\mathbb{Q}_{p^2}$ 的局部类域论的同构与 χ 可定义如下特征:

$$\widetilde{\chi}:W_{\mathbb{Q}_{p^2}}\to W_{\mathbb{Q}_{p^2}}^{\mathrm{ab}}\simeq\mathbb{Q}_{p^2}^\times=\mathbb{Z}_{p^2}^\times\times p^{\mathbb{Z}}\to\mathbb{Z}_{p^2}^\times\to\mathbb{F}_{p^2}^\times\xrightarrow{\chi}\overline{\mathbb{Q}}_\ell^\times,$$

设 σ_χ 是从 $\widetilde{\chi}$ 的 $W_{\mathbb{Q}_{p^2}}$ 到 $W_{\mathbb{Q}_p}$ 的诱导表示 (induced representation), 于是 σ_χ 是 $W_{\mathbb{Q}_p}$ 在 $\overline{\mathbb{Q}}_\ell$ 上的二维不可约连续表示.

接下来从 τ_χ 构造 $\mathrm{GL}_2(\mathbb{Q}_p)$ 的表示. 根据 τ_χ 和模 p 约化映射 $\mathrm{GL}_2(\mathbb{Z}_p)\to\mathrm{GL}_2(\mathbb{F}_p)$ 可得到 $\mathrm{GL}_2(\mathbb{Z}_p)$ 的表示, 如同 $p\in\mathbb{Q}_p^\times$ 的 $-p$ 倍作用那样, 可把这个表示扩张到 $\mathbb{Q}_p^\times\mathrm{GL}_2(\mathbb{Z}_p)$ 的表示上, 记作 $\widetilde{\tau}_\chi$. 但是, 这里通过把 $\mathbb{Q}_p^\times$ 嵌入到对角元素中, 就可把它看成 $\mathrm{GL}_2(\mathbb{Q}_p)$ 的子群. 然后设 π_χ 为从 $\widetilde{\tau}_\chi$ 的 $\mathbb{Q}_p^\times\mathrm{GL}_2(\mathbb{Z}_p)$ 到 $\mathrm{GL}_2(\mathbb{Q}_p)$ 的紧诱导表示 (compactly induced representation), 这样 π_χ 就变成了 $\mathrm{GL}_2(\mathbb{Q}_p)$ 在 $\overline{\mathbb{Q}}_\ell$ 上的不可约光滑表示. 进而还可以说 π_χ 是被称作深度为零的超尖点表示 (depth-zero supercuspidal representation) 的分歧 (ramification) 的小超尖点表示.

这样构造出来的 $W_{\mathbb{Q}_p}$ 的表示 σ_χ 与 $\mathrm{GL}_2(\mathbb{Q}_p)$ 的表示 π_χ 就由局部朗兰兹对应对应起来, 其关系图示如下:
至此, 两个话题以表示论的方式结合在一起.

实际上这两个话题在几何方面也存在着关系. 刚才构造的表示 σ_χ 实质上是由 $H_c^1(\mathcal{M}_{1,\mathbb{C}_p},\overline{\mathbb{Q}}_\ell)$ 实现的, 它是 $\mathcal{M}_{1,\mathbb{C}_p}$ 的形式模型 (formal model), 能够在其特殊纤维 (special fiber) 上构造出 GL_2 的 Deligne-Lusztig 簇. 刚才说的表

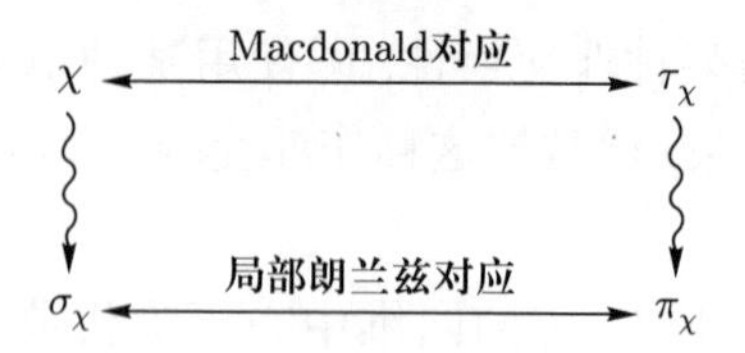

示论意义上的关联变成了这里几何学意义上的事实.

利用 Deligne-Lusztig 理论构造深度为零的超尖点表示的局部朗兰兹对应这一说法, 可以在更宽类的连通约化代数群里进行一般化. 另一方面, 对分歧较大的一般的表示, 局部朗兰兹对应与有限域上的几何究竟具有怎样的关联, 即使是 GL_n 的情形下也尚不清楚.

7.7 再谈整数论

因为讲义的标题是整数论, 所以本来还应该讲一讲数域 (number field) 的话题, 无奈篇幅不够了.

前面简单介绍了局部朗兰兹对应的内容, 实际上它还有一个全局版的整体朗兰兹对应 (global Langlands correspondence), 或者倒不如说整体朗兰兹对应的局部版是局部朗兰兹对应更好一些. 整体朗兰兹对应与整数论的各种各样的问题相关联, 著名的费马猜想 (Fermat's conjecture) 也是通过部分地解决了 $\mathbb{Q}$ 上的 GL_2 的整体朗兰兹对应才得以证明. 可以这么认为, 整体朗兰兹对应比局部朗兰兹对应更难, 就连 $\mathbb{Q}$ 上的 GL_2 的情形至今依然有不明之处. 另外, 最近又提出了所谓 p 进朗兰兹对应 (p-adic Langlands correspondence) 和模 p 朗兰兹对应 (mod p Langlands correspondence), 它们与局部朗兰兹对应和整体朗兰兹对应具有密切的关系, 这其中全是未知的问题. 因此非常期待各位当中涌现出对朗兰兹对应的发展做出更大贡献的人才.

// 专用术语 //

代数学

- 中心单代数: 所谓域 F 上的中心单代数是指不存在非平凡的双边理想的中心为 F 的 F 代数. 进而把非零任意元是可逆元的代数称作 F 上的中心可除代数. $\mathbb{Q}_p$ 上的中心单代数在局部类域论理论中发挥着重要作用.

- 阿贝尔扩张域: 它是域的伽罗瓦扩张域, 其伽罗瓦群是阿贝尔群, 称这样的域为阿贝尔扩张域. 域的代数闭包中的所有阿贝尔扩张域的合并还是阿贝尔扩张域, 把这称作最大阿贝尔扩张域.

• 数域: 有理数域的有限扩张域. 数域与有限域上的一元函数域间存在类似, 两者合起来称作整体域.

代数几何

• 仿射平面曲线: 在二维仿射空间中由一个多项式定义的曲线称作仿射平面曲线. 这是代数几何对象中最容易处置的一种对象, 从很早开始就对其进行研究.

• 代数簇: 简单地说就是把仿射空间中由几个多项式定义的子空间黏合起来的空间. 实际使用中对其稍微附加一些条件, 更多时候只用来指好的空间. 通常把一维代数簇称作代数曲线.

• 椭圆曲线: 射影空间中带有闭嵌入且具有群结构的代数曲线. 椭圆曲线并不是椭圆, 只因为与求椭圆弧长时使用的椭圆积分有关, 故此这样称呼.

表示论

• 表示: 把对群的线性空间的作用称作这个群的表示. 表现出来的线性空间的维数称作表示的维数. 把一维表示称作群的特征.

• 线性代数群: 所谓域 F 上的线性代数群是指对某个 n, F 上的 GL_n 中由若干多项式定义的子代数簇, 且关于 GL_n 的群结构是闭的.

• 诱导表示: 给定群 G 的子群的表示, 由这个表示能生成 G 的表示时, 那么就把得到的这个表示称作诱导表示. 生成诱导表示时附加某种有限性, 这样可生成诱导表示的类似表示, 把它称作紧诱导表示.

// 参考书 //

[1] 堀田良之, 庄司俊明, 三町胜久, 渡边敬一《群论进化》朝仓书店 (2004年)

本书的第三章介绍了 Deligne-Lusztig 理论, 可供参考.

[2] Iwasawa Kenkichi, *Local Class Field Theory*, Oxford University Press (1986)

书中介绍了基于卢宾–泰特理论的局部类域论的证明. 另一方面, 使用中心单代数研究局部类域论的方法也非常重要, 关于利用这种方法的证明请阅读下一本书.

[3] 斋藤秀司《整数论》共立出版 (1997 年)

[4] Colin J. Bushnell and Guy Henniart, *The Local Langlands Conjecture for* GL(2), Springer (2006)

目前似乎还没有关于局部朗兰兹对应的专门的日语书. 这本书只介绍了 GL_2 情形的局部朗兰兹对应的证明. 关于对一般 GL_n 的局部朗兰兹对应的证明请参见下面的原始论文.

[5] Michael Harris and Richard Taylor, *The Geometry and Cohomology of Some Simple Shimura Varieties*, Princeton University Press (2001)

[6] 加藤文元《刚性几何学入门》岩波书店 (2013 年)

如书名所说的那样是刚性几何学的入门书.

[7] 斋藤毅《费马猜想》岩波书店 (2009 年)

一本介绍怀尔斯证明费马猜想的书, 每一部分内容都从基础讲起.

// 问题解答 //

7.1 $\mathrm{GL}_2(\mathbb{F}_p)$ 的元素由 $\mathbb{F}_p^2$ 的非零向量和与该向量线性无关的 $\mathbb{F}_p^2$ 的向量排列而成, 所以 $\mathrm{GL}_2(\mathbb{F}_p)$ 的阶是 $(p^2-1)(p^2-p)$. 行列式形式的同态 $\mathrm{GL}_2(\mathbb{F}_p) \to \mathbb{F}_p^\times$ 是满射的, 其核是 $\mathrm{SL}_2(\mathbb{F}_p)$, 所以 $\mathrm{SL}_2(\mathbb{F}_p)$ 的阶是 $p(p-1)(p+1)$.

7.2 根据 $i^2=-1$, $j^2=3$, $ij=-ji=k$, 把 $\mathbb{Q}_3$ 的代数的结构添加到 $D=\mathbb{Q}_3 \oplus \mathbb{Q}_3 i \oplus \mathbb{Q}_3 j \oplus \mathbb{Q}_3 k$ 中. 这时如果证明 D 的非零任意元素具有逆元, 就知道 D 是 $\mathbb{Q}_3$ 的四维中心可除代数. 设 $a,b,c,d \in \mathbb{Q}_p$, $a+bi+cj+dk \in D$ 不为零. 证明 $(a+bi+cj+dk)(a-bi-cj-dk) \neq 0$ 即可.

$\mathbb{Q}_3^\times$ 的元素乘以 $a+bi+cj+dk$, 可设定 $a,b,c,d \in \mathbb{Z}_3$, 且 a,b,c,d 中至少有一个不在 $3\mathbb{Z}_3$ 中. 先假定 $(a+bi+cj+dk)(a-bi-cj-dk)=0$, 由假定可知 $a^2+b^2=3(c^2+d^2)$, 从而有 $a^2+b^2 \in 3\mathbb{Z}_3$. 这里注意 $-1 \notin (\mathbb{F}_3^\times)^2$, 可知 $a,b \in 3\mathbb{Z}_3$. 于是, 进一步还有 $c^2+d^2 \in 3\mathbb{Z}_3$. 根据同样的讨论, 可得 $c,d \in 3\mathbb{Z}_3$, 与前面的设定矛盾.

第八讲　代数几何

——代数簇的分类理论

川又雄二郎

所谓代数簇是指由联立代数方程组定义的图形, 椭圆曲线、抛物线还有双曲线是由二次式定义的一维代数簇. 这一讲的目的是探讨如何对全体代数簇进行分类. 由于代数簇全体构成的集合非常之大, 所以不可能期待像单李群那样完美的分类, 只能尝试进行大致的分类, 在分类的过程中去发现代数簇满足的一些法则.

直接研究定义代数簇的方程组并不是一个上策, 这是因为变量变换导致方程组的外观千变万化, 没有一定之规. 我们的目的不是观察方程组的外表, 而是为了捕捉代数簇的本质.

为了逼近代数簇的本质, 几何学的观察不可或缺.

下面, 先来讨论代数簇的维数以及代数曲线的亏格等所谓离散不变量, 然后再详细地解说与连续不变量对应的模空间的思想.

8.1　代数簇

想要完整地定义一般代数簇不是一件容易的事情, 需要做长篇幅的说明, 所以这里只讨论射影复代数簇.

复数域 $\mathbf{C}$ 上的多项式环 $\mathbf{C}[x_0,\cdots,x_n]$ 的非零元素 $f(x_0,\cdots,x_n)$ 是指对于 $t\neq 0$, $f(tx_0,\cdots,tx_n)=t^d(x_0,\cdots,x_n)$ 时的 d 次齐次多项式 (homogeneous polynomial). 齐次式在复射影空间 $\mathbf{P}^n=\mathbf{P}^n(\mathbf{C})$ 上定义了下述零点集合:

$$V(f)=\{[x_0:\cdots:x_n]\in\mathbf{P}^n \mid f(x_0,\cdots,x_n)=0\}.$$

在射影空间上, 当 $t \neq 0$ 时, 有 $[x_0 : \cdots : x_n] = [tx_0 : \cdots : tx_n]$ 成立, 这是因为 $f(x_0, \cdots, x_n) = 0$ 与 $f(tx_0, \cdots, tx_n) = 0$ 等价. 再来看复齐次式 (次数不一样也没关系) $f_1, \cdots, f_r$, 它定义了下述公共零点集合

$$V(f_1, \cdots, f_r) = \bigcap_{i=1} V(f_i),$$

把它称作 Zariski 闭集 (Zariski closed subset). Zariski 闭集在通常的拓扑空间中也是闭集, 不过是一种非常特殊的闭集.

一个非空 Zariski 闭集 X, 若能由真正包含在 X 中的 Zariski 闭集 X_1, X_2 表示成 $X = X_1 \cup X_2$ 的形式, 则称其为可约的 (reducible), 否则称其为不可约的 (irreducible). 不可约 Zariski 闭集是射影代数簇 (projective algebraic variety).

所谓射影代数簇 $X \subset \mathbf{P}^n$ 的 Zariski 闭集, 是指射影空间 $\mathbf{P}^n$ 的 Zariski 闭集, 且包含在 X 中. 特别地, 不可约 Zariski 闭集又被称作闭子簇 (closed subvariety).

在射影代数簇 X 中, 闭子簇 Y 与其 Zariski 闭集 $Z \neq \varnothing$ 的差集 $Y \backslash Z$ 是非射影一般代数簇, 而且是 X 的子簇. 之所以称其为“闭”子簇只是为了区别于一般的子簇.

所谓代数簇 X 的维数 (dimension) 定义如下: 把闭子簇的严格单调递增序列

$$X_0 \subsetneq X_1 \subsetneq X_2 \subsetneq \cdots \subsetneq X_n = X$$

的长度 n 的最大值称作 X 的维数, 用 $\dim X$ 表示. 这时 X_0 是最小的代数簇, 即是一个点. 称一维代数簇为代数曲线 (algebraic curve), 称二维代数簇为代数曲面 (algebraic surface).

所谓射影空间 $\mathbf{P}^n$ 的函数域 (function field) $\mathbf{C}(\mathbf{P}^n)$ 是指 n 元有理式域 $\mathbf{C}(x_1/x_0, \cdots, x_n/x_0)$. 函数域的元素称作有理函数 (rational function). 非零的有理函数 $f \in \mathbf{C}(\mathbf{P}^n)$ 可表示成不具有公共因子的两个同次齐次多项式的商的形式, 即 $f = g/h$, $f, g \in \mathbf{C}[x_0, x_1, \cdots, x_n]$. 在点 $x = [a_0 : \cdots : a_n] \in \mathbf{P}^n$ 上, 如果有 $h(x) \neq 0$, 则函数 f 在 x 的值 (value) $f(x) \in \mathbf{C}$ 定义为 $g(x)/h(x)$. 如果 $h(x) = 0$, $g(x) \neq 0$, 则称函数 f 在 x 具有极点 (pole). 如果 $h(x) = g(x) = 0$, 则称 x 为 f 的不确定点 (indeterminacy).

一般射影代数簇 $X \subset \mathbf{P}^n$ 的函数域 $\mathbf{C}(X)$ 定义如下. 在 X 上的至少一

个点具有值的 $\mathbf{P}^n$ 上的有理函数全体构成的环

$$A=\{f\in\mathbf{C}(\mathbf{P}^n)\mid f=0\text{或者 } f=g/h,\ \text{存在 } x\in X,\ h(x)\neq 0\}$$

与 X 上恒等于 0 的函数全体构成的极大理想

$$M=\{f\in A\mid f=0\text{或者 } g(X)=0\}$$

的商域记作 $\mathbf{C}(X)=A/M$, 把这个商域称作 X 的函数域. 所谓 X 上的有理函数也可以这样来定义: X 上的一个非空 Zariski 开集上定义的函数, 并且是 $\mathbf{P}^n$ 上的有理函数中能对 X 限制的那些函数. 在上述定义中, 使用了嵌入 $X\subset\mathbf{P}^n$, 定义了函数域 $\mathbf{C}(X)$. 实际上, 我们知道不依靠射影空间的嵌入而只利用 X 也能定义.

我们知道, 代数簇 X 的维数与基域 $\mathbf{C}$ 上的函数域 $\mathbf{C}(X)$ 的超越次数 (transcendental degree) $\mathrm{tr.deg}_{\mathbf{C}}\,\mathbf{C}(X)$ 是一致的, 例如射影空间 $\mathbf{P}^n$ 的维数为 n. 另外, 维数为 n 的代数簇的函数域可以表示成 $\mathbf{C}(x_1,\cdots,x_n,y)$ 的形式. 这里 $x_1,\cdots,x_n$ 是自变量, 对于 y 存在非零多项式 f, 关系式 $f(x_1,\cdots,x_n,y)=0$ 成立.

不变量 (invariant) 是判断复代数簇是否等价 (同构、双有理等价等) 的工具, 利用不变量能够俯瞰代数簇全体构成的集合的全貌.

最重要的代数簇不变量就是维数 (dimension), 一般来说自变量的个数和方程式的个数之差与维数是不一样的.

例 8.1 (1) 在二维复射影空间里, 椭圆曲线、抛物线及双曲线都是由相同的二次式

$$x_0^2+x_1^2+x_2^2=0$$

定义的代数曲线. 椭圆曲线、抛物线及双曲线都是代数曲线的实仿射空间产生的切痕.

(2) 二维复射影空间中由二次式 $x_1x_2=0$ 定义的 Zariski 闭集 X 是可约的. 实际上, 若把方程式 $x_i=0$ 定义的直线记为 X_i, 则 $X=X_1\cup X_2$.

(3) 三维复射影空间中由三个二次式

$$\mathrm{rank}\begin{pmatrix} x_0 & x_1 & x_2\\ x_1 & x_2 & x_3\end{pmatrix}\leqslant 1$$

定义的代数簇 X, 通过下列变量变换 $[t_0:t_1]\mapsto[t_0^3:t_0^2t_1:t_0t_1^2:t_1^3]$ 可知与射影直线 $\mathbf{P}^1$ 同构. 在这个例子中, 代数簇的维数与包含该代数簇的空间的维数和方程式个数之差不一致.

所谓复流形 (complex manifold) 是由复仿射空间 $\mathbf{C}^n$ 的通常的拓扑结构生成的开集黏合而成的. 当复射影代数簇 X 是作为复流形的复射影空间 $\mathbf{P}^N$ 中的复子流形时, 称其为光滑的 (smooth). 光滑射影代数簇 (smooth projective variety) 在英语中也称作 "projective manifold". 英语中的 "variety" 和 "manifold" 在日语中都不加区别地翻译成了 "多样体", 但英语中通常区别使用. 不光滑的点称作奇点 (singular point), 不是奇点的点称其为非奇异的 (non-singular), "非奇异" 与 "光滑" 是一样的 (但是在讨论不是代数闭域的域时则变得不同).

在光滑代数簇上可以取以下这样的局部坐标系 (local coordinates). 对 $P \in X$ 的各个点, 存在包含该点的 Zariski 开集 U 与 U 上的全纯函数序列 $(x_1, \cdots, x_n)$, 在 P 的附近构成作为复流形的局部坐标系. 光滑代数簇上的余维为 1 的 Zariski 闭集 Z, 在各个点 P 的邻域可以使用局部坐标表示成 $x_1 \cdots x_r = 0$ 的形式时, 将其称作正规交叉除子 (normal crossing divisor).

例 8.2 设 $X = \mathbf{P}^1, Y \subset \mathbf{P}^2$ 为方程式 $x_0x_1^2 - x_2^3 = 0$ 定义的射影代数曲线. 映射 $f : X \to Y$ 定义为 $[x_0 : x_1] \mapsto [x_0^3 : x_1^3 : x_0x_1^2]$. 虽然 f 是一对一映射, 但作为代数簇却不是同构的. 这是因为虽然 X 是光滑的, 但 Y 却有奇点. 关于同构映射的内容下一节中再做介绍.

8.2 双有理等价

在代数簇分类理论中, 把双有理等价的代数簇看成相同的对象. 下面就此进行说明.

两个代数簇 X, Y 中, 存在真 Zariski 闭集 $D \subsetneq X$ 和 $E \subsetneq Y$. 当同构 $X \backslash D \cong Y \backslash E$ 成立时, 称 X, Y 是双有理等价的 (birationally equivalent), 记作 $X \sim Y$ (关于同构的定义在介绍完下面的例子后进行介绍). 以 X 为中心进行讨论时, 把对应的 Y 称作 X 的双有理模型 (birational model).

我们知道 X, Y 双有理等价、函数域同构与 $\mathbf{C}(X) \cong \mathbf{C}(Y)$ 是等价的.

例 8.3 二维射影空间 $X = \mathbf{P}^2$ 与射影空间的直积 $Y = \mathbf{P}^1 \times \mathbf{P}^1$ 是双有理等价的. 这是因为如果设 $D = \{[x_0 : x_1 : x_2] \mid x_0 = 0\}$, $E = \{([y_0 : y_1], [z_0 : z_1]) \mid y_0z_0 = 0\}$, 则 $X \backslash D$ 与 $Y \backslash E$ 都与仿射空间 $\mathbf{C}^2$ 同构.

这时, 函数域与二元有理式域同构.

而且, 直积 Y 也是射影代数簇. 这是因为射影空间的嵌入 $Y \to \mathbf{P}^3$ 是由 $([y_0 : y_1], [z_0 : z_1]) \mapsto [y_0z_0 : y_1z_0 : y_0z_1 : y_1z_1]$ 确定的. Y 的像的方程式由公

式 $x_0x_3 - x_1x_2 = 0$ 给出.

在代数簇 X 上加入适当的测度, 然后讨论连续函数 h 的积分. 这时 X 上的积分值与 $X \setminus D$ 上的积分值相同. 像这样即使把双有理等价的代数簇进行置换但其本质依然不变的情形很多.

代数簇 $X \subset \mathbf{P}^n$ 的开集 U 上定义的函数, 当在 U 的各个点的邻域内, 与限制同次齐次多项式之比的函数相同时, 称这个函数为正则函数 (regular function). 当正则函数的拉回还是正则函数时, 把代数簇间的映射 $f : X \to Y$ 称作态射 (morphism). 态射 f 是一对一的映射, 而且当逆映射 f^{-1} 也是态射时, 称其为同构态射 (isomorphism). 对态射 $f : X \to Y$, 存在 X, Y 的 Zariski 闭集 D, E, 当态射诱导出同构 $X \setminus D \cong Y \setminus E$ 时, 称该态射为双有理态射 (birational morphism). 例如, 例 8.2 中的映射 f 是一对一双有理态射, 但逆映射 f^{-1} 不是态射.

例 8.4 下面定义以射影空间 $X = \mathbf{P}^n$ 的 $n-r-1$ 维线性子空间

$$Z = \{[x_0 : \cdots : x_n] \in X \mid x_0 = \cdots = x_r = 0\}$$

为中心的胀开 (blowing up).

直积 $X \times \mathbf{P}^r$ 的子簇 Y 由下式定义:

$$Y = \{([x_0 : \cdots : x_n], [y_0 : \cdots : y_r]) \mid \text{对所有的 } i, j,\ x_iy_j = x_jy_i\},$$

根据对第一成分的射影再来定义映射 $p : Y \to X$.

对于点 $x = [x_0 : \cdots : x_n] \in X^o = X \backslash Z$, 因为存在 $0 \leqslant i_0 \leqslant r$ 使得 $x_{i_0} \neq 0$, 所以根据公式 $y_j = x_jy_{i_0}/x_{i_0}$ 可定义所有的 y_j, 这样 p 确定的映射 $Y^o = p^{-1}(X^o) \to X^o$ 就是同构的. 另一方面, 当 $x \in Z$, $p^{-1}(x)$ 与 r 维射影空间同构. 这样一来就知道 $p : Y \to X$ 是令 Z 胀开并膨胀的双有理态射.

对射影空间的子簇 X_1, 考虑逆像 $p^{-1}(X_1 \cap X^o)$ 的闭包 Y_1, 把由其诱导出的态射 $p_1 : Y_1 \to X_1$ 称作以 X_1 的 $Z \cap X_1$ 为中心的胀开. 特别是当 X_1 包含在 Z 中时, Y_1 变成空集, 这应该是因为胀开后消失了.

对二维以上的代数簇, 通过胀开这一操作可以任意多地创造出双有理等价但却互不相同的代数簇.

广中平祐证明的奇点解消定理是 “双有理几何学” 的基本定理, 介绍如下:

定理 8.1 对任意的代数簇 X, 下式是具有光滑中心的胀开序列

$$Y = Y_m \to Y_{m-1} \to \cdots \to Y_1 \to Y_0 = X,$$

存在某种条件可使 Y 变成光滑代数簇. 进而, 当给定 X 的闭子簇 Z 时, 其集

合论意义上的逆像 $f^{-1}(Z)$ 可以成为 Y 上的正规交叉除子.

根据这个定理, 在代数簇的双有理分类中可以只考虑光滑射影代数簇. 若考虑特征值为正的域上的代数簇, 则奇点解消依然是一个悬而未决的问题.

对代数曲线而言, 既是光滑射影代数曲线又是双有理等价的只有一个, 所以对代数曲线的分类就变成了对光滑射影代数曲线的分类. 关于代数曲面将在后面的章节里进行说明, 这里只说明一点, 即除直纹曲面的情形外双有理等价的极小模型只有一个. 因此, 代数曲面的分类变成了极小模型的分类. 三维以上的情况会变得更复杂一些.

8.3 典范除子

下面讨论 n 维非奇异复流形 X 的切丛 (tangent bundle) $\mathbf{T}_X$. $\mathbf{T}_X$ 是秩为 n 的全纯向量丛, 其全纯截面是全纯向量场. 对偶向量丛 $\mathbf{T}_X^*$ 称作余切丛 (cotangent bundle). $\mathbf{T}_X^*$ 的全纯截面是全纯微分形式. 在局部坐标系 $(x_1, \cdots, x_n)$ 中全纯微分形式可表示为 $\sum\limits_i h_i(x)\mathrm{d}x_i$ 的形式, 其中 h_i 是全纯函数, 在另外的局部坐标系 $(y_1, \cdots, y_n)$ 中可变换为 $\sum\limits_{i,j} h_i(x(y))\dfrac{\partial x_i}{\partial y_j}\mathrm{d}y_j$ 的形式.

下面讨论 $\mathbf{T}_X^*$ 的行列式丛 $\mathbf{K}_X = \wedge^n \mathbf{T}_X^*$, 这里 $\wedge^n$ 表示 n 次外积. $\mathbf{K}_X$ 是全纯线丛, 其全纯截面被称作典范型 (canonical form). 局部上可表示为 $h(x)\mathrm{d}x_1 \wedge \cdots \wedge \mathrm{d}x_n$ 形式, 通过变量变换, 变为

$$h(x(y))\frac{\partial(x_1, \cdots, x_n)}{\partial(y_1, \cdots, y_n)}\mathrm{d}y_1 \wedge \cdots \wedge \mathrm{d}y_n,$$

这就是雅可比行列式.

设 X 是复代数簇, 虽然全纯线丛 $\mathbf{K}_X$ 在全体 X 上不一定有全纯整体瓣, 但一定有有理截面 (rational section). 当局部地将其记为 $\omega = h(x)\mathrm{d}x_1 \wedge \cdots \wedge \mathrm{d}x_n$ 的形式时, $h(x)$ 是有理函数. 因为 $h(x)$ 有零点和极点, 所以把重数计算在内定义 ω 的除子 (divisor) 如下

$$\mathrm{div}(\omega) = \sum d_i D_i.$$

这里, D_i 是余维为 1 的子簇, d_i 是 $h(x)$ 在 D_i 中的零点的阶. 当 $h(x)$ 在 D_i 中有极点时 d_i 变为负数, 公式右边是有限和, 并不依赖于局部坐标表示的选取方式.

对任意非零有理典范型 ω, 其典范除子 (canonical divisor) 定义为 $K_X = \mathrm{div}(\omega)$. 因为 K_X 依赖于 ω 的选取方式, 所以这种表示方式并不正确, 但由于

方便还是被经常使用. 仅凭 X 能确定的是线丛 $\mathbf{K}_X$.

8.4 代数曲线的分类

以下假定 X 是光滑射影代数曲线, $n = 1$. X 上的全纯典范型, 即 $\mathbf{K}_X$ 的整体全纯截面的全体构成有限维的复线性空间, 记作 $H^0(X, \mathbf{K}_X)$. 其维数 $g = g(X) = \dim H^0(X, \mathbf{K}_X)$ 称作 X 的亏格 (genus).

任意的整体全纯截面把重数计算在内总是有 $2g-2$ 个零点. 即典范除子是次数为 $2g-2$ 的除子.

可把 X 当作在实二维紧拓扑流形中加入了复结构, 其亏格是拓扑不变量, 上同调群 $H^1(X, \mathbf{C})$ 的维数是 $2g$.

若 $g = 0$, 则 X 与二维球面 S^2 同胚; 若 $g = 1$, 则与环面同胚, 一般有 g 个洞, 可表示成 g 个环面的连通和.

例 8.5 准备两个仿射平面 $V_i \cong \mathbf{A}^2 (i = 0, 1)$, 设其坐标为 (x_i, y_i). 取 Zariski 开集 $V_i^o = V_i \backslash \{x_i = 0\}$, 根据变量变换 $(x_0, y_0) \mapsto (x_1, y_1) = (x_0^{-1}, x_0^{-g-1} y_0)$ 定义同构 $V_0^o \to V_1^o$. 这里 g 是大于等于 1 的整数. 把根据这个同构黏合得到的代数簇表示为 $V = V_0 \cup V_1$ (把 V 嵌入到一个射影空间里, 可以使其闭包成为射影代数簇).

因为射影直线 L 是将两条仿射直线$L_i \cong \mathbf{A}^1 (i = 0, 1)$ 通过变量变换 $x_1 = x_0^{-1}$ 黏合得到的, 所以可由 $(x_i, y_i) \mapsto x_i$ 得出自然射影 $p : V \to L$. V 是 L 上的 $\mathbf{A}^1$-丛.

包含在 V 中的代数曲线 $X = X_0 \cup X_1$ 由下式定义

$$X_0 : y_0^2 = \prod_{j=1}^{2g+2} (x_0 - a_j),$$

$$X_1 : y_1^2 = \prod_{j=1}^{2g+2} (1 - a_j x_1).$$

公式中 a_j 是互不相同的非零复数. 因为变量变换与定义方程式能很好地共存, 所以 X 确实是光滑射影代数曲线. 把这样定义的代数曲线 X 称作超椭圆曲线 (hyperelliptic curve), 但是当 $g = 1$ 时它就是椭圆曲线 (elliptic curve).

下面讨论把态射 $p : V \to L$ 限制到 X 上的态射 $p_X : X \to L$. 对一般的点 $x \in L$, 由于 $p_X^{-1}(x)$ 变成两个点, 所以 p_X 被称作二重覆盖 (double cover). 在 $x_0 = a_j$ 成立的 $2g+2$ 个点上, $p_X^{-1}(x)$ 变成一个点, 这些点被称作分歧点 (ramification point).

下面讨论 X_0 上的微分形式 $\mathrm{d}x_0/y_0$. 之所以 $y=0$ 成立, 是因为其正好是 p_X 的分歧点, $\mathrm{d}x_0/y_0$ 是 X_0 上的没有零点的全纯微分形式. 为什么会这样呢? 实际上, 在 $(a_j,0)\in X_0$ 的邻域内, y_0 是 X 的局部坐标, 全纯函数 $u(y_0)$ 不会为零, 据此 x_0 可表示为 $x_0=a_j+y_0^2u(y_0)$, 所以有 $\mathrm{d}x_0/y_0=(2+y_0u'(y_0))\mathrm{d}y_0$.

如果在 X_1 上的坐标里进行变量变换, 微分形式会怎样变化呢? 下面来计算. 因为 $\mathrm{d}x_0=\dfrac{\partial x_0}{\partial x_1}\mathrm{d}x_1=-x_1^{-2}\mathrm{d}x_1$, 所以可得公式 $\mathrm{d}x_0/y_0=-x_1^{g-1}\mathrm{d}x_1/y_1$. 这样一来, $x_0^k\mathrm{d}x_0/y_0\,(k=0,\cdots,g-1)$ 是线性无关的全纯微分形式, 可知 X 的亏格是 g.

通过以上讨论可知, 任意的代数曲线与光滑射影代数曲线是双有理等价的, 而且根据其亏格对光滑射影代数曲线全体构成的集合进行了分类. 接下来讨论亏格是固定值 g 的光滑射影代数曲线全体构成的集合, 正确地说应该是这样的代数曲线的同构类全体构成的集合. 于是不可思议的现象出现了, 这个集合又变成了代数簇, 把它称作模空间 (moduli space), 用 $\mathcal{M}_g$ 表示. $\mathcal{M}_g$ 是有奇点 (不可约) 的代数簇, 当 $g\geqslant 2$ 时, 有 $\dim\mathcal{M}_g=3g-3$ 成立, 而且存在被称作稳定曲线的模空间 (moduli space of stable curves) 的射影代数簇 $\overline{\mathcal{M}}_g$, $\mathcal{M}_g$ 是其 Zariski 开集.

8.5 代数簇的形变

在代数几何学中可以考虑各式各样对象的模空间. 模空间可对连续的变化进行分类, 而模空间自身又是代数簇 (或者稍微对其进行扩张), 所以能提供代数几何学特有的手段.

如何把众多的代数簇的同构类连接起来构造成连续的代数簇呢? 这样的做法被称作代数簇的 “形变”.

对紧复流形 X_0 来说, 所谓其形变族 (deformation family) 是指复流形间的全纯映射 $f:X\to Y$, 诱导出余切丛间的单射同态 $f^*\mathbf{T}_Y^*\to\mathbf{T}_X^*$, 各个点 $y\in Y$ 上的纤维 $X_y=f^{-1}(y)$ 是紧复流形, 而且, 存在点 $y_0\in Y$, 使得 $X_{y_0}\cong X_0$ 成立. Y 是形变的底空间 (参数空间), X 是形变的全空间.

例 8.6 亏格为 g 的超椭圆曲线可以通过给出 $2g+2$ 个分歧点 $[1:a_i]\in\mathbf{P}^1$ 来确定. 只要改变分歧点, 超椭圆曲线就会发生形变, 这样就可得到具有 $2g+2$ 维底空间的形变族. 但是, 由于三维自同构群 $\mathrm{PGL}(2,\mathbf{C})$ 作用于射影直线 $\mathbf{P}^1$, 实质上得到的是 $2g-1$ 维的超椭圆曲线的形变族. 由于当 $g=2$ 时 $2g-1=3g-3$, 这样可得到所有的代数曲线, 但当 $g\geqslant 3$ 时只能得到一部分.

如果只需改变方程式的系数就能使代数簇产生形变那就好了, 但是当真要改变具体的方程组的系数时, 由于有很多个方程, 所以很难知道究竟要改变哪个方程的系数. 为此, 小平邦彦与 D.C. Spencer 创立了不依赖于坐标的形变理论, 这样就可以使用上同调理论来描述代数簇的形变.

根据小平–Spencer 的形变理论, 无穷小形变的空间由一次上同调群 $H^1(X_0, \mathbf{T}_{X_0})$ 给出, 而 "形变障碍空间" 由二次上同调群 $H^2(X_0, \mathbf{T}_{X_0})$ 给出. 而且如果 $H^2(X_0, \mathbf{T}_{X_0}) = 0$, 就能够证明下述半泛的局部形变族 (semi-universal local deformation family) $f : X \to Y$ 的存在:

(1) $Y = D^r$ 是多圆盘, 这里 $D = \{z \in \mathbf{C} \mid \mid z \mid < 1\}$.

(2) $r = \dim Y = \dim H^1(X_0, \mathbf{T}_{X_0})$.

(3) "十分相近" 的紧复流形在 X_0 上都作为 f 的纤维出现.

(4) 形变 f 的 "小平–Spencer 映射" $\mathbf{T}_{Y,0} \to H^1(X_0, \mathbf{T}_{X_0})$ 是同构的. 这里 $\mathbf{T}_{Y,0}$ 是位于 Y 的原点上的切空间.

设 X_0 是亏格为 g 的光滑射影代数曲线. 此时有 $\dim H^1(X_0, \mathbf{T}_{X_0}) = 3g - 3$ 且 $H^2(X_0, \mathbf{T}_{X_0}) = 0$. 因此可得到 $3g - 3$ 维的半泛的局部形变族, 将其进行黏合, 得到的应该是亏格为 g 的代数曲线的模空间 $\mathcal{M}_g$, 但这时却产生了问题, 这是因为代数曲线 X_0 一般有自同构群 G_0. 在 $g \geqslant 3$ 的情形下, X_0 上相近的一般的代数曲线没有自同构, 但是取而代之的是 G_0 作用于形变族的底空间 Y, 然后把 Y/G_0 进行黏合即可得到 $\mathcal{M}_g$. 也即, 即使代数曲线的形变过程中没有障碍, 模空间最终还是有奇点. 为了规避这种奇点, 也可以考虑如下所述的 moduli stack. 这里舍弃 Y/G_0 而选用 $[Y/G_0]$, 方括号的意思是提醒你记住 G_0 的作用. 把 $[Y/G_0]$ 进行黏合可得到作为 stack 的 $\mathcal{M}_g$.

8.6 离散分类

从现在开始讨论一般维的光滑射影代数簇.

对于代数簇 X, 存在确定的量 $f(X)$, 如果有双有理等价 $X \sim Y$, 则 $f(X) = f(Y)$ 成立, 将这样的量称作双有理不变量 (birational invariant). 我们确定的方针是使用双有理不变量对代数簇进行分类, 具体做法是首先使用离散不变量, 即取整数值那样的不变量进行大致的分类, 然后使用连续变化的不变量对模空间的结构进行分析.

如第四节中看到的那样, 在 $\dim X = 1$ 的情形下, 亏格是最重要的离散不变量, 而到了高维的情形则要考虑多亏格 (plurigenus). 下面, 固定正的整数

m, 定义 m-典范型 (m-canonical form). 取局部坐标系 $(x_1, \cdots, x_n)$, m-典范型可表示成 $h(x)(\mathrm{d}x_1 \wedge \cdots \wedge \mathrm{d}x_n)^{\otimes m}$ 的形式, 这里 h 是全纯函数. 再取另一个局部坐标系 $(y_1, \cdots, y_n)$, m-典范型可变换成下式:

$$h(x(y))\left(\frac{\partial(x_1, \cdots, x_n)}{\partial(y_1, \cdots, y_n)}\right)^m (\mathrm{d}y_1 \wedge \cdots \wedge \mathrm{d}y_n)^{\otimes m}.$$

在 X 上定义的 m-典范型全体的集合构成有限维复线性空间, 用 $H^0(X, mK_X)$ 表示. m-亏格 (m-genus) 用公式 $P_m(X) = \dim H^0(X, mK_X)$ 定义, 这里 K_X 是典范除子, 多亏格是双有理不变量.

在 $\dim X = 1$ 的情形下, 有 $P_1(X) = g(X)$. 若 $g(X) \geqslant 2$ 且 $m \geqslant 2$, 有 $P_m(X) = (2m-1)(g-1)$ 成立. 另外, 若 $g(X) = 1$, 则总是有 $P_m(X) = 1$; 若 $g(X) = 0$, 则总是有 $P_m(X) = 0$. 如上所述, 在代数曲线的情形下, 仅凭亏格就可确定多亏格, 但是如下例所示, 到了高维情形, 情况却变得愈加复杂起来.

X 上的全纯一次微分形式, 即全部 $\mathbf{T}_X^*$ 的整体全纯截面构成有限维复线性空间, 将其记作 $H^0(X, \mathbf{T}_X^*)$, 它也是双有理不变量, 将其维数 $q = \dim H^0(X, \mathbf{T}_X^*)$ 称作 X 的非正则度 (genus). 设 $b_1 = \dim H^1(X, \mathbf{C})$, 因为有 $b_1 = 2q$ 成立, 所以非正则度也是拓扑不变量.

例 8.7 (1) 当 $X = \mathbf{P}^n$ 时, 有 $P_m = 0$ 且 $q = 0$ 成立. 这时把与射影空间双有理等价的代数簇称作有理簇 (rational variety). 对有理簇而言, 包含多重在内的所有全纯微分形式变为 0. 如此说来使用微分形式进行分类并不能通用.

(2) 四次齐次式 $h \in \mathbf{C}[x_0, \cdots, x_3]$ 定义了三维射影空间 $\mathbf{P}^3$ 中的四次曲面 X. 只需一般地取 h, X 都是光滑的. 这时对所有的 m, 有 $P_m = 1$ 且 $q = 0$ 成立. 把这样的双有理不变量的曲面 (正确的说法如后所述应称作“极小代数曲面”) 称作 K3 曲面 (K3 surface). 如同椭圆曲线是代数曲线理论的中心一样, K3 曲面是代数曲面理论的中心.

在 $\mathbf{P}^3$ 的仿射开集 $\{x \in \mathbf{P}^3 \mid x_0 \neq 0\} \cong \mathbf{A}^3$ 上, 使用下述留数积分可以构造 X 上的典范型:

$$\omega = \oint \frac{\mathrm{d}\overline{x}_1 \wedge \mathrm{d}\overline{x}_2 \wedge \mathrm{d}\overline{x}_3}{\overline{h}}.$$

这里, $\overline{x}_i = x_i/x_0 (i = 1, 2, 3)$, $\overline{h} = h/x_0^4$. 在 X 上的各个点周围沿着与 X 不相交的闭路对其三次微分形式进行积分, 可得到 X 上的二次微分形式. ω 是全部 X 上的全纯典范型, 并可延长到没有零点, 即 $K_X = 0$.

因为四次式 h 的系数有 35 个, 所以 $\mathbf{C}^{35}$ 的点对应四次曲面, $\mathbf{C}^{35}$ 的一个

Zariski 开集 U 的点对应光滑四次曲面. $\mathrm{GL}(4, \mathbf{C})$ 通过变量的线性变换作用于 $\mathbf{C}^{35}$, 在这个作用下, 相互转换的四次式定义了同构的四次曲面, 所以可得到作为光滑四次曲面的模空间的十九维代数簇.

另一方面, 对于光滑四次曲面 X, 有 $\dim H^1(X, \mathbf{T}_X) = 20$ 且 $H^2(X, \mathbf{T}_X) = 0$ 成立. 因此, X 的半泛的局部形变族有二十维底空间 Y. 在 X 上 "十分相近的" 四次曲面对应于 Y 的十九维子簇. 而且由此可知, Y 的一般的点上的纤维对应非代数的紧复流形 (这也被称作 K3 曲面). 也就是说四次曲面一旦发生形变, 就跑到了射影空间的 "外面". 虽说只要在射影空间内就是可由方程式表示的代数簇, 但由于不能具体地构造出一般的 K3 曲面, 所以只不过是一个因形变而被知道的存在.

(3) K3 曲面 X 中, 存在没有不动点的自同构 $f: X \to X$, 有 $f^2 = \mathrm{Id}_X$, 而且对典范型 ω, 还能够使 $f^*\omega = -\omega$ 成立. 此时, 商空间 $Y = X/f$ 是光滑代数曲面, 这个曲面被称作恩里克斯曲面 (Enriques surface). 虽说 $P_1 = q = 0$, 但 $P_2 = 1$. 也就是说, 凭通常的微分形式无法与有理曲面区别开来, 而使用二重亏格就能够区别. 通过 Castelnuovo 定理我们知道了有理曲面的 $P_2 = q = 0$ 这一特征.

8.7　小平维数

m-典范型与 m'-典范型相乘得出 $m + m'$-典范型. 因此直和 $R(X) = \bigoplus_{m=0}^{\infty} H^0(X, mK_X)$ 具有 $\mathbf{C}$ 上的多元环结构, 将其称作 X 的典范环 (canonical ring). 典范环是双有理不变量. 虽然已经证明了代数簇的多亏格即使发生形变依旧是不变量, 但是典范环的环结构是能够连续形变的. 最近, Birkar-Cascini-Hacon-McKernan 等人证明了典范环 $R(X)$ 是 $\mathbf{C}$ 上的有限生成环, 因此知道无穷数列 $P_m(X)$ 可由有限个信息复原而成. 但我们知道即使限定在三维代数簇范围内, 所需的必要值的个数也不存在上限.

用记号 $\mathrm{tr.deg}_{\mathbf{C}}\, R(X)$ 表示 $R(X)$ 的 $\mathbf{C}$ 上的超越维数. X 的小平维数 (Kodaira dimension) $\kappa(X)$ 由 $\kappa(X) = \mathrm{tr.deg}_{\mathbf{C}}\, R(X) - 1$ 定义. 式中, 当 $\mathrm{tr.deg}_{\mathbf{C}}\, R(X) = 0$ 时, 令 $\kappa(X) = -\infty$. 这是因为这样定义后可有下述估算公式成立: $P_m(X) = O(m^{\kappa(X)})$. 小平维数是仅次于维数的重要的离散不变量.

例 8.8　对代数曲线, 若 $g = 0$, 则 $\kappa = -\infty$; 若 $g = 1$, 则 $\kappa = 0$; 若 $g \geqslant 2$, 则 $\kappa = 1$.

n 维代数簇的小平维数取 $-\infty, 0, 1, \cdots, n$ 中的任一值. 有理簇是 $\kappa =$

$-\infty$ 的代表性的例子. 使 $\kappa = 0$ 成立的有椭圆曲线、K3 曲面、阿贝尔簇、卡拉比–丘流形等, 不管哪一个都是重要的代数簇. 当 $\kappa = n$ 时, X 被称作一般型 (general type). 这个所谓的"一般"强调的是"其他"的意思, 也就是说可以把形形色色的簇划归到这里.

研究小平维数时重要的是研究中间维数的情形, 即 $0 < \kappa(X) < \dim X$ 的情形. 这时 X 具有以下所述的代数纤维空间 (algebraic fiber space) 的结构: 存在与 X 双有理等价的光滑射影代数簇 X', 维数与 $\kappa(X)$ 相同的光滑射影代数簇 Y, 以及态射 $f: X' \to Y$, 这里 f 是满射并具有连通的纤维, 一般的纤维 X'_y 的小平维数是 0. 通常满射且具有连通纤维的态射被称作代数纤维空间. 这样对 X 的结构的研究最终归结为 κ 为 0 的代数簇的研究及其形变以及退化的研究. 正是对后者的研究引出了作为连续分类的模空间的研究.

例 8.9 下面讨论 $\kappa = 1$ 的光滑射影代数曲面. 这时, $f: X \to Y$ 的一般纤维是椭圆曲线, 所以 X 被称作椭圆曲面 (elliptic surface). 椭圆曲面的研究占据了小平曲面理论的重要部分, 其中比较著名的是退化纤维的完全分类、小平典范丛公式等.

对于非正则度不为零的光滑射影代数簇, 按下述方式定义的阿尔巴内塞映射 (Albanese map) $\alpha_X : X \to \mathrm{Alb}(X)$ 也是重要的双有理不变量. 取 $H^0(X, \mathbf{T}^*_X)$ 的基底 $\omega_1, \cdots, \omega_q$, 再在 X 上任意固定基点 x_0, 选择以 x_0 为起点和终点的闭路 $L_1, \cdots, L_{2q}$, 使其同调类成为 $H_1(X, \mathbf{Z})/$ torsion 的基底. 把 $(q, 2q)$-矩阵 $P = \left[\int_{L_j} \omega_i\right]$ 称作周期积分 (period integral). 阿尔巴内塞环面由下式定义

$$\mathrm{Alb}(X) = \mathbf{C}^q / P\mathbf{Z}^{2q}.$$

用线积分

$$\alpha_X(x) = \left(\int_{x_0}^{x} \omega_i\right)$$

定义阿尔巴内塞映射 $\alpha_X : X \to \mathrm{Alb}(X)$. 根据从 x_0 到 x 的路径的选取方法不同, 虽然积分的值也有所不同, 但其差被 $P\mathbf{Z}^{2q}$ 所吸收.

虽说 $\mathrm{Alb}(X)$ 在拓扑结构上与高维环面 $(S^1)^{2q}$ 同构, 但我们知道它是被称作阿贝尔簇 (abelian variety) 的代数簇. 现在对阿贝尔簇的模空间的研究取得了很好的成果.

8.8 极小模型

对一维代数簇而言, 光滑射影双有理模型只有一个, 但是到了二维以上变得稍稍有些复杂. 例如, 在光滑射影 n 维代数簇 X 中, 讨论让点 $x \in X$ 胀开的映射 $f: Y \to X$. Y 再次成为光滑射影代数簇, $E = f^{-1}(x)$ 与 $n-1$ 维射影空间同构, f 则诱导出从 $Y \backslash E$ 到 $X \backslash \{x\}$ 的同构. E 被称作胀开 f 的例外除子 (exceptional divisor). 这时, E 的法丛 $\mathbf{N}_{E/X} = (\mathbf{T}_X|_E)/\mathbf{T}_E$ 变成次数为 -1 的线丛.

代数簇的胀开将伴随着典范除子的增大, 下面做简单说明. 当取 x 周围的局部坐标 $(x_1, \cdots, x_n)$ 时, 设 E 上的点 $[1:0:\cdots:0]$ 周围的局部坐标为 $(y_1, \cdots, y_n)$, 这样可以取 $y_1 = x_1$, $y_i = x_i/x_1 (i = 2, \cdots, n)$, 此时因为有

$$f^*(\mathrm{d}x_1 \wedge \cdots \wedge \mathrm{d}x_n) = y_1^{n-1}\mathrm{d}y_1 \wedge \cdots \wedge \mathrm{d}y_n$$

成立, 所以如果把 X 上的有理典范型拉回到 Y, 则除了 X 上的零点的拉回以外, E 上还会有 $n-1$ 阶零点. 用典范除子式的语言来表达可记作 $K_Y = f^*K_X + (n-1)E$. 也就是说由此知道了 "胀开使典范除子增大" 这一事实.

所谓极小模型理论相当于上述操作的逆操作, 也就是把典范除子变为极小.

下面讨论二维 X 的情形. 胀开的例外除子 E 的自交数 (self-intersection number) 为 -1. 自交数这个说法听起来有点怪, 其意思是当把 E 的同调类表示为 $[E] \in H_2(Y, \mathbf{Z})$ 的形式时, 其拓扑几何学意义的相交数 $[E] \cap [E] \in H_0(Y, \mathbf{Z})$ 是 -1. 这个现象与 E 的法丛的次数为 -1 相对应.

一般来说, 在光滑射影代数曲面上, 把与 $\mathbf{P}^1$ 同构且自交数为 -1 的曲线称作 (-1) 曲线((-1)-curve). 下面介绍代数曲面理论中的基本定理 Castelnuovo 压缩定理 (Castelnuovo's contraction theorem).

定理 8.2 给定光滑射影代数曲面 Y 及 Y 上的 (-1) 曲线 E, 存在另一个光滑射影代数曲面 X 和双有理态射 $f: Y \to X$, $x = f(E)$ 是 X 上的点, f 与以 $x \in X$ 为中心的胀开一致.

把没有 (-1) 曲线的光滑射影代数曲面称作极小模型 (minimal model), 实际上就是极小双有理模型的意思. 当给定任意的光滑射影代数曲面时, 通过有限次适用 Castelnuovo 压缩定理, 最终可达到极小模型. 因为极小模型是在压缩曲线后得到的, 所以虽然其几何学上的意义也是极小, 但这里需要注意的关键点是典范除子同时也变成了极小.

小平维数为 $-\infty$ 的二维极小模型 X 已被完全分类, 要么与 $\mathbf{P}^2$ 同构, 要

么与光滑射影代数曲线 C 上的 $\mathbf{P}^1$ 丛 (直纹面) 同构. 而且 X 的双有理等价类与 C 的同构类一一对应. 特别是如果 C 与 $\mathbf{P}^1$ 同构, 则 X 与 $\mathbf{P}^2$ 双有理等价. 例 8.5 中的曲面 V 的闭包也是 $\mathbf{P}^1$ 上的 $\mathbf{P}^1$ 丛.

另一方面, 小平维数为 0 或正数的二维极小模型具有非常好的性质. 首先, 对于各个双有理等价类, 极小模型除同构外只有一个. 这样一来, "双有理几何" 可以归结到 "双全纯几何".

还有一个更重要的性质, 那就是典范除子在以下的意义上数值为正数 (numerically effective). 任意 X 上的曲线 (一维子簇) C 与典范除子 K_X 的相交数为正数或 0: $(K_X, C) \geqslant 0$. 这里, 如果 $K_X = \sum d_i D_i$, 则相交数由公式 $(K_X, C) = \sum d_i (D_i, C)$ 定义. 曲线间的相交数在拓扑意义上由上积定义.

例 8.10 小平维数为 0 的二维极小模型被分类成 K3 曲面、恩里克斯曲面、阿贝尔曲面及超椭圆曲面. 小平维数为 1 的二维极小模型是椭圆曲面. 根据上述说法, 小平维数为 2 的二维极小模型被称作一般型.

8.9 三维以上极小模型理论

三维以上代数簇极小模型理论中开始出现奇点.

例 8.11 讨论以 $\widetilde{X} = \mathbf{C}^n$ 的原点为中心的胀开 $\widetilde{f} : \widetilde{Y} \to \widetilde{X}$, 用群 $G = \mathbf{Z}/(m)$ 去除胀开, 观察下列图解:

$$\begin{array}{ccc} Y & \longleftarrow & \widetilde{Y} \\ {\scriptstyle f}\downarrow & & \downarrow{\scriptstyle \widetilde{f}} \\ X & \longleftarrow & \widetilde{X} \end{array}$$

这里, 当把 $(\widetilde{x}_1, \cdots, \widetilde{x}_n)$ 取作 $\widetilde{X}$ 的局部坐标时, G 依下式 $\widetilde{x}_i \mapsto \mathrm{e}^{2\pi\sqrt{-1}/m}\widetilde{x}_i$ 作用, 令 $X = \widetilde{X}/G$. G 的作用显现到 $\widetilde{Y}$ 上, 令 $Y = \widetilde{Y}/G$. 设 $f, \widetilde{f}$ 的例外除子为 $E, \widetilde{E}$, 则 $f, \widetilde{f}$ 分别是把 $E, \widetilde{E}$ 压缩为一点的态射. 由于 $\widetilde{E}$ 在 G 的作用下是不变的, 所以有 $E \cong \widetilde{E} \cong \mathbf{P}^{n-1}$. 又因为 $\widetilde{E}$ 的法丛 $\mathbf{N}_{\widetilde{E}/\widetilde{Y}}$ 是次数为 -1 的线丛, 所以 E 的法丛 $\mathbf{N}_{E/Y}$ 是次数为 $-m$ 的线丛.

X 上的全纯函数是 $\widetilde{X}$ 上的全纯函数, 与 G-不变量一致. $\widetilde{X}$ 上的全纯函数全体构成的环与多项式环 $\mathbf{C}[\widetilde{x}_1, \cdots, \widetilde{x}_n]$ 一致, X 上的全纯函数全体构成的子环由次数能被 m 整除的齐次函数生成, 因此除了 $m = 1$ 的情形外, X 有奇点.

下面我们来推导 X, Y 的典范除子间的关系式. $\widetilde{E}$ 上一个点的 $\widetilde{Y}$ 的局部坐标 $(\widetilde{y}_1, \cdots, \widetilde{y}_n)$ 由 $\widetilde{y}_1 = \widetilde{x}_1$, $\widetilde{y}_i = \widetilde{x}_i/\widetilde{x}_1 (i = 2, \cdots, n)$ 给出, 这样

就可推导出 $\widetilde{X},\widetilde{Y}$ 的典范除子间的关系式 $K_{\widetilde{Y}} = \widetilde{f}^*K_{\widetilde{X}} + (n-1)\widetilde{E}$. 由于 $(\mathrm{d}x_1 \wedge \cdots \wedge \mathrm{d}x_n)^{\otimes m}$ 是 G-不变量, 所以是 mK_X 的截面. 另一方面, Y 的局部坐标 $(y_1,\cdots,y_n)$ 由 $y_1 = \widetilde{y}_1^m$, $y_i = \widetilde{y}_i(i=2,\cdots,n)$ 给出, 因此有 $mK_Y = f^*K_X + (n-m)E$, 即可得出

$$K_Y = f^*K_X + \left(\frac{n}{m} - 1\right)E.$$

这样一来, 若 $n > m$, 可知根据压缩映射 f 典范除子是减少的. 若 $m \geqslant 2$, 因为 X 有奇点, 如果把极小模型定义为典范除子极小, 可知必然会出现奇点.

三维以上与二维的情形不同, 有奇点的代数簇与光滑代数簇相比其典范除子有可能变小. 别看是"简单的"一句有可能变小, 但这一事实实际上是一个重要的发现. 通过以上介绍知道极小模型中必然会出现奇点, 把这个奇点称作终端奇点 (terminal singularity). 三维的终端奇点已被完全分类, 在世界各国众多数学家的努力下, 证明了以下定理.

定理 8.3 对任意的三维光滑射影代数簇 X, 存在一个使典范除子慢慢减少的双有理映射过程, 也就是极小模型纲领 (minimal model program). 经过有限次的处理过程后, 存在具有终端奇点的双有理模型 X' 和到另一个射影代数簇的满射且具有连通纤维的态射 $f: X' \to Y$, 使得以下中的某一个成立:

(1) 小平维数为 $-\infty$ 的情形: $\dim Y \leqslant 2$, f 的纤维被有理曲线 (rational curve) (与 $\mathbf{P}^1$ 双有理等价的代数曲线) 族覆盖, f 被称作森纤维空间 (Mori fiber space).

(2) 小平维数为正数或 0 的情形: 存在正整数 m, 线丛 $\mathbf{K}_X^{\otimes m}$ 是 Y 上的丰富线丛 (ample line bundle) (与射影空间的嵌入对应的线丛) 的拉回. f 被称作饭高纤维空间 (Iitaka fiber space).

极小模型存在定理堪称代数簇分类的出发点. 不仅如此, 在研究极小模型的过程中, 还取得了大量关于代数簇结构方面的成果.

在三维以上的情况下一个双有理等价类中可能存在多个极小模型, 它们通过被称作 flop的操作连接在一起, 可以猜想其个数充其量是有限个.

8.10 半正定性定理与小平维数的可加性

代数纤维空间具有所谓"半正定性"这一特有的性质. 虽然拓扑流形的方向是可逆的, 但由于代数簇有自然的方向, 所以符号上会出现偏离. 例如, 由退化的代数曲线的形变族可知, 退化纤维中出现的代数曲线的亏格总是比一般纤维的亏格要小, 也可以把这个认为是半正定性的一种表现.

虽然半正定性尚是一个发展中的概念, 但也有了一些定理, 例如:

定理 8.4 对于既是光滑射影代数簇间的满射又具有连通纤维的态射 $f: X \to Y$, X, Y 上分别有正规交叉除子 B, C, 设 f 的限制 $X \backslash B \to Y \backslash C$ 是光滑射影代数簇的形变族, 这时典范除子的差的正像层 $f_* \mathcal{O}_X(K_X + B - f^*(K_Y + C))$ 是半正定向量丛.

因为半正定性定理很好地揭示出了代数簇的性质, 所以其更广泛的应用被人们寄予厚望, 小平维数的可加性 (饭高猜想) 便是其重要的应用:

定理 8.5 对于既是光滑射影代数簇间的满射又具有连通纤维的态射 $f: X \to Y$, 假定 $\dim X - \dim Y \leqslant 3$, 这时不等式 $\kappa(X) \geqslant \kappa(Y) + \kappa(X_y)$ 成立. 这里 X_y 是 f 的一般纤维.

定理中之所以对维数进行假定, 是因为极小模型理论只完成到三维. 由于受篇幅限制本次就讲这些内容, 在此向有兴趣的人推荐以下参考文献.

// 参考书 //

[1] 小平邦彦《复流形与复结构的形变 I》东京大学数理科学讲义 (1968 年)
这是数学大家的生动的讲义实录, 能令人切身地感受到什么是复流形. Web 上已经公开发表.

[2] Ueno Kenji, *Algebraic Varieties and Compact Complex Spaces*, Lecture Notes in Mathematics, Springer(1975)
曾经是关于代数簇分类的经典著作.

[3] Robin Hartshorne, *Algebraic Geometry*, Springer(1997): 日语译本《代数几何学 1,2,3》(高桥宣能, 松下大介译), 丸善出版 (2012 年)
代数几何学的标准教科书.

[4] 川又雄二郎《高维代数簇理论》岩波书店 (2014 年)
主要讲解极小模型理论, 也有半正定性定理方面的介绍.

第九讲　代数几何

——奇点解消的弧空间方法

石井志保子

所谓代数簇是指多项式零点的集合, 通常既有光滑的点, 也有尖点或自己与自己交叉的奇点. 本讲的主题就是介绍如何利用弧空间 (arc space)、jet 空间 (jet scheme) 去理解奇点, 从奇点的定义出发, 直观地捕捉奇点解消, 概括地介绍弧空间在其中发挥的作用.

9.1　代数簇的奇点

代数簇中出现奇点这一现象, 不管什么时候都是代数几何学的麻烦. 一旦有了奇点就会引起各种不适, 最终会使代数簇不再具有漂亮的性质. 为此前人都是在假定非奇异的前提下研究代数簇, 并取得了大量的研究成果. 然而在讨论各式各样的问题时, 如果只讨论非奇异代数簇, 那么一些理论就无法完美收官. 如果允许在某种奇点的范畴内考虑问题则会更加合理, 而且很多问题会出现解决的希望. 随着时间的推移, 经常可以看到上述类似的观点. 就是在这种不得已的情形下人们开始挑战奇点, 在逐渐了解奇点的各种奥妙后, 结果奇点自身反而变成了非常有意义的研究对象.

下面先从奇点的定义开始讲起. 话虽如此, 但在数学上通常有这么一种现象, 即最初只是有一个印象, 到后来才渐渐地构筑起严密的定义. 在这里我们也按照这个顺序来“推导”奇点的定义.

所谓域 k 上的代数簇 (algebraic variety) 是指具有 $(x_1, x_2, \cdots, x_n)$ 坐标

的 k^n 中的有限个方程式

$$f_1(x_1,x_2,\cdots,x_n)=0, f_2(x_1,x_2,\cdots,x_n)=0,\cdots,f_r(x_1,x_2,\cdots,x_n)=0$$

的解 $(x_1,x_2,\cdots,x_n)$ 的全体构成的集合. 式中, $f_i\in k[x_1,x_2,\cdots,x_n](i=1,\cdots,r)$, 把这个集合记作 $Z(f_1,\cdots,f_r)$. 这个集合与 $f_1,\cdots,f_r$ 的取法无关, 只取决于由它们生成的理想的根 $\sqrt{(f_1,\cdots,f_r)}$. 把这个根理想记作 I_X, 称作 X 的 k^n 中的定义理想, 这时也写作 $X=Z(I_X)$.

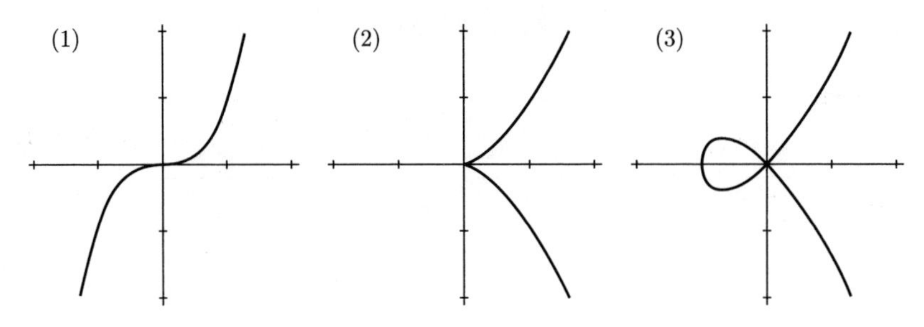

图 9.1　(1) $X=Z(x_2-x_1^3)$, (2) $Y=Z(x_2^2-x_1^3)$, (3) $W=Z(x_2^2-x_1^2-x_1^3)$

另外把这些 $Z(f_1,\cdots,f_r)$ 黏合起来也称作代数簇, 特别地把 $Z(f_1,\cdots,f_r)\subset k^n$ 称作仿射簇 (affine variety). 为简单起见, 设 $k=\mathbb{R},n=2$, 让我们讨论图 9.1 所示的三个情形: (1) $X=Z(x_2-x_1^3)$, (2)$Y=Z(x_2^2-x_1^3)$, (3) $W=Z(x_2^2-x_1^2-x_1^3)$.

由这些图可以看出, (1) 中所有的点都是光滑的, (2) 和 (3) 的原点都不是光滑的, 所以是所谓“奇异的点”. 对这种现象该如何从数学上赋予其特征呢?

首先我们知道图中的所有光滑的点只存在一条切线, 因此先给出如下的定义.

定义 9.1　对于曲线 $X\subset\mathbb{R}^2$ 及曲线上的点 $P=(a,b)$, 当位于点 P 的 X 的切线确定只有一条时, 就称 X 在 P 点是光滑的 (smooth) 或非奇异的 (non-singular), 有时也使用“P 是 X 的非奇点”的说法.

定义 9.2　对于曲线 $X\subset\mathbb{R}^2$ 及曲线上的点 $P=(a,b)$, 当 P 不是 X 的非奇点时, 称“P 是 X 的奇点”.

直观上这个定义与几何学相吻合, 这是非常好的一面. 遗憾的是如果不画出图形的话, 就无法知道这个点是否是奇点. 可是图形毕竟只能覆盖有限的范围, 不可能求出所有的奇点. 因此就要考虑从数学意义上稍微改写一下这个定义.

为简单起见, 把 $P=(a,b)\in X\subset\mathbb{R}^2$ 通过坐标变换移动到 $P=(0,0)$ 后

再进行讨论. 那么这时所谓通过原点 $P=(0,0)$ 的直线 $l(x,y)=mx+ny=0(m,n\in\mathbb{R})$ 在曲线 $X=Z(f)$ 上的点 $P=(0,0)$ 处相切意味着什么呢? 下面用高中生水平的知识进行讨论.

定义 9.3 $\left\{\begin{array}{l} l(x,y)=0 \\ f(x,y)=0 \end{array}\right\}$ 具有 $x=0,y=0$ 的重根时, 就表示 "直线 l 与曲线 X 在点 $(0,0)$ 处相切". 这时也可以说成是 "l 是 X 在 $(0,0)$ 点的切线 (tangent line)".

根据这个定义, (3) 的原点看起来存在分别由 $x\pm y=0$ 给出的 "两条" 切线, 所以当然是奇点. 但是根据上述切线的定义可知, 通过原点的直线都是切线, (2) 的原点看起来只有 $y=0$ 这条唯一的切线, 但是仍然要注意 "根据定义 9.3 通过原点的直线都是切线" 这一结论.

那么, $P=(0,0)$ 什么时候是奇点呢? 我们来关注方程式 $f(x,y)$ 的形式. 因为 $(0,0)$ 在 $X=Z(f)$ 上, 所以必须有 $f(0,0)=0$. 即把多项式 $f(x,y)\in\mathbb{R}[x,y]$ 按升幂顺序表示时常数项是 0, 所以其可表示成如下形式:

$$f(x,y)=\alpha x+\beta y+\{\text{关于 } x,y \text{ 的 2 次以上的项}\}$$

(式中, $\alpha,\beta\in\mathbb{R}$). 此时下述定理成立.

定理 9.1 下述两项等价.

(i) X 的 $(0,0)$ 点是奇点.

(ii) $\alpha=\beta=0$.

证明 首先假定 $\alpha=\beta=0$, 然后讨论通过原点的任意直线 $l(x,y)=mx+ny=0$. 因为是直线, 所以要么 $m\neq 0$, 要么 $n\neq 0$, 因此下面假定 $n\neq 0$ 并不失一般性. 直线 l 与 X 的交点的 x 坐标可以通过把 $y=-\dfrac{m}{n}x$ 代入下式

$$f(x,y)=\alpha x+\beta y+\{\text{关于 } x,y \text{ 的 2 次以上的项}\}$$

得到. 但是由于 $f(x,-\dfrac{m}{n}x)=x^2g(x)=0$, 所以 $x=0$ 是重根. 因此根据定义 9.3, 任意的直线 l 是 X 原点的切线, 因而原点是 X 的奇点.

反过来设 α,β 中有一个不为 0, 直线 $l(x,y)=mx+ny=0$ 是原点的 X 的任意切线. 与前面一样设 $n\neq 0$, 将 $y=-\dfrac{m}{n}x$ 代入 $f(x,y)$ 中, 得出:

$$\begin{aligned} f(x,-\frac{m}{n}x) &= (\alpha x-\frac{m}{n}\beta x+\{\text{关于 } x \text{ 的 2 次以上的项}\}) \\ &= x(\alpha-\frac{m}{n}\beta+\{\text{关于 } x \text{ 的 1 次以上的项}\}). \end{aligned}$$

这里因为 l 是切线, 所以 $\alpha-\dfrac{m}{n}\beta=0$, 即必须有 $m:n=\alpha:\beta$ 成立. 这意味着切线 l 是唯一的.

由此不难理解下述结论.

推论 9.1　对于由 $f(x,y)=0$ 定义的曲线 $X\subset\mathbb{R}^2$ 上的点 (a,b), 下述两项等价.

(i) X 的点 (a,b) 是奇点.

(ii) $\dfrac{\partial f}{\partial x}(a,b)=\dfrac{\partial f}{\partial y}(a,b)=0$.

证明　请注意在定理中规定的符号的前提下, $\alpha=\dfrac{\partial f}{\partial x}(0,0), \beta=\dfrac{\partial f}{\partial y}(0,0)$. 如果把坐标还原, 就可证明 (i) 与 (ii) 的等价性.

到目前为止讨论了二维实空间中的曲线 (即一维实流形), 下面从更一般的角度将 $\mathbb{R}$ 换成域 k 进行讨论. 因为把代数闭域作为域 k 来讨论更方便一些, 所以以后都按这个假定进行讨论. 这里先做如下定义: 对 N 维 k 上空间中的 n 维流形, 当不能在其中的某点上唯一确定 n 维切空间时, 那这个点就是奇点. 有了这个定义, 特别是在 $n=N-1$ 的情况下, 与二维空间中的曲线情形一样可得出如下定理.

定理 9.2　对 $n=N-1$ 维流形 $X=Z(f)$, 以下两项等价.

(i) $(a_1,a_2,\cdots,a_N)\in X\subset k^N$ 是奇点.

(ii) $\dfrac{\partial f}{\partial x_1}(a_1,a_2,\cdots,a_N)=\cdots=\dfrac{\partial f}{\partial x_n}(a_1,a_2,\cdots,a_N)=0$.

当方程式的个数比较多时, 可按如下方式扩张.

定理 9.3　对由 r 个多项式 $f_1,\cdots,f_r$ 定义的 n 维流形 $X\subset k^N$ 和 X 上的点, 以下两项等价.

(i) X 的点 $(a_1,a_2,\cdots,a_N)$ 在 $X\subset k^N$ 中是奇点.

(ii) $$\operatorname{rank}\begin{pmatrix}\dfrac{\partial f_1}{\partial x_1}(a_1,a_2,\cdots,a_N) & \cdots\cdots & \dfrac{\partial f_1}{\partial x_N}(a_1,a_2,\cdots,a_N)\\ \vdots & & \vdots\\ \vdots & & \vdots\\ \dfrac{\partial f_r}{\partial x_1}(a_1,a_2,\cdots,a_N) & \cdots\cdots & \dfrac{\partial f_r}{\partial x_N}(a_1,a_2,\cdots,a_N)\end{pmatrix}<N-n.$$

这里对 (ii) 中的不等式符号做一下说明, 一般来说带等号的不等式 $\leqslant$ 是成立的, 之所以去掉等号, 意思是等号 $=$ 成立的点就是非奇点.

定义 9.4　上述定理中 (ii) 的矩阵 (称作雅可比矩阵) 的次数为 $N-n$ 的小矩阵生成的理想是 $J\subset k[x_1,\cdots,x_n]$, 与其对应的商环 $A(X)=k[x_1,\cdots,x_n]/I_X$ 称作 X 的雅可比理想 (Jacobi ideal), 用 $\mathcal{J}_X$ 表示.

9.2 代数簇上的全纯函数

到目前为止出现的代数簇都是定义为 k^n 中的多项式的零点. 下面我们讨论这些作为多项式零点的 k^n 的子集全体, 记作 $\mathcal{Z}$. 这样一来可知有下列性质成立.

(1) $\emptyset, k^n \in \mathcal{Z}$;

(2) 如果 $Z_1, Z_2 \in \mathcal{Z}$, 那么 $Z_1 \cup Z_2 \in \mathcal{Z}$;

(3) 对任意的下标 $i \in I$, 当 $Z_i \in \mathcal{Z}$ 时, 有 $\bigcap_{i\in I} Z_i \in \mathcal{Z}$ 成立.

这意味着 Z 满足闭集的公理. 根据这一性质, 可以在 k^n 上定义拓扑结构, 称这个拓扑结构为 Zariski 拓扑结构 (Zariski topology). 接下来考虑把从 k^n 的拓扑结构能够自然导入的拓扑结构放进任意的 k^n 代数空间 X 中, 这个拓扑结构也被称作 X 的 Zariski 拓扑结构. 至此, 确定了作为拓扑空间的代数簇的概念, 但是平时提到代数簇时通常也把代数簇上的“全纯函数”包括在内.

为了对代数簇上的全纯函数进行说明, 首先要考虑 k^n 上的全纯函数. 多项式环 $k[x_1, \cdots, x_n]$ 的元素自然可看作 k^n 上的函数, 把它称作 k^n 上的全纯函数 (regular function). 如果把这个函数限制在 k^n 的代数簇 X 上, 那么仍然可看作 X 上的函数. 但是容易发生这种情况, 即作为 $k[x_1, \cdots, x_n]$ 的元素即使互不相同, 但作为 X 上的函数却是一致的. 例如, 当 $f, g \in k[x_1, \cdots, x_n]$ 满足 $f - g \in I_X$ 时, f 和 g 作为 X 上的函数是相同的. 因此, 把 $A(X) := k[x_1, \cdots, x_n]/I_X$ 称作 X 的仿射坐标环 (affine coordinate ring), 把这个元素称作 X 上的全纯函数. 一般讨论仿射簇 X 时总是也包括 X 上的全纯函数.

定义 9.5 设 X, Y 为仿射簇, $\varphi : Y \to X$ 是关于 Zariski 拓扑结构的连续映射. 对 X 上的任意全纯函数 $f : X \to k$, 当复合映射 $f \circ \varphi : Y \to k$ 是 Y 上的全纯函数时, 把 φ 称作仿射簇的态射 (morphism).

把从 φ 导入的映射

$$A(X) \to A(Y); f \mapsto f \circ \varphi$$

记作 φ^*, 显然它是 k-代数的同态.

设 X, Y 为代数簇, $\varphi : Y \to X$ 是关于 Zariski 拓扑结构的连续映射, 存在 X, Y 的仿射开覆盖 $\{X_j\}, \{Y_i\}$, 对任意的 i, 存在适当的 j, 当限制映射 $\varphi|_{Y_i} : Y_i \to X_j$ 是仿射簇的态射时, 称 φ 为代数簇的态射 (morphism of algebraic varieties).

当代数簇的态射 $\varphi : Y \to X$ 是双射, 并且逆映射也是态射时, 把这

称作同构映射 (isomorphism). 当存在同构映射时, 就说 X 与 Y 是同构的 (isomorphic).

下面的定理众所周知, 本讲中将会频繁使用.

定理 9.4 对两个仿射簇 X,Y, 下面两项等价.

(1) X 与 Y 同构.

(2) 仿射坐标环 $A(Y)$ 与 $A(X)$ 同构.

由此可知, 仿射簇的结构是由仿射坐标环这一代数信息决定的. 例如, $A(X)$ 是正规环, 即是一个整环, 当在商域中具有整闭的性质时, 称 X 为正规簇 (normal variety). 正规簇具有如下几何学意义上的显著性质.

命题 9.1 设 X 为正规簇, 则其奇点的集合 $\mathrm{Sing}(X)$ 的维数满足 $\dim \mathrm{Sing}(X) \leqslant \dim X - 2$.

再来看看在态射中发挥着重要作用的双有理态射.

定义 9.6 所谓代数簇的态射 $\varphi: Y \to X$ 是双有理态射 (birational morphism) 是指存在非空开集 $U \subset Y$, $V \subset X$, 使得收缩映射 $\varphi|_U : U \to V$ 是同构的.

定义 9.7 所谓 E 是 X 上的除子是指存在一个从正规簇 Y 到 X 的双有理态射 $\varphi: Y \to X$, 其中 $E \subset Y$ 是余维为 1 的闭子簇. 特别地, 因为 Y 是正规的, 所以如果将 Y 替换成合适的仿射开集, 可以用一个全纯函数的零点来定义 E. 当这个全纯函数不可约时, 称 E 是 X 上的素除子 (prime divisor over X).

9.3 微分模与标准模

定义 9.8 设仿射簇 X 的仿射坐标环为 $A := A(X)$. 对任意元素 $f \in A$ 考虑符号 $\mathrm{d}f$, 在 A 上由 $\mathrm{d}f (f \in A)$ 生成的自由 A-模 $\mathcal{M}$ 中, 设

$$\mathrm{d}(f+g) - \mathrm{d}f - \mathrm{d}g \quad (f, g \in A),$$

$$\mathrm{d}(fg) - f\mathrm{d}g - g\mathrm{d}f \quad (f, g \in A),$$

$$\mathrm{d}a \quad (a \in k)$$

形式的元素生成的子模为 $\mathcal{N}$. 这时把关于 X 的 k 中的微分模 (differential module) 定义为:

$$\Omega_{X/k} = \mathcal{M}/\mathcal{N}.$$

从上述定义可知下式显然成立:

$$\mathrm{d}(f+g)=\mathrm{d}f+\mathrm{d}g \quad (f,g\in A),$$

$$\mathrm{d}(fg)=f\mathrm{d}g+g\mathrm{d}f \quad (f,g\in A),$$

$$\mathrm{d}a=0 \quad (a\in k).$$

第二个公式被称作莱布尼茨法则.

例 9.1 对 $X=k^n$ 即 $A=A(X)=k[x_1,\cdots,x_n]$, 令

$$\Omega_{X/k}=\bigoplus_{i=1}^{n}A\ \mathrm{d}x_i,$$

也就是说 $\Omega_{X/k}$ 是由 $\mathrm{d}x_i$ $(i=1,\cdots,n)$ 生成的自由 A-模. 实际上对任意的

$$\mathrm{d}f=\mathrm{d}(\sum a_{e_1,\cdots,e_n}x_1^{e_1}\cdots x_n^{e_n}),$$

反复对公式右侧运用莱布尼茨法则, 可以变成 $\mathrm{d}f=\sum\limits_{i=1}^{n}f_i\ \mathrm{d}x_i$ 的形式.

还有更一般化的下述定理成立.

定理 9.5 对 n 维代数簇 X 上的点 $x\in X$, 以下两项等价.

(1) X 在点 x 非奇异.

(2) 存在 x 的仿射开邻域 $U\subset X$, $\Omega_{U/k}$ 是秩为 n 的自由 $A(U)$-模.

对 n 维非奇异仿射簇 X, 当 $\Omega_{X/k}$ 是秩为 n 的自由 $A(X)$-模时, 有 $\wedge^n\Omega_{X/k}\simeq A(X)$ 成立.

设 $\varphi:Y\to X$ 是仿射簇的态射, 可得出 $A(Y)$-模的同态

$$A(Y)\otimes_{A(X)}\Omega_{X/k}\to\Omega_{Y/k};1\otimes\mathrm{d}f\mapsto\mathrm{d}\varphi^*f.$$

从而关于任意自然数 n, 通过外积运算可得映射:

$$A(Y)\otimes_{A(X)}(\wedge^n\Omega_{X/k})\to\wedge^n\Omega_{Y/k}. \tag{9.1}$$

特别是当 Y 是 n 维非奇、$\Omega_{Y/k}$ 是自由 $A(Y)$-模的情形时, 映射 (9.1) 的最后一项与 $A(Y)$ 同构, 因此可得映射:

$$\mathrm{d}\varphi:A(Y)\otimes_{A(X)}(\wedge^n\Omega_{X/k})\to A(Y). \tag{9.2}$$

把这个像 $I_{Y/X}\subset A(Y)$ 称作 Mather 理想 (Mather ideal).

9.4 Mather-Jacobian 偏差

设 E 是 X 上的素除子. 如果利用能使 E 出现的双有理态射 $f:Y\to X$, 这时因为 Y 在 E 的一般点上是非奇的, 所以在仿射开集 U 中有 $E\cap U\neq\emptyset$, $\wedge^n\Omega_{U/k}\simeq A(U)$ 成立. 如果重新取充分小的 U, 根据全纯函数 h, E 在 U 上可表示为 $h=0$. 上一节结尾处定义的 Mather 理想可表示为 $I_{U/X}=h^eI'$, 这里 I' 是满足 $I'\notin(h)$ 的理想, 把此处的 e 写作 $\mathrm{ord}_E I_{Y/X}$, 被称作 E 上的 Mather 偏差 (Mather discrepancy).

另一方面, 对于 X 的雅可比理想 $\mathcal{J}_X$, 可用 h 表示为 $\mathcal{J}_XA(U)=h^mJ'$. 这里 J' 是满足 $J'\not\subset(h)$ 的理想, 把此处的 m 写作 $\mathrm{ord}_E\,J_{Y/X}$, 被称作 E 上的雅可比偏差 (Jacobian discrepancy). 把下式

$$a_{\mathrm{MJ}}(E;X):=\mathrm{ord}_E\,I_{Y/X}-\mathrm{ord}_E\,J_{Y/X}+1$$

称作 Mather-Jacobian 对数偏差 (Mather-Jacobian log discrepancy, 简称 MJ-log discrepancy).

(这里对已经了解通常的偏差的各位做一下解释. 通常在定义对数偏差时将其定义成 $K_{Y/X}$, 而在这里替换成了 $\mathrm{ord}_E\,I_{Y/X}-\mathrm{ord}_E\,J_{Y/X}$. 从定义也能看出, 即使 X 不是正规的, 或者不是 $\mathbb{Q}$-Gorenstein 也能够定义. 为了定义通常的偏差这两个条件是必需的.) 对于 X 上的任意素除子 E, 当 $a_{\mathrm{MJ}}(E;X)\geqslant 1$ 时, 称 X 有 MJ-典范奇点 (MJ-canonical singularities), 当 $a_{\mathrm{MJ}}(E;X)\geqslant 0$ 时, 称 X 有 MJ-对数典范奇点 (MJ-log canonical singularities).

接下来以下列方式定义最小 MJ-对数偏差:

$$\mathrm{mld}_{\mathrm{MJ}}(x;X):=\inf\{a_{\mathrm{MJ}}(E;X)\mid E\text{是 }X\text{ 上的素除子}, f(E)=\{x\}\}.$$

上述关于偏差的定义看起来有些唐突和牵强, 实际上使用下一节将要亮相的弧空间语言能进行非常好的描述, 所以当学习了弧空间和双有理几何学后, 这是一个自然而然就能接触并理解的概念. 虽说这个概念是由笔者引入的, 但在同一个时期 De Fernex 和 Docampo 也引入了相同的概念. 看来这是一个任谁都能自然想到的概念吧!

例 9.2 (最小对数偏差 mld 是由通常的偏差引出并发展起来的, 下面是为已经了解这一过程的人们准备的例子.) 特别在 X 是正规且完全交的情形下, 因为 $K_{Y/X}=\mathrm{ord}_E\,I_{Y/X}-\mathrm{ord}_E\,J_{Y/X}$, 所以有

$$\mathrm{mld}_{\mathrm{MJ}}(x;X)=\mathrm{mld}(x;X).$$

例 9.3 在具有 $(x_1, x_2, \cdots, x_{d+1})$ 坐标的 $d+1$ 维空间中, 当 X 是由 $x_1 \cdot x_2 = 0$ 定义的 d 维超曲面时, 位于原点 0 的最小 MJ-对数偏差是

$$\mathrm{mld}_{\mathrm{MJ}}(0; X) = d - 1.$$

9.5 jet 空间与弧空间

本讲开始时就说过我们的主题是利用弧空间、jet 空间来理解奇点, 因此本节的主要任务就是介绍这样一些空间. 据说最先提出这些概念的是约翰 • 福布斯 • 纳什 (John Forbes Nash). 在他 1968 年的预印本 "Arc structure of singularities" 中记载有这些想法及他提出的所谓 "纳什问题". 纳什因他的博弈论而名扬天下, 所以一般人认为他是一个经济学家, 但实际上他作为一个数学家做出了更了不起的业绩 (数学家们是这么认为的). 2015 年 5 月, 纳什获得了数学界最具权威的奖项之一阿贝尔奖. 对数学倾注了极大热情的纳什能够克服多年的精神疾病获奖, 这对于以弧空间为研究课题之一的笔者来说是一件发自内心非常高兴的事情. 然而令人悲痛的是他在奥斯陆参加完授奖仪式从机场返回家的路上遭遇车祸, 与陪伴自己多年的妻子一起撒手人间.

(西尔维娅 • 娜萨所著的《美丽心灵》一书对纳什的半生进行了详尽的描述.)

言归正传, 再回到数学的话题.

现在讨论通过 (x, y) 平面上的点 (a_0, b_0) 的曲线. 因为曲线是一维的, 所以用一个参数就能表示. 例如, $y = x^2$ 的二次曲线可用一个参数表示如下:

$$x = t + a_0, \quad y = b_0 + 2a_0 t + t^2.$$

对应于 $t = 0$ 的点是 (a_0, b_0).

那么 (x, y) 平面上的圆 $x^2 + y^2 = 1$ 是怎样的呢? 设 $(a_0, b_0) = (1, 0)$, 辐角 t 是参数, 这样就可用下述无穷级数表示,

$$x = \cos t = 1 - \frac{1}{2!}t^2 + \frac{1}{4!}t^4 - \cdots,$$
$$y = \sin t = t - \frac{1}{3!}t^3 + \frac{1}{5!}t^5 - \cdots.$$

一般来说把可表示成下述形式

$$x = \sum_{i=0}^{\infty} a_i t^i, \quad y = \sum_{i=0}^{\infty} b_i t^i$$

的曲线称作平面上的弧 (arc). 也许有人会在意其收敛半径, 但这里不把其收

敛性作为问题, 只纯粹地从代数意义上考虑上述形式幂级数. 这看起来难免让人觉得有些粗暴, 但从环理论角度来说这样做是合理的.

把这些弧用有限段 $i=m$ 截断成如下形式:

$$x=\sum_{i=0}^{m} a_i t^i, \quad y=\sum_{i=0}^{m} b_i t^i, \tag{9.3}$$

把它们称作 m-jet. 按照这个思路可把 X 的点看成 0-jet.

于是, 把 (x,y) 平面上的 m-jet 全体与 (9.3) 中给出的 m-jet 的所有系数以坐标形式排列成的 $(a_0,a_1,\cdots,a_m,b_0,b_1,\cdots,b_m)$ 对应起来, 就对应了一个 $2(m+1)$ 维空间. 同样具有坐标 $(x_1,x_2,\cdots,x_n)$ 的 n 维空间上的 m-jet 可表示如下:

$$x_1=\sum_{i_1=0}^{m} a_1^{(i_1)} t^{i_1}, \quad x_2=\sum_{i_2=0}^{m} a_2^{(i_2)} t^{i_2}, \cdots, \quad x_n=\sum_{i_n=0}^{m} a_n^{(i_n)} t^{i_n}, \tag{9.4}$$

通过把 (9.4) 中的 m-jet 与 $(a_1^{(i_1)},a_2^{(i_2)},\cdots,a_n^{(i_n)})$ $(0\leqslant i_1,i_2,\cdots,i_n\leqslant m)$ 对应起来, 则这些 m-jet 全体的集合对应着 $n(m+1)$ 维空间.

下面讨论由关于 $x_1,x_2,\cdots,x_n$ 的 r 个多项式定义的方程式 $f_1(x_1,x_2,\cdots,x_n)=0$, $f_2(x_1,x_2,\cdots,x_n)=0$, $\cdots$, $f_r(x_1,x_2,\cdots,x_n)=0$ 确定的代数簇 X. 虽然用 (9.4) 形式给出的 m-jet 是 n 维空间的 m-jet, 但为了让它是 X 上的 m-jet, 在方程式 $f_i(x_1,x_2,\cdots,x_n)$ 的各个变量 x_j 处代入 $\sum\limits_{i_j=0}^{m} a_j^{(i_j)} t^{i_j}$ 后的结果必须是 0. 所以必须满足下式:

$$\begin{aligned} &f_i\left(\sum_{i_1=0}^{m} a_1^{(i_1)} t^{i_1}, \sum_{i_2=0}^{m} a_2^{(i_2)} t^{i_2}, \cdots, \sum_{i_n=0}^{m} a_n^{(i_n)} t^{i_n}\right) \\ &= F_i^{(0)}(a_s^{(j)})+F_i^{(1)}(a_s^{(j)})t+F_i^{(2)}(a_s^{(j)})t^2+\cdots+F_i^{(m)}(a_s^{(j)})t^m=0. \end{aligned}$$

这里 $F_i^{(j)}$ 可用 $a_s^{(j)}$ 的多项式表示. 即 $a_s^{(j)}$ 不能自由地取值, 必须满足

$$F_i^{(j)}=0 \quad (i=1,\cdots,r, \quad j=0,1,\cdots,m).$$

这样, X 上的 m-jet 全体是 $n(m+1)$ 维空间中的代数簇, 把这个代数簇称作 X 的 m-jet 空间(m-jet scheme), 表示为 X_m. 同样 X 上的弧全体是无穷维的“代数簇”, 把这个代数簇称作 X 的弧空间 (arc space), 表示为 X_∞.

例 9.4 设 X 是由二维空间中的 $f(x,y)=x^2+y^3=0$ 定义的代数簇.

当 $m = 1, 2, 3$ 时, 试求其 m-jet 空间. 因为把 (9.1) 代入 f 中可表示为下式

$$\begin{aligned} & f\left(\sum_{i=0}^{m} a_i t^i, \sum_{i=0}^{m} b_i t^i\right) \\ & = F^{(0)}(a_s^{(j)}) + F^{(1)}(a_s^{(j)})t + F^{(2)}(a_s^{(j)})t^2 + \cdots + F^{(m)}(a_s^{(j)})t^m, \end{aligned}$$

所以 1-jet 空间是在具有坐标 (a_0, a_1, b_0, b_1) 的四维空间里由下述两个方程式

$$\begin{aligned} F^{(0)} &= a_0^2 + b_0^3 = 0, \\ F^{(1)} &= 2a_0 a_1 + 3b_0^2 b_1 = 0 \end{aligned}$$

定义的代数簇. 2-jet 空间是在具有坐标 $(a_0, a_1, a_2, b_0, b_1, b_2)$ 的六维空间里由上面的两个方程式再加上下列方程式

$$F^{(2)} = 2a_0 a_2 + a_1^2 + 3b_0^2 b_2 + 3b_0 b_1^2 = 0$$

定义的代数簇.

9.6 弧空间在最小 MJ-对数偏差方面的应用

关于从代数簇 X 的弧空间了解 X 的奇点的尝试, 可以说始于上节介绍的纳什 1968 年的预印本. 纳什在文章中提出如下问题, 即由通过奇点的弧形成的弧空间中的素除子与奇点解消的本质因子是一一对应的 (所谓纳什问题). 问题的最终结论在有条件的前提下是正确的, 而在一般情况下是不正确的. 虽然如此, 这个问题却成了弧空间在奇点理论和双有理几何学上应用的开端. 从那以后, 通过弧空间得到了很多关于 X 上的信息, 如确定了 X 的弧空间的某种不可约闭子集与 X 上的素除子 (设为 E) 对应, 后来又确定了其不可约闭子集的余维是 $\mathrm{ord}_E(I_{Y/X}) + 1$.

本节将集中介绍如何用 jet 空间的信息表示 $\mathrm{mld}_{\mathrm{MJ}}$. 对代数簇 X 与任意的 $m > n$ $(m, n \in \mathbb{Z}_{\geqslant 0})$, m-jet 空间 X_m 与 n-jet 空间之间根据级数的截断自然定义了截断态射 (truncation morphism) $\psi_{mn} : X_m \to X_n$. 下面的定理告诉我们使用 jet 空间能够计算 $\mathrm{mld}_{\mathrm{MJ}}$.

定理 9.6 对 d 维代数簇 X 的点 $x \in X$, 可用如下公式计算最小 MJ- 对数偏差 $\mathrm{mld}_{\mathrm{MJ}}(x; X)$:

$$\mathrm{mld}_{\mathrm{MJ}}(x; X) = \inf_m \{d(m+1) - \dim \psi_{m0}^{-1}(x)\}.$$

这里需要注意的是不管基域的特征值是什么, 定理始终是成立的. $\mathrm{mld}_{\mathrm{MJ}}$ 可用 m-jet 空间 X_m 到基底空间 $X = X_0$ 的截断态射生成的 x 的逆像的维数

表示. 定理中公式的一大难点是必须考虑 inf (即必须处理无穷个对象), 虽然如此但也有一个优点, 即不使用奇点解消就能够进行计算. 说起来 jet 空间毕竟是依附于 X 的存在, 所以没有必要在奇点解消上花功夫.

使用上述定理, 无疑可以解决下面 $\mathrm{mld}_{\mathrm{MJ}}$ 版本的 Shokurov 猜想.

推论 9.2　d 是 $\mathrm{mld}_{\mathrm{MJ}}(x;X)$ 的最大值, 只有在 (X,x) 是非奇异的情形时, $\mathrm{mld}_{\mathrm{MJ}}(x;X)=d$ 成立.

9.7　特征值为 0 时的 MJ-奇点

本节假定所有基域的特征值为 0. 在特征值为 0 的情形下, 使用上节中的定理 9.6 可以知道各种不同的结论. 特征值为 0 不仅能够保证奇点解消的存在, 还能保证强 Bertini 定理成立. 因为已经证明了上同调消没定理, 所以还能使用这些结论得出下述结果.

命题 9.2　($\mathrm{mld}_{\mathrm{MJ}}$ **的下半连续性**)

(1) 代数簇 X 上的函数

$$X \to \mathbb{Z} \cup \{-\infty\}, \quad x \mapsto \mathrm{mld}_{\mathrm{MJ}}(x;X)$$

是下半连续的. 即对任意的 $n \in \mathbb{Z}$, 集合 $\{x \in X \mid \mathrm{mld}_{\mathrm{MJ}}(x;X) \geqslant n\}$ 是开集.

(2) 设 $\pi: \mathcal{X} \to \Delta$ 是平坦态射, 取任意截面 $s: \Delta \to \mathcal{X}$, 函数

$$\Delta \to \mathbb{Z} \cup \{-\infty\}, \quad t \mapsto \mathrm{mld}_{\mathrm{MJ}}(s(t);\mathcal{X}_t)$$

是下半连续的. 这里把点 $t \in \Delta$ 的逆像表示为 $\mathcal{X}_t := \pi^{-1}(t)$.

命题 9.3　(MJ-**典范奇点**、MJ-**对数典范奇点的小形变不变性**)　设 $\pi: \mathcal{X} \to \Delta$ 是平坦态射, 某个 $0 \in \Delta$ 的逆像 $\mathcal{X}_0$ 至多有 MJ-典范奇点 (或 MJ-对数典范奇点). 于是, 如果把 π 限制在 $0 \in \Delta$ 的开邻域 D_0 内, 则对任意的 $t \in \Delta_0$, 其逆像 $\mathcal{X}_t$ 至多有 MJ-典范奇点 (或 MJ-对数典范奇点). 另外, $\mathcal{X}|_{D_0}$ 也有 MJ-典范奇点 (或 MJ-对数典范奇点).

命题 9.4　(**射影簇的一般超平面截面**)　设代数簇 X 嵌入在射影空间 $\mathbb{P}^N$ 中. 当 X 具有 MJ-典范奇点时, 对 $\mathbb{P}^N$ 的一般超平面 H, 它们的交集 $X \cap H$ 仍然具有 MJ-典范奇点.

上述命题中的结论都可以很容易地从定理 9.6 及 jet 空间的性质得到证明. 另一方面, 关于由通常的偏差产生的 mld、典范奇点以及对数典范奇点, 类似的问题已经被研究过了, 但命题 9.2 形式的结论还没有完全被证明, 命题 9.3 形式的结论虽已被证明, 但的确是一个非常困难的问题. (然而, 关于对数

典范奇点, 其结论成立的必要条件是 $\mathcal{X}$ 是 $\mathbb{Q}$-Gorenstein 的.) 只有最后的命题 9.4 形式的结论的证明比较容易.

9.8 面向正特征值奇点方面的应用

下面在基域为正特征值的情形下来讨论相同的问题. 这样一来, 特征值为 0 时能够使用的各种定理变得不再适用, 前一节中的三个命题, 不管是通常的 mld, 还是 $\mathrm{mld}_{\mathrm{MJ}}$ 都变成了非常困难的问题. 然而, 如果使用定理 9.6 中的公式, 那么关于 $\mathrm{mld}_{\mathrm{MJ}}$ 的这些问题都可以归结为 jet 空间的结构问题, 所以就不需要奇点解消和强 Bertini 定理. 另一方面, 关于通常的 mld, 目前还没有类似的公式, 除了低维情形的特别组合外没有发现合适的办法. 因此在基域为正特征值的情形下, 要先建立起关于 $\mathrm{mld}_{\mathrm{MJ}}$ 的理论, 然后看其是否能通用于通常的 mld, 并且要看能通用到什么程度. 通过这种方式, 不光对 MJ-奇点, 也许能对通常的典范奇点和对数奇点的研究提供解决方案. 非常期待这个领域未来能取得新的发展.

// 专用术语 //

代数几何学

• 射影空间: 所谓 n 维射影空间 $\mathbb{P}^n$ 是指具有坐标 $(x_0, x_1, \cdots, x_n) \neq (0, \cdots, 0)$ 的空间, 但这里把坐标的比相同的点看成是同一个点.

• 超平面截面: 由射影空间 $\mathbb{P}^n$ 上齐次一次方程式 $a_0x_0 + a_1x_1 + \cdots + a_nx_n = 0$ 定义的簇 H 称作超平面. 特别是当系数 $\{a_i\}$ 可以一般地选取时称作一般超平面. 嵌入在射影空间中的代数簇 X 与超平面 H 的交集 $X \cap H$ 称作 X 的超平面截面.

• 除子: 正规代数簇 X 上的余维为 1 的不可约的约化闭子集生成的 $\mathbb{Z}$-模的元素. 但是本讲中几乎只用到了系数为 1 的除子.

• 正规簇: 在代数簇 X 各个点邻域内, 当全纯函数的集合在商域中是整闭的子环时, 称 X 为正规簇.

• 强 Bertini 定理: "特征值为 0 的基域中的代数簇上由线性等价除子构成的向量空间 Λ 称作线性系统. 对 X 上的任意一点, 当 Λ 内存在不包含该点的除子时, Λ 的一般除子是非奇的." 上述关于强 Bertini 定理的结论在正特征值情形下不成立. 这里顺便介绍一下 Bertini 原始定理的内容, 即 X 嵌入在射影空间 $\mathbb{P}^n$ 中, 当 Λ 是由 $\mathbb{P}^n$ 的超平面截面构成的情形时, "Λ 的一般除子是非奇的". 该结论的成立与特征值无关.

• 平坦态射: 通过代数簇的态射 $f: Y \to X$, 局部上使 Y 的全纯函数的集合构成的环成为 X 的全纯函数的集合构成的环上的平坦模.

// 参考书 //

[1] 石井志保子《奇点入门》丸善 (1997 年)

关于奇点的入门书, 适用于研究生或其他领域的研究人员.

[2] Shihoko Ishii, *Introduction to Singularities*, Springer Verlag (2014)

由《奇点入门》一书的作者自己翻译的英文书, 根据该领域的最新发展进行了修订.

[3] 石井志保子 "(评论) 弧空间与纳什问题"《数学》第 62 卷, 第 3 期 (2010), 346–365

主要介绍了弧空间的基本知识和纳什问题.

[4] 西尔维娅 • 娜萨 (盐川优译)《美丽心灵》新潮社 (2002 年)

一本介绍纳什半生的传记读物.

第十讲　代数几何

——奇点理论中的正特征值方法

高木俊辅

奇点理论是代数、几何、解析相交叉的跨学科研究领域. 本讲各介绍一个特征值为 0 的奇点的解析不变量和复几何不变量, 并对如何用正特征值的代数方法分析这些不变量进行讲解.

10.1　奇点

首先来定义奇点. 设 $\mathbb{C}[x_1, \cdots, x_n]$ 是复数域 $\mathbb{C}$ 上的 n 元多项式环. 把 $0 \neq f \in \mathbb{C}[x_1, \cdots, x_n]$ 看成多项式映射 $f: \mathbb{C}^n \to \mathbb{C}$, 将下式

$$H = f^{-1}(0) = \{a \in \mathbb{C}^n \mid f(a) = 0\}$$

称作由 f 定义的 $\mathbb{C}^n$ 的超曲面 (hypersurface). 对 $a = (a_1, \cdots, a_n) \in H$, 当

$$\frac{\partial f}{\partial x_1}(a) = \cdots = \frac{\partial f}{\partial x_n}(a) = 0$$

成立时, 定义为 H 在 a 有奇点 (singularity). 如果用更代数化的语言来描述, 上述结论等价于商环 $\mathbb{C}[x_1, \cdots, x_n]/(f)$ 的极大理想 $(x_1 - a_1, \cdots, x_n - a_n)$ 中的局部化 $S = (\mathbb{C}[x_1, \cdots, x_n]/(f))_{(x_1-a_1, \cdots, x_n-a_n)}$ 不是正则局部环 (regular local ring), 即局部环 S 的极大理想不能由 $n-1$ 个元素生成. 进而把 H 的奇点集合 $\operatorname{Sing} H$ 定义为:

$$\operatorname{Sing} H = \{a \in H \mid H\text{在 } a \text{ 有奇点}\}.$$

当 $\operatorname{Sing} H = \emptyset$ 时, 称 H 是非奇异的 (nonsingular), 当 $\operatorname{Sing} H = \{a\}$ 时, 称 H 在 a 有孤立奇点.

问题 10.1 设 $f = x^2 + y^3$, 则 H 在 $(0,0)$ 有孤立奇点. 该问题的实质是确认下述事实, 即虽然 $(\mathbb{C}[x,y]/(x^2+y^3))_{(x-1,y+1)}$ 是正则局部环, 但 $(\mathbb{C}[x,y]/(x^2+y^3))_{(x,y)}$ 不是正则局部环.

一些光滑 (即没有奇点) 流形上的大多数几何学的基本定理, 如上同调消没定理等一旦遇到奇点就不成立了. 既然这样, 人们也许就会想 "只讨论光滑流形不可以吗?". 但是当试图分析光滑流形的结构时, 一旦在其上实施一些几何学的操作, 奇点往往就会出现. 当遇到的奇点是比较 "好的" 奇点时, 与光滑情形类似的性质依然成立, 所以就有人基于各种各样不同的情形, 以各种方式引入了测量奇点 "好坏" 的不变量. 从第二节以后就介绍几个这样的不变量, 同时对这些乍看起来毫无相同之处的不变量之间实际上具有的密切关系进行说明.

10.2 b 函数

设 $\mathbb{C}[x_1,\cdots,x_n]$ 为 n 元多项式环, $\mathbb{C}[[x_1,\cdots,x_n]]$ 为形式幂级数环, 下面来讨论如下的环:

$$\mathcal{D}_n = \mathbb{C}[x_1,\cdots,x_n]\langle\partial_1,\cdots,\partial_n\rangle \subset \operatorname{End}_{\mathbb{C}}(\mathbb{C}[x_1,\cdots,x_n]),$$
$$\widehat{\mathcal{D}}_n = \mathbb{C}[[x_1,\cdots,x_n]]\langle\partial_1,\cdots,\partial_n\rangle \subset \operatorname{End}_{\mathbb{C}}(\mathbb{C}[[x_1,\cdots,x_n]]).$$

上式中, 当把 R 设为 $\mathbb{C}[x_1,\cdots,x_n]$ 或 $\mathbb{C}[[x_1,\cdots,x_n]]$ 时, 将 x_i 看作把 g 映射到 x_ig 的 R 的 $\mathbb{C}$ 自同态, 将 ∂_i 视为把 g 映射到 $\partial g/\partial x_i$ 的 R 的 $\mathbb{C}$ 自同态. 这时把 $\mathcal{D}_n$ 和 $\widehat{\mathcal{D}}_n$ 分别称作 $\mathbb{C}[x_1,\cdots,x_n]$ 和 $\mathbb{C}[[x_1,\cdots,x_n]]$ 上的微分算子环 (ring of differential operators) [①]. 对任意的 $g \in R$, 因为有 $(\partial_i x_i)(g) = \partial_i(x_ig) = x_i(\partial g/\partial x_i) + g = (x_i\partial_i + 1)(g)$ 成立, 所以 $\partial_i x_i = x_i\partial_i + 1$ 成立. 另一方面, 如果 $i \neq j$, 则 $\partial_i x_j = x_j\partial_i$, $\partial_i\partial_j = \partial_j\partial_i$ 成立. 因此, $\mathcal{D}_n$ 或 $\widehat{\mathcal{D}}_n$ 的元素可表示为如下形式:

$$\sum_{\beta=(\beta_1,\cdots,\beta_n)\in\mathbb{Z}^n_{\geqslant 0}} g_\beta(x_1,\cdots,x_n)\partial_1^{\beta_1}\cdots\partial_n^{\beta_n} \quad (g_\beta(x_1,\cdots,x_n)\in R).$$

接着前面的内容, 设 R 为 $\mathbb{C}[x_1,\cdots,x_n]$ 或 $\mathbb{C}[[x_1,\cdots,x_n]]$. 固定一个 $0 \neq f \in (x_1,\cdots,x_n) \subset \mathbb{C}[x_1,\cdots,x_n]$, 设 R_f 是由 f 生成的 R 的局部化, 再设 s 为未定元, 讨论秩为 1 的自由 $R_f[s]$ 模 $L := R_f[s]f^s$. 式中, f^s 是

① $\mathcal{D}_n$ 也称作 n 次外尔代数 (n-th Weyl algebra).

一个形式上的记号 (可以认为把未定元 T 表示成了 f^s). 对任意的 $r \in \mathbb{Z}$, 把根据 $f^r \in R_f[s]$ 确定的 $f^s \in L$ 的标量倍 $f^r f^s$ 记作 f^{s+r}. 在 L 上定义 $\mathcal{D}_n[s] = \mathcal{D}_n \otimes_{\mathbb{C}} \mathbb{C}[s]$, $\widehat{\mathcal{D}}_n[s] = \widehat{\mathcal{D}}_n \otimes_{\mathbb{C}} \mathbb{C}[s]$ 的作用如下:

$$\partial_i \cdot f^s := \frac{\partial f}{\partial x_i} s \frac{1}{f} f^s = \frac{\partial f}{\partial x_i} s f^{s-1} \in L,$$

x_i, s 的作用确定为标量倍. 请注意这里 s 与 ∂_i 在 $\mathcal{D}_n[s], \widehat{\mathcal{D}}_n[s]$ 中是交换的. 因此 $\mathcal{D}_n[s], \widehat{\mathcal{D}}_n[s]$ 中的元素可用多重指标表示为如下形式:

$$\sum_{k \in \mathbb{Z}_{\geqslant 0}, \beta \in \mathbb{Z}_{\geqslant 0}^n} g_{k,\beta}(x) s^k \partial^\beta \quad (g_{k,\beta}(x) \in R),$$

此时下述定理成立.

定理 10.1　(**Bernstein**)

$$I_f := \{b(s) \in \mathbb{C}[s] \mid 存在P \in \mathcal{D}_n[s], b(s) f^s = P \cdot f^{s+1} \in L\},$$
$$I_{f,0} := \{b(s) \in \mathbb{C}[s] \mid 存在P \in \widehat{\mathcal{D}}_n[s], b(s) f^s = P \cdot f^{s+1} \in L\}$$

都是 $\mathbb{C}[s]$ 的非零理想.

因为 $\mathbb{C}[s]$ 是主理想整环, 所以 $I_f, I_{f,0}$ 是单项生成理想. 把 I_f 的首一生成元称作 f 的 b 函数 (b-function) 或 Bernstein-Sato 多项式 (Bernstein-Sato polynomial); 把 $I_{f,0}$ 的首一生成元称作 f 的局部 b 函数 (local b-function) 或局部 Bernstein-Sato 多项式 (local Bernstein-Sato polynomial). 这里请注意因为 $I_f \subset I_{f,0}$, 所以 $b_{f,0}(s)$ 是 $b_f(s)$ 的因子. b 函数理论由佐藤干夫和 Bernstein 分别独立引入.

先尝试计算一个例子. 首先讨论 $f = x_1^2 + x_2^2 + \cdots + x_n^2$ 的情形. 设 $P = \partial_1^2 + \partial_2^2 + \cdots + \partial_n^2$, 则有 $P \cdot f^{s+1} = 4(s+1)(s+n/2) f^s$. 因此虽然 $b_f(s)$ 是 $(s+1)(s+n/2)$ 的因子, 但因为 $f^{-1}(0)$ 在原点 0 有孤立奇点, 所以利用下面将要说明的命题 10.1 中的 (1),(2), 可知 $b_f(s) = b_{f,0}(s) = (s+1)(s+n/2)$. 下面再看一个稍复杂些的例子, 讨论 $f = x^2 + y^3$ 的情形. 设

$$P = (1/12) y \partial_x^2 \partial_y + (1/27) \partial_y^3 + (1/4) s \partial_x + (3/8) \partial_x^2,$$

这时虽有 $P \cdot f^{s+1} = (s+1)(s+5/6)(s+7/6) f^s$, 但我们知道实际上 $b_f(s) = b_{f,0}(s) = (s+1)(s+5/6)(s+7/6)$.

微分算子 P 的取法不是唯一的. 在 $f = x^2 + y^3$ 的情形下, 若设 $Q = 2x\partial_y - 3y^2 \partial_x$, 因为 $Q \cdot f^{s+1} = 0$, 所以即使不取 P 而取 $P+Q$, 也有 $(P+Q) \cdot f^{s+1} = b_f(s) f^s$.

当 f 是比较简单的公式时, 可以使用计算机计算 b 函数. 计算 b 函数的算法最初由大阿久俊则发现, 后来被许多研究人员进行了改进[①]. 不过因计算量非常之大, 所以当 f 是高次多项式时计算常常不能完成. 在 Risa/Asir以及 Macaulay2, Singular 等计算机代数处理系统中都准备了计算 b 函数的命令, 有兴趣的人不妨试一试.

问题 10.2　请计算 $f = x(x+y+1)$ 情形下的 $b_f(s)$ 和 $b_{f,0}(s)$.

关于 b 函数的根已经知道了以下事实.

命题 10.1

(1) 如果 $f^{-1}(0)$ 在原点有孤立奇点, 则 $b_{f,0}(s) = b_f(s)$.

(2) $b_{f,0}(-1) = 0$. 进而 $b_f(s) = s+1$ 与超曲面 $f^{-1}(0)$ 非奇异是等价的.

(3) (柏原正树) 所有 $b_f(s)$ 的根都是负的有理数.

(4) (斋藤盛彦) 所有 $b_f(s)$ 的根都大于 $-n$.

下面对引入 b 函数的动机之一进行简要说明. 当 f 是实系数多项式时, f 的复数幂 $f^s (s \in \mathbb{C})$ 可看成在广义函数 (distribution) 上具有值的 s 的解析函数. 盖尔范德提出了这个解析函数能解析延拓到全复平面上的亚纯函数的猜想, Bernstein 使用 b 函数给出了盖尔范德猜想的初步证明[②].

如上所述, 原来的动机着重于解析, 但进入七十年代后, Malgrange 和柏原正树发现 $b_f(s)$ 中包含了很多关于 $f^{-1}(0)$ 的奇点的几何学信息. 为使说明简便, 不妨设 $f^{-1}(0)$ 在原点 0 具有孤立奇点. 对于充分小的实数 $\varepsilon > 0$ 和满足 $\varepsilon \gg |c| > 0$ 的 $c \in \mathbb{C}$, 米尔诺纤维 (Milnor fiber) M_c 定义如下:

$$M_c := f^{-1}(c) \cap \{x \in \mathbb{C}^n \mid |x| < \varepsilon\}.$$

若 ε 取得充分小, 除微分同胚外, M_c 不依赖于 c, ε 的取法可唯一确定, 所以把微分同胚类表示为 $M_{f,0}$. Malgrange 证明了对 $n-1$ 次上同调群 (向量空间) $H^{n-1}(M_{f,0}, \mathbb{C})$ 单值 (monodromy) 作用的本征值的集合与 $\{e^{2\pi\sqrt{-1}\cdot t} \mid t \neq -1, b_f(t) = 0\}$ 一致. 例如, 在 $f = x^2 + y^3$ 的情形下, 单值的本征值是 $e^{2\pi\sqrt{-1}\cdot -5/6} = e^{2\pi\sqrt{-1}\cdot 1/6}$ 和 $e^{2\pi\sqrt{-1}\cdot -7/6} = e^{2\pi\sqrt{-1}\cdot 5/6}$.

10.3　对数典范阈值

上一节中看到用解析的方法定义的 b 函数中包含了很多关于奇点的信息. 这一节对使用代数几何或复几何方法定义的奇点不变量进行说明.

① 这些算法中使用了微分算子环上的 Gröbner 基 (Gröbner basis) 理论.

② 更详细的内容请参考本讲最后推荐的参考书 [2] 的第五章 §33.

对任意的 $0 \neq f \in (x_1, \cdots, x_n) \subset \mathbb{C}[x_1, \cdots, x_n]$ 和任意的实数 $t > 0$, 可以定义乘子理想 (multiplier ideal) $\mathcal{J}(f^t)$. 代数几何方法的定义需要用到对数奇点解消 (log resolution), 这个操作的作用是 "消除" 超曲面 $f^{-1}(0)$ 的奇点, 并且如果要规范地将其公式化则还要用到代数簇 (algebraic variety) 上的除子 (divisor) 理论, 所以这里就不做深入探讨. 取而代之的是对复几何方法的定义进行说明. 设 $\mathbb{C}\{x_1, \cdots, x_n\}$ 是收敛幂级数环 (convergent power series) 时, 可使用平方可积条件给出如下方式的复几何方法的定义:

$$\mathcal{J}(f^t)_0 = \left\{ g \in \mathbb{C}\{x_1, \cdots, x_n\} \,\middle|\, \frac{|g|}{|f|^t} \text{在原点 0 的邻域内平方可积} \right\},$$

$\mathcal{J}(f^t)_0$ 是 $\mathbb{C}\{x_1, \cdots, x_n\}$ 的理想. t 变得越大, $\mathcal{J}(f^t)_0$ 作为理想就变得越小. 当 $\mathcal{J}(f^t)0$ 变得小于单位理想 $\mathbb{C}\{x_1, \cdots, x_n\}$ 时, 此时把 t 的阈值称作对数典范阈值 (log canonical threshold). 即 f 的对数典范阈值 $\mathrm{lct}_0(f)$ 可定义为:

$$\begin{aligned} \mathrm{lct}_0(f) &= \sup\{t > 0 \mid \mathcal{J}(f^t)_0 = \mathbb{C}\{x_1, \cdots, x_n\}\} \\ &= \sup\left\{ t > 0 \,\middle|\, \frac{1}{|f|^t} \text{ 在原点 0 的邻域内平方可积} \right\} \in \mathbb{R}, \end{aligned}$$

并且知道有 $\mathrm{lct}_0(f) \in (0, 1] \cap \mathbb{Q}$. 这个 $\mathrm{lct}_0(f)$ 可以测量超曲面 $f^{-1}(0)$ 奇点的 "好坏", 是代数几何与复几何中重要的不变量. 可以这样认为, $\mathrm{lct}_0(f)$ 越大, $f^{-1}(0)$ 在原点就有好的奇点; $\mathrm{lct}_0(f)$ 越小, $f^{-1}(0)$ 就有坏的奇点. 例如, 如果 $f = x_1^{d_1} \cdots x_n^{d_n} (d_i \in \mathbb{N})$, 则有 $\mathrm{lct}_0(f) = \min_i\{1/d_i\}$.

虽说上述例子可以直接从定义来计算, 但一般的对数典范阈值的计算并不是那么简单. 但是当 f 满足下列条件时, 可以用组合学方法来计算. 用多重指标方式把 f 写成下述形式时

$$f = \sum_{i=1}^{r} c_i x^{m_i} \in \mathbb{C}[x] = \mathbb{C}[x_1, \cdots, x_n] \quad (c_i \in \mathbb{C}\backslash\{0\}, m_i \in \mathbb{Z}_{\geqslant 0}^n), \tag{†}$$

如果 $m_1, \cdots, m_r$ 是仿射独立的, 就认为 "f 满足条件 $(*)$". $m_1, \cdots, m_r$ 仿射独立 (affinely independent) 的意思是对于 $\lambda_1, \cdots, \lambda_r \in \mathbb{R}$, 如果有 $\sum\limits_{i=1}^{r} \lambda_i = 0$ 且 $\sum\limits_{i=1}^{r} \lambda_i m_i = 0$, 则 $\lambda_1 = \cdots = \lambda_r = 0$. 这与说 $m_2 - m_1, \cdots, m_r - m_1$ 在 $\mathbb{R}$ 上线性无关是一回事. 另外, 当把 f 写作 (†) 的形式时, 就把 $\mathbb{C}[x]$ 的单项式理想 $(x^{m_1}, \cdots, x^{m_r})$ 表示为 $\mathfrak{a}_f$.

一般来说, 当给定单项式理想 $\mathfrak{a}$ 时, 把 $\{m \in \mathbb{Z}_{\geqslant 0}^n \mid x^m \in \mathfrak{a}\}$ 的 $\mathbb{R}^n$ 中的凸包称作牛顿凸多面体 (Newton polytope), 本讲中把它表示为 $C(\mathfrak{a})$. 更进一

步, 对任意的实数 $t>0$, 把 $C(\mathfrak{a})$ 的 t 倍后得到的凸包表示为 $C(t\cdot\mathfrak{a})$. 如当 $\mathfrak{a}=(x^4,xy^2,y^5)$ 时, $C(\mathfrak{a})$ 如图 10.1 中的 (a) 所示, $C(3/4\cdot\mathfrak{a})$ 如图 10.1 中的 (b) 所示.

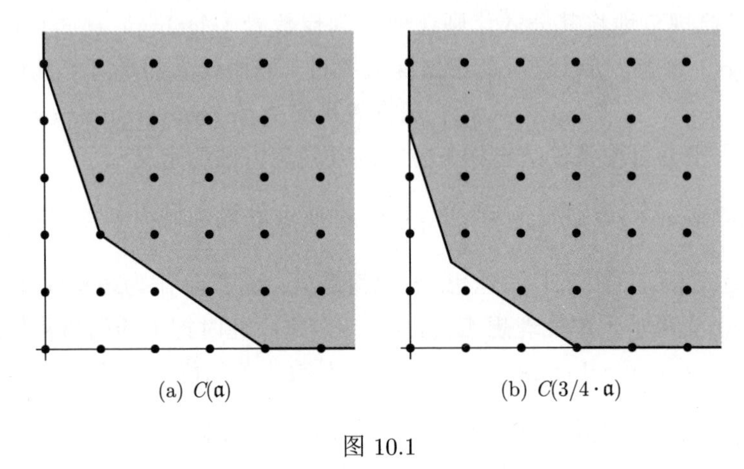

(a) $C(\mathfrak{a})$ (b) $C(3/4\cdot\mathfrak{a})$

图 10.1

定理 10.2 (**霍华德**) 若 f 满足条件 $(*)$, 则下式成立.

$$\mathrm{lct}_0(f)=\min\{1,\max\{t>0\mid \mathbf{1}\in C(t\cdot\mathfrak{a}_f)\}\}\quad (\mathbf{1}=(1,1,\cdots,1)\in\mathbb{R}^n)^{①}.$$

霍华德定理指出如果 $\mathrm{lct}_0(f)<1$, 则 $\mathbf{1}$ 在 $C(\mathrm{lct}_0(f)\cdot\mathfrak{a}_f)$ 的边界上. 运用霍华德定理能够简单地计算出 $f=x^2+y^3$ 的对数典范阈值. 首先我们要注意到 $f=x^2+y^3$ 满足条件 $(*)$, 下面来计算 $c=\max\{t>0\mid \mathbf{1}\in C(t\cdot\mathfrak{a}_f)\}$. 从 $\mathfrak{a}_f=(x^2,\ y^3)$ 可知, 通过点 $(2,0),(0,3)$ 的直线 $(1/2)x+(1/3)y=1$ 的 c 倍后得到直线 $(1/2)x+(1/3)y=c$, 该直线上有 $\mathbf{1}=(1,1)$, 因此有 $c=5/6$, 从而得出 $\mathrm{lct}_0(f)=\min\{1,5/6\}=5/6$.

问题 10.3 $f=x^4+xy^2+y^5$, 计算 $\mathrm{lct}_0(f)$.

对数典范阈值与 b 函数乍看起来没有任何关系, 实际上还有下述定理成立.

定理 10.3 (**科拉尔**) $-\mathrm{lct}_0(f)$ 是 $b_{f,0}(s)$ 的最大根.

10.4 F 纯阈值

作为正特征值方法的一个例子, 最后介绍一下 F 纯阈值. 可把 F 纯阈值看成对数典范阈值的正特征值中的类似, 但这个定义还是非常初级的. 为简单起见, 设 $0\neq f\in(x_1,\cdots,x_n)\subset\mathbb{Z}[x_1,\cdots,x_n]$, 对任意的素数 p, 由自然的

① 更一般意义上, 即使 f 是非退化 (non-degenerate) 多项式的情形, 该公式也成立.

满射

$$\mathbb{Z}[x_1, \cdots, x_n] \twoheadrightarrow \mathbb{F}_p[x_1, \cdots, x_n]$$

生成的 f 的像记作 f_p, 把这样的 f_p 称作 f 的模 p 约化 (mod p reduction). 进而对任意的 $e \in \mathbb{N}$, 设

$$v_f(p^e) = \max\{r \in \mathbb{N} \mid f_p^r \notin (x_1^{p^e}, \cdots, x_n^{p^e}) \subset \mathbb{F}_p[x_1, \cdots, x_n]\}.$$

这里要使用正特征值交换环理论中最基本的定理——孔兹定理. 为方便介绍孔兹定理, 先准备几个记号. 设 R 是素数特征值 p 的整环, 这时非常幸运 (!) 的是对任意的 $a, b \in R$ 有 $(a+b)^p = a^p + b^p$ 成立, 所以可以考虑讨论弗罗贝尼乌斯映射 (Frobenius map)

$$F : R \to R, \quad a \mapsto a^p$$

的环自同态. 设

$$R^{1/p} = \{a \in \overline{Q(R)} \mid a^p \in R\} \quad (\overline{Q(R)}\text{是 } R \text{ 的商域的代数闭包}),$$

则 $R^{1/p}$ 是 R 的扩张环, 弗罗贝尼乌斯映射 F 可等同看待成自然的单射 $R \hookrightarrow R^{1/p}$.

定理 10.4 (孔兹) 下列两个条件等价.

(i) R 是正则环, 即由任意极大理想 $\mathfrak{m} \subset R$ 生成的局部化 $R_\mathfrak{m}$ 是正则局部环.

(ii) R 的弗罗贝尼乌斯映射 F 是平坦的 (flat), 即 $R^{1/p}$ 是平坦 R 模.

以下设 $R = \mathbb{F}_p[x_1, \cdots, x_n]$. 因为 R 是正则的, 所以由孔兹定理可知, $R^{1/p} = \mathbb{F}_p[x_1^{1/p}, \cdots, x_n^{1/p}]$ 是平坦 R 模. 对 $z \in R$, 设 $z^p \in (x_1^{p^{e+1}}, \cdots, x_n^{p^{e+1}})$, 则有

$$zR^{1/p} = (z^p)^{1/p} \subset (x_1^{p^{e+1}}, \cdots, x_n^{p^{e+1}})^{1/p} = (x_1^{p^e}, \cdots, x_n^{p^e})R^{1/p} \subset R^{1/p}.$$

从 $R^{1/p}$ 的平坦性和下面的问题 10.4 可知 $z \in (x_1^{p^e}, \cdots, x_n^{p^e})$.

问题 10.4 一般来讲若交换诺特环的单射同态 $A \hookrightarrow B$ 是平坦的, 则对任意的理想 $I, J \subset A$, 有 $(IB : JB) = (I : J)$.[①]

从上述讨论中知道, 如果 $f_p^r \notin (x_1^{p^e}, \cdots, x_n^{p^e})$, 则有 $f_p^{pr} \notin (x_1^{p^{e+1}}, \cdots, x_n^{p^{e+1}})$, 可得不等式 $v_f(p^{e+1}) \geqslant pv_f(p^e)$. 另一方面, 根据假定, 因为 $f_p \in (x_1, \cdots, x_n)$, 所以对任意的 $e \in \mathbb{N}$, 有 $f_p^{p^e} \in (x_1^{p^e}, \cdots, x_n^{p^e})$, $v_f(p^e) \leqslant p^e - 1$ 成立. 这样一来, 因为数列 $\{v_f(p^e)/p^e\}_{e\in\mathbb{N}}$ 是有上界的单调递增数列, 所以收敛. 把这个极限值

① 把 A 的理想 $\{a \in A \mid aJ \subset I\}$ 表示为 $(I : J)$, 称作冒号理想 (colon ideal). 也可同样定义 $(IB : JB)$.

称作 f_p 的 F 纯阈值 (F-pure thresholds), 表示为 $\mathrm{fpt}(f_p)$. 即

$$\mathrm{fpt}(f_p)=\lim_{e\to\infty}\frac{v_f(p^e)}{p^e}\in(0,1],$$

并且 $\mathrm{fpt}(f_p)$ 是有理数.

为了增加感性认识, 下面计算 $f=x^2+y^3$ 情形时的 $\mathrm{fpt}(f_p)$. 这个时候 $\mathrm{fpt}(f_p)$ 的表现依赖于以 6 为模的 p 的同余类.

$p\equiv 1 \bmod 6$的情形

这时 $(5/6)(p-1)$ 是整数, 根据二项式定理 $f_p^{(5/6)(p-1)}$ 可展开如下:

$$f_p^{(5/6)(p-1)}=\binom{(5/6)(p-1)}{(p-1)/2}x^{p-1}y^{p-1}+\text{包含在}(x^p,y^p)\text{中的项}. \qquad (\star)$$

因为 $0\neq\binom{(5/6)(p-1)}{(p-1)/2}\in\mathbb{F}_p$, 从 $(\star)$ 可知 $v_f(p)\geqslant(5/6)(p-1)$. 进而又知道 $f_p^{(5/6)(p-1)+1}\in(x^p,y^p)$, 所以有 $v_f(p)=(5/6)(p-1)$ 成立. 接下来计算 $v_f(p^2)$. 将 $(\star)$ 的两边进行 $p+1$ 次幂运算可得下式:

$$f_p^{(5/6)(p^2-1)}=\binom{(5/6)(p-1)}{(p-1)/2}^{p+1}x^{p^2-1}y^{p^2-1}+\text{包含在}(x^{p^2},y^{p^2})\text{中的项}.$$

从这个公式可知 $f_p^{(5/6)(p^2-1)}\notin(x^{p^2},y^{p^2})$, $f_p^{(5/6)(p^2-1)+1}\in(x^{p^2},y^{p^2})$, 所以有 $v_f(p^2)=(5/6)(p^2-1)$. 同样地将 $(\star)$ 的两边进行 $p^{e-1}+p^{e-2}+\cdots+1$ 次幂运算也可以计算出 $v_f(p^e)(e\geqslant 3)$, 结果是 $v_f(p^e)=(5/6)(p^e-1)$, 从而得出 $\mathrm{fpt}(f_p)=\lim\limits_{e\to\infty}v_f(p^e)/p^e=5/6$.

$p\equiv 5 \bmod 6$的情形

这时 $(5/6)p-7/6$ 是整数, $f_p^{(5/6)p-7/6}$ 可展开如下:

$$f_p^{(5/6)p-7/6}=\binom{(5/6)p-7/6}{(p-1)/2}x^{p-1}y^{p-2}+\text{包含在 }(x^p,y^p)\text{ 中的项}. \qquad (\star\star)$$

因为 $0\neq\binom{(5/6)p-7/6}{(p-1)/2}\in\mathbb{F}_p$, 从 $(\star\star)$ 可知 $v_f(p)\geqslant(5/6)p-7/6$. 进而又知道 $f_p^{(5/6)p-1/6}\in(x^p,y^p)$, 所以有 $v_f(p)=(5/6)p-7/6$. 接下来计算 $v_f(p^2)$. 从 $f_p^{(5/6)p^2-(1/6)p}=(f_p^{(5/6)p-1/6})^p\in(x^{p^2},y^{p^2})$ 可知 $v_f(p^2)\leqslant(5/6)p^2-(1/6)p-1$,

这时可以计算 $f_p^{(5/6)p^2-(1/6)p-1}$ 了. 将 $(\star\star)$ 的两边进行 p 次幂运算可得:

$$f_p^{(5/6)p^2-(7/6)p} = \binom{(5/6)p-7/6}{(p-1)/2}^p x^{p^2-p}y^{p^2-2p} + \text{包含在 } (x^{p^2}, y^{p^2}) \text{ 中的项}.$$

另一方面, 由于 f_p^{p-1} 可表示为

$$f_p^{p-1} = \binom{p-1}{(p-1)/2} x^{p-1}y^{(3/2)p-3/2} + \text{包含在 } (x^p, y^{(3/2)p+3/2}) \text{ 中的项},$$

所以

$$f_p^{(5/6)p^2-(1/6)p-1} = f_p^{(5/6)p^2-(7/6)p} f_p^{p-1}$$

的展开式里能够出现 $x^{p^2-1}y^{p^2-(1/2)p-3/2}$ 形式的单项式, 即 $f_p^{(5/6)p^2-(1/6)p-1}$ 不包含在 (x^{p^2}, y^{p^2}) 里, 有 $v_f(p^2) = (5/6)p^2-(1/6)p-1$ 成立. 同样地将 $(\star\star)$ 的两边进行 p^{e-1} 次幂运算, 然后再乘以 $f_p^{p^{e-1}-1}$, 也可以计算出 $v_f(p^e)(e \geqslant 3)$, 其结果可归纳为:

$$v_f(p^e) = \begin{cases} (5/6)p-7/6 & (e=1), \\ (5/6)p^e-(1/6)p^{e-1}-1 & (e \geqslant 2), \end{cases}$$

从而得出 $\mathrm{fpt}(f_p) = \lim\limits_{e\to\infty} v_f(p^e)/p^e = 5/6 - 1/(6p)$.

如同第三节中计算的那样, $f = x^2 + y^3$ 的对数典范阈值是 5/6, 刚才在对 f_p 的 F 纯阈值的计算中也得出了 5/6 这一数字. 当然这绝不是偶然的.

定理 10.5 (**原伸生 · 吉田健一**)

(1) 对任意的素数 p, $\mathrm{fpt}(f_p) \leqslant \mathrm{lct}_0(f)$ 成立.

(2) $\lim\limits_{p\to\infty} \mathrm{fpt}(f_p) = \mathrm{lct}_0(f)$.

由此可进一步推测下述猜想成立.

猜想 10.1　对于无穷个 p, $\mathrm{fpt}(f_p) = \mathrm{lct}_0(f)$ 成立.

猜想 10.1 是把正特征值的奇点理论与特征值为 0 的奇点理论连接起来的重要猜想, 与算术几何密切相关. 如果 f 满足第三节的条件 $(*)$, 可知猜想 10.1 正确.

根据定理 10.3、定理 10.5, 使用对数典范阈值或 F 纯阈值能够计算 b 函数根中的最大根. 虽然 b 函数其他的根不能使用对数典范阈值计算出来, 但有些时候可以使用 F 纯阈值计算出来. 在阐述这一结论之前再补充说明一下 $\mathrm{fpt}(f_p)$ 与 $v_f(p^e)$ 之间的关系.

虽说 $\mathrm{fpt}(f_p)$ 是用 $v_f(p^e)$ 定义的, 但从 $\mathrm{fpt}(f_p)$ 也能求出 $v_f(p^e)$. 首先准备

将要用到的记号. 对有理数 $\lambda \in (0,1]$, 讨论 λ 的无穷 p 进展开 $\lambda = \sum_{e \geqslant 1} \lambda_e / p^e$, 即对每个 $e \in \mathbb{N}$, 有 $0 \leqslant \lambda_e \leqslant p-1$, 假设使 $\lambda_e \neq 0$ 成立的 e 存在无穷个, 请注意这样的表示是唯一的. 此时对任意的 $e \in \mathbb{N}$, 记 $\langle \lambda \rangle_e := \sum_{k=1}^{e} \lambda_k / p^k$. 有了这种表示方法, 对任意的 $e \in \mathbb{N}$, 可知 $v_f(p^e) = p^e \langle \mathrm{fpt}(f_p) \rangle_e$.

命题 10.2 (**穆斯塔塔、高木、渡边敬一**) 固定一个 $e \in \mathbb{N}$. 对无穷个素数 p, 如果多项式 $Q_e(t) \in \mathbb{Q}[t]$ 满足 $p^e \langle \mathrm{fpt}(f_p) \rangle_e = v_f(p^e) = Q_e(p)$, 则 $Q_e(0)$ 是 $b_{f,0}(s)$ 的根.

下面还是以 $f = x^2 + y^3$ 的情形为例进行讨论. 若 $p \equiv 1 \bmod 6$, 因为有 $v_f(p^e) = (5/6)(p^e - 1)$, 所以从命题 10.2 可知 $b_{f,0}(s)$ 的根是 $-5/6$. 不过因为 $\mathrm{lct}_0(f) = 5/6$, 所以即使使用对数典范阈值也能找到上述根. 接着再来看 $p \equiv 5 \bmod 6$ 的情形. 因为 $v_f(p) = (5/6)p - 7/6$, 所以可知 $b_{f,0}(s)$ 的根是 $-7/6$. 又因为有 $v_f(p^2) = (5/6)p^2 - (1/6)p - 1$, 因此使用 F 纯阈值也能找到值为 -1 的 $b_{f,0}(s)$ 的平凡根. 根据上述介绍, 因为 $b_{f,0}(s)$ 的根分别是 -1,$-5/6$,$-7/6$, 这也意味着使用 F 纯阈值能找到 $b_{f,0}(s)$ 的所有根.

然而令人遗墟的是并不是对任意的 f 都能用 F 纯阈值找到 $b_{f,0}(s)$ 的所有根. 以 $f = x_1^2 + \cdots + x_n^2$ (设 $n \geqslant 3$) 为例, 如第二节介绍过的那样, $b_{f,0}(s)$ 的根是 -1 和 $-n/2$. 但是若 $p \neq 2$, 对任意的 $e \in \mathbb{N}$, 因为 $v_f(p^e) = p^e - 1$, 所以用 F 纯阈值能找到的 $b_{f,0}(s)$ 的根只有 -1. 如此一来自然会产生这样的疑问: "$b_{f,0}(s)$ 的根中使用 F 纯阈值究竟能找到什么样的根呢?" 遗憾的是直到今天也没有令人满意的答案. 例如, $b_{f,0}(s)$ 的根中大于等于 -1 的根能否全部用 F 纯阈值找到呢?

最后强调两个关于 F 纯阈值的注意事项作为本讲的结束.

(1) 关于变动 p 时 $\mathrm{fpt}(f_p)$ 的表现.

通过对 $f = x^2 + y^3$ 情形下的 F 纯阈值的计算进行观察, 也许还期待存在某个 $N \in \mathbb{N}$, $\mathrm{fpt}(f_p)$ 的表现依赖于以 N 为模的 p 的同余类. 但可惜的是这样的 N 一般不存在.

设 $f \in \mathbb{Z}[x,y,z]$ 为三次齐次多项式, 假定 $f^{-1}(0)$ 在原点 0 有孤立奇点. 这时 f 定义了 $\mathbb{P}^2_{\mathbb{C}}$ 内的椭圆曲线 (elliptic curve)

$$E = \{[x:y:z] \in \mathbb{P}^2_{\mathbb{C}} \mid f(x,y,z) = 0\}.$$

设 $\mathbb{F}_p$ 的代数闭包为 $\overline{\mathbb{F}_p}$, 同样 f_p(有限个 p 除外) 定义了 $\mathbb{P}^2_{\overline{\mathbb{F}_p}}$ 内的椭圆曲线 E_p. $\overline{\mathbb{F}_p}$ 上的椭圆曲线有两种, 当 E_p 仅有平凡的 p 挠点 (torsion point) 时, 称

E_p 是超奇椭圆曲线 (supersingular elliptic curve), 否则称 E_p 是正常椭圆曲线 (ordinary elliptic curve). 如在 $f = y^2z - yz^2 - x^3 + x^2z$ 的情形下, 使 E_p 成为超奇椭圆曲线的 p 是 $2, 19, 29, 199, 569, 809, \cdots$.

$\mathrm{fpt}(f_p)$ 的值依赖 E_p 的超奇性, 具体如下:

$$\mathrm{fpt}(f_p) = \begin{cases} 1 & (E_p\text{是正常椭圆曲线}), \\ 1 - 1/p & (E_p\text{是超奇椭圆曲线}). \end{cases}$$

埃尔奇斯证明了使 E_p 成为超奇椭圆曲线的素数 p 存在无穷个. 另一方面, 塞尔证明了如果 E 没有复乘 (complex multiplication), 那么使 E_p 成为超奇椭圆曲线的素数 p 的密度为 0. 由此可知, 如果 E 没有复乘, 那么同余类确定不了 $\mathrm{fpt}(f_p)$ 的值.

问题 10.5 计算 $f = x^3 + y^3 + z^3$ 情形时的 $\mathrm{fpt}(f_p)$. 另外再尝试计算一下 $f = x^3 + y^3 + z^3 + \lambda xyz(\lambda \neq 0)$ 情形时的 $\mathrm{fpt}(f_p)$, 实际感受一下其艰难程度.

(2) 关于 $\mathrm{fpt}(f_p) \neq \mathrm{lct}_0(f)$ 情形下 $\mathrm{fpt}(f_p)$ 的值.

通过对 $f = x^2 + y^3$ 情形下的 F 纯阈值的计算进行观察, 也许还期待如果 $\mathrm{fpt}(f_p) \neq \mathrm{lct}_0(f)$, $\mathrm{fpt}(f_p)$ 的分母能被 p 整除. 实际上如果 f 是齐次多项式且 $f^{-1}(0)$ 在原点 0 有孤立奇点, 那么这个期待是正确的. 但一般来讲即使 $\mathrm{fpt}(f_p) \neq \mathrm{lct}_0(f)$, $\mathrm{fpt}(f_p)$ 的分母也不一定能被 p 整除. 例如, 设 $f = x^5 + y^4 + x^3y^2$, 讨论 $p \equiv 19 \bmod 20$ 的情形. 这时有 $\mathrm{fpt}(f_p) = (9p - 11)/(20p - 20)$, $\mathrm{fpt}(f_p)$ 的分母不能被 p 整除. 在这个情形下, 因为 $v_f(p^e) = ((9p)/20 - 11/20)(1 + p + \cdots + p^{e-1})$, 可知 $-11/20$ 是 $b_{f,0}(s)$ 的根. 在下述意义上这个根是一个令人意味深长的例子.

对任意的 $\varepsilon > 0$, 当 $\mathcal{J}(f^t)_0 \subsetneq \mathcal{J}(f^{t-\varepsilon})_0$ 成立时 (关于乘子理想 $\mathcal{J}(f^t)_0$ 的定义见第三节开头部分), 把 $t > 0$ 称作乘子理想的跳跃数 (jumping number). 最小的跳跃数是对数典范阈值, 可把跳跃数看成对数典范阈值的一般化. L. Ein, R. Lazarsfeld, K.E. Smith, D. Varolin 证明了跳跃数是 $b_{f,0}(-s)$ 的根. 但是在 $f = x^5 + y^4 + x^3y^2$ 的情形下, 11/20 不是跳跃数. 虽然 $b_{f,0}(s)$ 的根 $-11/20$ 不能通过使用跳跃数找到, 但一旦使用 F 纯阈值却能够找到.

// 专用术语 //

环理论

- 正则局部环: 极大理想由克鲁尔维数个元素生成的交换诺特局部环. 因为当 $(R, \mathfrak{m})$ 是交换诺特局部环时, $\mathfrak{m}$ 的极小生成集的元素个数与 $\dim_{R/\mathfrak{m}} \mathfrak{m}/\mathfrak{m}^2$ 相等, 所以也可以说是满足 $\dim R = \dim_{R/\mathfrak{m}} \mathfrak{m}/\mathfrak{m}^2$ 的环.
- Gröbner 基: 给多项式环 S 确定了单项顺序 $<$ 时, 出现在 $f \in S$ 的单项式中关于 $<$ 的最大项表示为 $\mathrm{in}_<(f)$. 对 S 的理想 I, 当单项式理想 $\mathrm{in}_<(I) = (\mathrm{in}_<(f) \mid 0 \neq f \in I)$ 是由 $\mathrm{in}_<(g_1), \cdots, \mathrm{in}_<(g_s)$ 生成的时候, 就称 $\{g_1, \cdots, g_s\} \subset I$ 是 Gröbner 基. 同样的概念也可在外尔代数上定义.
- 平坦性: 在 R 模的任意正合列上对 M 做张量运算仍然能够保证其完全性时, 就称交换环 R 上的模 M 是平坦的.

拓扑几何

- 单值: 设 X 为道路连通的且局部道路连通的拓扑空间, $(\widetilde{X}, p)$ 为 X 的覆叠空间. 固定 $x \in X$ 时, 利用以 x 为基点的闭路 γ 的提升 $\widetilde{\gamma}$, 能够定义对基本群 $\pi_1(X, x)$ 的纤维 $F = p^{-1}(x)$ 的作用. 这个作用就叫单值作用.

复几何

- 收敛幂级数环: 存在 $a = (a_1, \cdots, a_n) \in \mathbb{C}^n$, 当$\left\{\sum_{|\alpha| \leqslant N} c_\alpha a^\alpha\right\}_{N \in \mathbb{N}}$ 收敛时, 就称 $f = \sum_\alpha c_\alpha x^\alpha \in \mathbb{C}[[x]] = \mathbb{C}[[x_1, \cdots, x_n]]$ 是收敛幂级数. 收敛幂级数环 $\mathbb{C}\{x_1, \cdots, x_n\}$ 是由收敛幂级数构成的 $\mathbb{C}[[x_1, \cdots, x_n]]$ 的子环.

代数几何

- 代数簇: 可表示为有限个 (齐次) 多项式的公共零点的、仿射空间 (射影空间) 的子集称作 (射影) 代数集. 当 (射影) 代数集 X 不能表示为更小的 (射影) 代数集的有限和时, 称 X 是仿射代数簇 (射影代数簇). 代数簇中含有以代数集为闭集的拓扑结构, 将代数簇 X 的任意闭子簇的严格单调递减序列长度的最大值称作 X 的维数.
- 除子: 非奇异代数簇 X 上的除子是指 X 的余维为 1 的闭子簇的整系数的形式和. 若 $\pi : Y \to X$ 是非奇异代数簇的满射, 如果 D 是 X 上的除子, 则可定义 Y 上的除子 $\pi^* D$.
- 对数奇点解消: 非奇异代数簇 X 与其上的除子 D 的对数奇点解消是

指满足下述性质的代数簇的“紧的”态射 $\pi : Y \to X$: (i) Y 非奇异, (ii) π 在 X 的开集上同构, (iii) $\pi^* D$ 的各个成分是非奇异余维为 1 的闭子簇, 并相互横断相交. 广中平祐已经证明了对 $\mathbb{C}$ 上的任意的 (X, D) 存在对数奇点解消.

- 椭圆曲线: 亏格为 1 的非奇异射影代数曲线, 但是将一维射影代数簇称作射影代数曲线. 一旦确定一个点, 则曲线中即含有以该点为 0 的加法群结构. 对 $n \in \mathbb{N}$, 所谓椭圆曲线 E 的 n 挠点是指满足 $nP = \overbrace{P + \cdots + P}^{n} = 0 \in E$ 的 $P \in E$.

- 复乘: 当存在与常数倍映射 $[n] : E \to E, P \mapsto nP$ 不同的 E 的自同态时, 称 $\mathbb{C}$ 上的椭圆曲线 E 具有复乘.

// 参考书 //

学习本讲内容后, 如果还想了解更多奇点方面的知识, 推荐阅读 [1], 这是一本为数不多的 (代数几何意义上) 关于奇点理论的入门书. 阅读此书时如果能适当地补充一下交换环理论与同调代数的知识的话效果会更好. 对 b 函数感兴趣的人无论如何请读一下 [2] 的第五章, 这是一本几乎不需要任何预备知识、完全提炼出了 b 函数的要点的名著. 如果今后想进一步学习 $\mathcal{D}$ 模 ($\mathcal{D}$-module) 方面的内容, 可以阅读 [3]. 作为介绍乘子理想的教科书, [4] 非常有名. 不过读这本书需要一定的预备知识, 比如要具备类似 R. Hartshorne 的 *Algebraic Geometry* (GTM 52, Springer (1977)) 程度的代数几何知识. 如果对以 F 纯阈值为代表的正特征值手法感兴趣的话, 不是我在这里自夸, 可以考虑看看 [5]. 只是由于受篇幅所限, 几乎没谈及 F 纯阈值.

[1] 石井志保子《奇点入门》丸善出版 (2012 年)

[2] 堀田良子《代数入门——群与模》朝仓出版 (1987 年)

[3] 柏原正树《代数解析概论》岩波书店 (2008 年)

[4] R. Lazarsfeld, *Positivity in Algebraic Geometry II*, Ergeb.Math.Grenzgeb., 3, Folge, A Series of Modern Surveys in Mathematics, vol.49, Springer (2004)

[5] 高木俊辅, 渡边敬一 “F 奇点——正特征值手法在奇点理论中的应用”, 《数学》, 66 (2014), no.1, 1—30

第十一讲 量子可积系统

——Lassalle 猜想与 Askey-Wilson 多项式

白石润一

在法国美丽的安纳西小镇遇见 Lassalle 时, 他跟我说过这么一句话: “即使已经有了定义, 但似乎有些东西还是不能计算.” 与繁忙的巴黎相比我还是喜欢在安纳西这种自然环境优美安静的地方进行交流, Lassalle 是一个坦率、富有幽默感且健谈的人. 今天我想一边回忆着当时的情景, 一边介绍与 Lassalle 猜想相关的一些组合学定理.

实际上所谓非常难以计算的东西的背后潜伏着一种结构, 我们可以尝试用被称作 Askey-Wilson 多项式的正交多项式分析和表达这个结构. 更具体一点说, 就是使用到目前为止未曾尝试过的做法, 把 Askey-Wilson 多项式表示为四重求和的级数的形式, 以此寻找解决问题的线索.

11.1 氢原子

本讲主要介绍与某种正交多项式相关的组合学结构. 首先想聊一聊笔者当初意欲体验的是怎样的数学世界, 又是把什么当成重要的东西去捕捉进一步探究的线索.

还记得在基础学部的讲义里第一次接触氢原子的波函数时, 曾十分巧妙地运用过关于偏微分方程的分离变量法和正交多项式系的几个事例. 实际上当时 (当然现在也是) 主要是在技术层面下了很大的功夫, 结果反而引起了消化不良. “这都是什么啊, 根本就搞不明白! 氢原子也太难缠了, 简直是出乎意料.” 这就是当时留给我的印象. 如果就这样简单地下了结论的话, 事情也许就这么过去了, 不过最终好歹还是捕捉到了奇迹般地隐藏在氢原子的量子力学中的令人叫绝的数学结构. 我认为这无疑是得到了一个正确的答案.

牛顿把万有引力作为与距离的平方成反比的中心力, 把由其支配的物理现象上升到了哲学的高度进行讨论. 从那以后, 他的关于经典力学的世界观彻底改变了世界. 然而没过多久, 这一对事物采取简单乐观且带有决定论式的看法被庞加莱否定了, 与此同时另一个极端的完全可积性研究 (虽也曾有过停滞不前的至暗时刻) 也卓有成效地开展起来. 在运河中前进的波的方程式 (KdV 方程式)、具有潜在的指数函数意义的户田格等来自工学方面的研究, 极大地促进了后来具有完全可积性经典力学体系研究的发展.

所有行星运转时画出的轨道是以太阳为一个焦点的椭圆轨道. 遵从与距离的平方成反比的中心力的二体问题堪称经典力学中的奇迹, 其理由甚至可追溯到龙格–楞次矢量这一被隐藏的守恒律的存在. 通常凭一般的中心力, 轨道是不会漂亮地闭合的. 不管怎么说, (究竟是怎样的偶然或必然我不清楚, 这也遵从与距离的平方成反比的中心力) 我在大学基础教育时学习过氢原子的量子力学这一事实, 就像在经典力学的奇迹之上叠加了量子力学的奇迹 (正交多项式系数学) 一样, 一定是受到了双重幸运眷顾的缘故.

我所从事的具有完全可积性的经典力学体系的量子化研究完全是一场自问自答: “类似氢原子波函数时那样的好事, 在来自更宽类的完全可积系统的薛定谔方程的特征函数中找不到吗?”

具有完全可积性的经典力学 (量子可积系统) 中几乎全是远未解决的问题, 目前还未到对其世界观 (抑或数学观?) 进行展望的阶段. 但是作为一个例子, 我 (或者说我也!!) 认为从量子可积系统中发展出来的 “德林费尔德–神保量子群” 这一概念对数学的冲击十分巨大.

11.2　量子可积系统与特殊函数

下面谈谈某些特殊函数的话题. 每一个从事量子可积系统研究的人常常会萌发一种不满 (也许是责任感?), 他们常说: 量子可积系统这个说法的约束太宽松了, 所以只不过是用来当作口号或格言使用, 我们甚至都没有办法阐述其 “定义和基础定理”. 虽然已经树立起了完全可积经典力学体系具有数学结构的量子化这一宏伟且魅力十足的目标, 但实际上每一个题目都还处在作为每个工匠个人不断锤炼自己手艺的阶段.

我们总是把特殊函数当作心灵的朋友深深地爱着而欲罢不能. 这里为那

些有兴趣继续沿此方向前行的读者介绍几个关联话题的关键词 (由于篇幅的限制本讲不可能把所有内容都介绍给各位). 如把研究目标确定为杨–米尔斯方程的瞬子解的模空间、量子上同调等的研究人员, 虽然一般是从代数几何学和几何学的表示论出发, 但是大概率情况下在理论研究的前方等着你的会是某种无穷级数、超几何函数甚至特殊函数. 被认为是多元特殊函数主角的 (A 型的)Macdonald 多项式 (Macdonald polynomial) (这也是一种超几何级数), 直白地说的话就是 Laumon 空间的德拉姆复形的欧拉特征.

或许你也可能被特殊函数或超几何级数所具有的组合结构的魅力而吸引. 如果你已经开始如饥似渴地阅读关于 q-基本超几何级数 (q-basic hypergeometric series) 的变换公式或者求和公式的经典书目——Gasper 与 Rhaman 的红皮书 (参考书 [2]), 那说明这时的你或许已经陷入量子化的研究而不能自拔了.

基于上述情况, 今天想以超几何级数的组合理论为话题, 介绍一下代数几何学中尚未弄明白的 (我相信不久的将来会有弄明白的那一天) Askey-Wilson 多项式的四重级数表示.

如果要说这个话题有什么有趣之处的话, 我认为就是会给人一种 “这都是什么啊! 复杂得简直令人恐怖, 不过试试看的话说不定能行呢!” 的成就感和充实感. 我的梦想也许就是这样一种感觉: “既然这个孩子让我看到了这么多的优点, 那好吧, 我想把他培养成一个人才!” 我常常想, 以一种平常的心态, 把一般的构造方法和自己内在的理解当作前进目标, 如果最终能体味到数学当中最高级的美味的话, 那就是莫大的幸福.

由于接下来的证明仅仅依赖于组合式结构, 所以看到的将全部是灵活自如地运用超大的变换公式或近乎变态的求和公式等展开的证明过程 (步骤). 我会毫不懈怠地极力把全部证明毫无遗漏地写下来. 以下用到的所有恒等式都是 “有理式的恒等式”. 话虽如此, 但这些恒等式不是一般的恒等式, 不管哪一个乍一看你都会说: “啊! 这是什么?”, 接着就会感到难以置信的有趣 (但却是超级复杂). 尽管如此, 笔者却是非常认真地让更多的读者, 哪怕是多一个也好, 跟我一起来感受原来还有这样一个世界.

我非常喜欢一部动画片, 大概内容是为了说服人类, 化狸们聚集到一起举行了一次大规模的妖怪大游行, 今天我突然想起了这个动画片. 不管怎样, 我期待着通过对这样的数学现象进行观察, 将来能够获得更深刻的属于自己的内在理解.

11.3 Askey-Wilson 多项式的定义

我们知道有很多冠以勒让德、埃尔米特、雅可比等名字的正交多项式系,它们分别被定义为由适当的权函数和积分指定的内积相关的正交多项式系.同时它们各自满足给我留下深刻印象的二阶常微分方程式. 在线性代数的入门讲义里, 这种经典的正交多项式系常常会作为抽象向量空间或施密特正交化的恰当的例子.

把由差分方程定义的正交多项式的亲戚也加入正交多项式一族中, 借此培育出更大的家族, 产生这样的愿望也许是一件非常自然的事情. 站在这样一个大家族的最高点具有统治地位的就是 Askey-Wilson 多项式 (Askey-Wilson polynomial). 习惯上把指定差分区间的参数写作 q, 把包含在方程式中的四个参数写作 a, b, c, d.

当然为拿下这个家族的主角的"薛定谔方程"不是一朝一夕就能发现的 (比如也希望是二阶差分算子等, 还包括各式各样其他期待和要求, 所以 $\cdots\cdots$). 我对发现 q-差分方程这件事非常感动. 下面我在这里导入 Askey-Wilson 的差分算子 D. 用 $T_{q,x}^{\pm 1} f(x) = f(q^{\pm 1}x)$ 定义 q-差分算子 $T_{q,x}^{\pm 1}$, 差分算子 D 可用差分算子 $T_{q,x}^{+1}$, $T_{q,x}^{-1}$ 和恒等算子 1 定义如下.

定义 11.1 Askey-Wilson 的差分算子定义为下式:

$$\begin{aligned} D = &\frac{(1-ax)(1-bx)(1-cx)(1-dx)}{(1-x^2)(1-qx^2)}\left(T_{q,x}^{+1}-1\right) \\ &+\frac{(1-a/x)(1-b/x)(1-c/x)(1-d/x)}{(1-1/x^2)(1-q/x^2)}\left(T_{q,x}^{-1}-1\right). \end{aligned} \tag{11.1}$$

下面对差分算子 D 作用的空间进行分析. 为简单起见, 把参数 a, b, c, d, q 的有理函数域记为 $\mathbb{K} = \mathbb{Q}(a, b, c, d, q)$, 由变量的取反运算 $x \leftrightarrow x^{-1}$ 生成的群 (我们将表示特征或多项式的对称性的群称作外尔群) 记为 $W = \mathbb{Z}/2\mathbb{Z}$. 设 $W = \mathbb{Z}/2\mathbb{Z}$ 不变的 x 的洛朗多项式的空间为 $\Lambda = \mathbb{K}\left[x, x^{-1}\right]^W$. 即 Λ 的元素可用 $c_0, c_1, c_2, \cdots \in \mathbb{K}$ 记为:

$$c_0x^n + c_1x^{n-1} + c_2x^{n-2} + \cdots + c_2x^{-n+2} + c_1x^{-n+1} + c_0x^{-n}.$$

命题 11.1 Askey-Wilson 的差分算子 D 作用于 Λ 上.

为确认关于 x 的有理式的分母是否消失, 设 $f(x) \in \Lambda$, 请看下式:

$$
\begin{aligned}
Df(x) = & \frac{(1-ax)(1-bx)(1-cx)(1-dx)}{(1-x^2)(1-qx^2)}(f(qx)-f(x)) \\
& + \frac{(1-a/x)(1-b/x)(1-c/x)(1-d/x)}{(1-1/x^2)(1-q/x^2)}(f(x/q)-f(x)),
\end{aligned}
$$

可发现式中的 $x=\pm 1, \pm q^{1/2}, \pm q^{-1/2}$ 的留数统统消失了.

若把单项对称多项式记作

$$
m_n(x) = x^n + x^{-n} (n>0), \quad m_0(x) = 1,
$$

则 (m_n) 是 Λ 的基底, 可知 D 的作用关于基底 (m_n) 是三角式的. 见下式:

$Dm_n(x) = \left(q^{-n} + abcdq^{n-1} - 1 - abcdq^{-1}\right) m_n(x) +$ 低次项.

定义 11.2 将次数为 n 的 Askey-Wilson 多项式 $p_n(x)$ 定义如下: 首项中有 x^n 的首一 Λ 的元素, 且是 Askey-Wilson 的差分算子 D 的特征函数, 如下式:

$$
Dp_n(x) = \left(q^{-n} + abcdq^{n-1} - 1 - abcdq^{-1}\right) p_n(x). \tag{11.2}
$$

注意 11.1 Askey-Wi1son 多项式 $p_n(x)$ 是关于 a,b,c,d 置换不变的.

例 11.1 为了增加感性认识, 这里把从 $p_0(x)$ 到 $p_2(x)$ 的表达式全部写出来, 具体如下:

$$
\begin{aligned}
p_0(x) & = 1, \\
p_1(x) & = x + x^{-1} + \frac{(1/a+1/b+1/c+1/d)abcd - (a+b+c+d)}{1-abcd}, \\
p_2(x) & = x^2 + x^{-2} \\
& \quad + (1+q)\frac{(1/a+1/b+1/c+1/d)abcdq - (a+b+c+d)}{1-abcdq^2}\left(x+x^{-1}\right) \\
& \quad + \frac{C}{(1-abcdq)(1-abcdq^2)}.
\end{aligned}
$$

式中的复杂系数 C 由下式给出:

$$
\begin{aligned}
C = & (1+q) + (1+q)(ab+ac+ad+bc+bd+cd) + q\left(a^2+b^2+c^2+d^2\right) \\
& - (1+q)\left(1+4q+q^2\right)abcd \\
& - q(1+q)\left(a^2bc + a^2bd + a^2cd + b^2ac + b^2ad + b^2cd\right. \\
& \qquad \left. + c^2ab + c^2ad + c^2bd + d^2ab + d^2ac + d^2bc\right) \\
& + q^2\left(a^2b^2c^2 + a^2b^2d^2 + a^2c^2d^2 + b^2c^2d^2\right) \\
& + q^2(1+q)abcd(ab+ac+ad+bc+bd+cd) + q^2(1+q)a^2b^2c^2d^2.
\end{aligned}
$$

11.4 Askey-Wilson 多项式的显式公式

下面介绍 Askey-Wilson 多项式的显式公式. 关于 q-超几何级数的记号使用标准记号 (如有必要请参照经典的红皮书 [2]). 首先, 用高斯的超几何级数 ${}_2F_1$ 模仿大家熟悉的起点错位阶乘 $(\alpha)_n = \alpha(\alpha+1)\cdots(\alpha+n-1)$, 导入 q-错位阶乘:

$$(a;q)_n = (1-a)(1-qa)\cdots(1-q^{n-1}a) = \prod_{i=0}^{n-1}(1-q^i a)\,. \tag{11.3}$$

普朗克常数 $\hbar$ 是一个非常小的数. 然后设 $q=e^{\hbar}$, $a=e^{\alpha\hbar}$, 在零的附近把 $\hbar$ 泰勒展开:

$$\begin{aligned}\frac{(a;q)_n}{(1-q)^n} &= \frac{(1-a)(1-qa)\cdots(1-q^{n-1}a)}{(1-q)(1-q)\cdots(1-q)}\\ &= \alpha(\alpha+1)\cdots(\alpha+n-1)+O(\hbar) = (\alpha)_n + O(\hbar),\end{aligned}$$

式中出现了错位阶乘 $(\alpha)_n$.

上述给出错位的参数 q 被称作基 (base). 从这个朴素的泰勒展开的意义上来看, 我在想: 讨论公式的 q 类似是不是也可以叫作量子化呢? (上式中用参数 $q=e^{\hbar}$ 对 $\hbar$ 进行了变形, 我说的就是这个意义上的 "quantize".) 不过远在普朗克发现量子力学以前, 从欧拉和高斯时代开始就已经在讨论 q 解析了, 也就是说那时也使用了字母 q, 这的确是一件不可思议的事情.

在需要书写大量 q-阶乘的乘积时, 为了节少篇幅, 增加便利性, 可使用下述简略方式:

$$(a_1,a_2,\cdots,a_k;q)_n = \prod_{j=1}^{k}(a_j;q)_n = \prod_{j=1}^{k}\prod_{i=0}^{n-1}(1-q^i a_j)\,. \tag{11.4}$$

在高斯的超几何级数 ${}_2F_1$ 中, 其参数是二楼住了两个人, 一楼住了一个人 (共三个人). 现在要把人数增加到二楼住 $r+1$ 人, 一楼住 r 人, 这样量子化后记作 ${}_{r+1}\phi_r$, 下面对其进行讨论.

定义 11.3 把基为 q 的超几何级数 ${}_{r+1}\phi_r$ 定义为:

$${}_{r+1}\phi_r\left[\begin{matrix}a_1,a_2,\cdots,a_{r+1}\\ b_1,b_2,\cdots,b_r\end{matrix};q,x\right] = \sum_{m\geqslant 0}\frac{(a_1,a_2,\cdots,a_{r+1};q)_m}{(q,b_1,b_2,\cdots,b_r;q)_m}x^m. \tag{11.5}$$

注意 11.2 设 n 为非负整数. 若超几何级数 ${}_{r+1}\phi_r$ 的参数满足 $a_1=q^{-n}$,

则级数 (11.5) 是如下所示的有限和:

$$ {}_{r+1}\phi_r \left[\begin{matrix} q^{-n}, a_2, \cdots, a_{r+1} \\ b_1, b_2, \cdots, b_r \end{matrix} ; q, x \right] = \sum_{m=0}^{n} \frac{(q^{-n}, a_2, \cdots, a_{r+1}; q)_m}{(q, b_1, b_2, \cdots, b_r; q)_m} x^m. \tag{11.6} $$

定理 11.1 (**Askey-Wilson 多项式的显式公式**) Askey-Wilson 多项式 $p_n(x)$ 可用 (有限和) 超几何级数 ${}_4\phi_3$ 表示如下:

$$ p_n(x) = \frac{(ab, ac, ad; q)_n}{a^n (abcdq^{n-1}; q)_n} {}_4\phi_3 \left[\begin{matrix} q^{-n}, abcdq^{n-1}, ax, a/x \\ ab, ac, ad \end{matrix} ; q, q \right]. \tag{11.7} $$

注意 11.3 上述表示中, 对参数 a 进行了特别处理, 只有剩下的三个参数 b, c, d 的置换不变性看起来非常明显.

例 11.2 把例 11.1 中的公式与上述利用 ${}_4\phi_3$ 的表示进行比较.

$$ \begin{aligned} p_0(x) &= 1, \\ p_1(x) &= \frac{(1-ab)(1-ac)(1-ad)}{a(1-abcd)} \left(1 - \frac{(1-abcd)(1-ax)(1-a/x)}{(1-ab)(1-ac)(1-ad)} \right), \\ p_2(x) &= \frac{(1-ab)(1-abq)(1-ac)(1-acq)(1-ad)(1-adq)}{a^2(1-abcdq)(1-abcdq^2)} \\ &\quad \times \left(1 + \frac{(1-q^{-2})(1-abcdq)(1-ax)(1-a/x)}{(1-q)(1-ab)(1-ac)(1-ad)} q \right. \\ &\quad \left. + \frac{(1-abcdq)(1-abcdq^2)(1-ax)(1-qax)(1-a/x)(1-qa/x)}{q(1-ab)(1-abq)(1-ac)(1-acq)(1-ad)(1-adq)} \right). \end{aligned} $$

11.5 无论如何也要展开为 x 的幂级数

在 Askey-Wilson 多项式的表示 (11.7) 中, 把对称洛朗多项式

$$ (ax, a/x; q)_n $$

进行叠加给出了 $p_n(x)$. 请注意其构成单位 $(ax, a/x; q)_n$ 具有由参数 a 指定的有规律的 $2n$ 个零点 $x^{\pm 1} = a, qa, \cdots, q^{n-1}a$. 实际上, 因为 $p_n(x)$ 与具有这种零点的多项式系 $(ax, a/x; q)_n$ 相关, 所以可把 Askey-Wilson 多项式的显式公式 (11.7) 看成具有 $p_n(x)$ 展开系数的组合结构. 只要把基本构成元素设定为 $(ax, a/x; q)_n$, 就达到了无可挑剔的合理解释的地步, 并且漂亮的显式公式 (11.7) 也像进入到一种世外桃源一样的理想状态. 这样一来营造出一种好像不能再把 $(ax, a/x; q)_n$ 进一步展开来摆弄似的氛围.

然而 Lassalle 所说的 "非常难以计算的某些东西" 的真面目究竟指什么呢? 我感觉不是把 $p_n(x)$ 用 $(ax, a/x; q)_n$ 展开, 而是用幂级数 x^n 展开的时候

看到的 (应该看到) 那些展开项.

真是一个喜欢发现有趣的事物, 具有一颗孩子般纯真的心的 Lassalle. 在法国静谧的乡下, 不受任何事情打扰, 每天不停地进行庞大的组合计算, 并向那些异常困难的计算发起挑战, 而且他还是一个喜欢恶作剧的人. 我想在这样一个人的猜想的引导下, 一定能清楚地看到由超几何级数的变换公式错综复杂地缠绕交织出的又一个世外桃源吧!

11.6 迈出的第一步

首先必须想到二项式定理. 设 $(x;q)_\infty = \prod_{i=0}^{\infty}(1-q^i x)$.

命题 11.2 (二项式定理)

$$\frac{(ax;q)_\infty}{(x;q)_\infty} = \sum_{n=0}^{\infty}\frac{(a;q)_n}{(q;q)_n}x^n. \tag{11.8}$$

不说也知道这是我们在解析中熟悉的泰勒展开公式

$$(1+x)^\alpha = \sum_{n=0}^{\infty}\frac{\alpha(\alpha-1)\cdots(\alpha-n+1)}{n!}x^n$$

的差分类似.

把 $p_n(x)$ 的构成要素 $(ax,a/x;q)_n$ 用二项式定理展开的话, 可立即得出下述结果.

定义 11.4 设 s 为参数, 级数 $\Psi(x;s|a,b,c,d|q)$ 定义如下:

$$\begin{aligned}\Psi(x;s|a,b,c,d|q) = &\frac{(ax;q)_\infty}{(qx/a;q)_\infty}\sum_{n\geqslant 0}\frac{(qs^2/a^2;q)_n}{(q;q)_n}(ax/s)^n \\ &\times {}_6\phi_5\left[\begin{matrix} q^{-n}, q^{n+1}s^2/a^2, s, qs/ab, qs/ac, qs/ad \\ q^2s^2/abcd, q^{1/2}s/a, -q^{1/2}s/a, qs/a, -qs/a \end{matrix}; q, q\right].\end{aligned} \tag{11.9}$$

定理 11.2 Askey-Wilson 多项式 $p_n(x)$ 可用级数 $\Psi(x;s|a,b,c,d|q)$ (设 $s=q^{-m}$) 写为如下形式:

$$\begin{aligned}p_m(x) &= \frac{(ab,ac,ad;q)_m}{a^m(abcdq^{m-1};q)_m}{}_4\phi_3\left[\begin{matrix} q^{-m}, abcdq^{m-1}, ax, a/x \\ ab, ac, ad \end{matrix}; q, q\right] \\ &= x^{-m}\Psi\left(x;q^{-m}|a,b,c,d|q\right).\end{aligned} \tag{11.10}$$

注意 11.4 上述替换写法只是把二项式定理充当了显式公式 (11.7) 的构成要素 $(ax,a/x;q)_n$. 把 $p_m(x)$ 改写成首项有 x^{-m} 的 x 的升幂幂级数的公

式 (11.10), 以此为出发点开始超长变换公式的探索!

11.7 Askey-Wilson 多项式的退化状态

若巧妙地退化参数 a, b, c, d, 则 Askey-Wilson 多项式具有更简单的表示形式. 首先, 设 $b=-a$, $d=-c$, 即

$$(a, b, c, d)=(a,-a, c,-c). \tag{11.11}$$

于是, Askey-Wilson 的差分算子退化成下式:

$$D=\frac{(1-a^2x^2)(1-c^2x^2)}{(1-x^2)(1-qx^2)}\left(T_{q,x}^{+1}-1\right)+\frac{(1-a^2/x^2)\,(1-c^2/x^2)}{(1-1/x^2)\,(1-q/x^2)}\left(T_{q,x}^{-1}-1\right), \tag{11.12}$$

Askey-Wilson 多项式 p_n 变成了一个从首项 x^n 开始, 次数的差为奇数的项 $x^{n-1}, x^{n-3}, \cdots$ 全部消失, 只存活次数的差为偶数的项 $x^{n-2}, x^{n-4}, \cdots$ 的多项式.

进一步设 $c^2=q$, 即:

$$(a, b, c, d)=\left(a,-a, q^{1/2},-q^{1/2}\right), \tag{11.13}$$

则有

$$D=\frac{1-a^2x^2}{1-x^2}T_{q,x}^{+1}+\frac{1-a^2/x^2}{1-1/x^2}T_{q,x}^{-1}-\left(1+a^2\right). \tag{11.14}$$

这种情形下, 能够非常简单地计算 D 的特征函数, 所以请各位务必花点时间求出 (11.14) 的特征函数.

命题 11.3 设级数 $\Phi(x;s)$ 为

$$\Phi(x;s)=\sum_{n=0}^{\infty}\frac{(a^2;q^2)_n\,(s^2;q^2)_n}{(q^2;q^2)_n\,(q^2s^2/a^2;q^2)_n}\left(q^2x^2/a^2\right)^n, \tag{11.15}$$

在参数 $(a,b,c,d)=\left(a,-a,q^{1/2},-q^{1/2}\right)$ 的情形下, 可把 Askey-Wilson 多项式写为如下形式:

$$p_m(x)=x^{-m}\Phi\left(x;q^{-m}\right). \tag{11.16}$$

注意 11.5 刚才我们通过直接计算差分算子 (11.14) 的特征函数, 从而得到由级数 $\Phi(x;s)$ 给出 Askey-Wilson 多项式的方法. 这样做意味着恒等式

$$\Psi\left(x;s\mid a,-a,q^{1/2},-q^{1/2}\mid q\right)=\Phi(x;s)$$

成立. 实际上, 如果不使用差分方程而使用组合学方式证明这个恒等式的话,

其困难程度超乎想象.

既然话题说到这儿了, 我想利用这么好的机会说说本讲的目标. 具体有以下两个:

(1) 使用一般的参数 (a,b,c,d), 定义类似 $\Phi(x;s)$ 扩张的级数 $\Phi(x;\ s|a,\ b,\ c,\ d|q)$(实际上是四重级数).

(2) 接下来证明恒等式 (使用组合学手法)

$$\Psi(x;s|a,b,c,d|q)=\Phi(x;s|a,b,c,d|q).$$

那么我们暂缓关于退化的讨论, 重新返回到 $b=-a,\ d=-c$ 的状态. 虽说为求差分算子 (11.12) 的特征函数多少需要一些经验, 但这里模仿 Lassalle 的方法进行计算, 可得到如下的表示形式.

定义 11.5 按下述方式定义系数 $c_e(k,l;s)=c_e(k,l;s|a,c|q)$:

$$\begin{aligned}c_e(k,l;s)=&\frac{(a^2;q^2)_k\left(q^{4l}s^2;q^2\right)_k}{(q^2;q^2)_k\left(q^{4l}q^2s^2/a^2;q^2\right)_k}\left(q^2/a^2\right)^k\\&\times\frac{(c^2/q;q^2)_l\,(s^2/a^2;q^2)_l}{(q^2;q^2)_l\,(q^3s^2/a^2c^2;q^2)_l}\frac{(s;q)_{2l}\,(q^2s^2/a^4;q^2)_{2l}}{(qs/a^2;q)_{2l}\,(s^2/a^2;q^2)_{2l}}\left(q^2/c^2\right)^l.\end{aligned}\tag{11.17}$$

然后根据二重级数将级数 $\Phi(x;s|a,-a,c,-c|q)$ 定义为:

$$\Phi(x;s|a,-a,c,-c|q)=\sum_{k,l\geqslant0}c_e(k,l;s)x^{2k+2l}.\tag{11.18}$$

定理 11.3 在参数 $(a,b,c,d)=(a,-b,c,-c)$ 的情形下, 下述恒等式

$$\Psi(x;s|a,-a,c,-c|q)=\Phi(x;s|a,-a,c,-c|q)\tag{11.19}$$

成立. 这样一来, Askey-Wilson 多项式 $p_m(x)$ 除正规化因子外, 与

$$x^{-m}\Phi\left(x;q^{-m}|a,-a,c,-c|q\right)$$

一致.

11.8 Verma 的一般变换公式, Andrews 的求和公式, Shing 的二次变换公式

我们想要证明的是下面的两个公式相等 (其中 (11.18) = (11.20)):

$$\Phi(x;s|a,-a,c,-c|q)=\sum_{k,l\geqslant0}c_e(k,l;s)x^{2k+2l},\tag{11.20}$$

$$
\begin{aligned}
&\Psi(x;s|a,-a,c,-c|q)\\
&=\frac{(ax;q)_\infty}{(qx/a;q)_\infty}\sum_{n\geqslant 0}\frac{(qs^2/a^2;q)_n}{(q;q)_n}(ax/s)^n\\
&\times{}_6\phi_5\left[\begin{matrix}q^{-n},q^{n+1}s^2/a^2,s,-qs/a^2,qs/ac,-qs/ac\\ q^2s^2/a^2c^2,q^{1/2}s/a,-q^{1/2}s/a,qs/a,-qs/a\end{matrix};q,q\right].
\end{aligned}
\tag{11.21}
$$

首先有如下所示 (超乎想象的巨大) 的 Verma 的一般变换公式成立.[①]

$$
\begin{aligned}
&{}_{r+t}\phi_{s+u}\left[\begin{matrix}a_R,c_T\\ b_S,d_U\end{matrix};q,xw\right]\\
&=\sum_{j=0}^{\infty}\frac{(c_T,e_K;q)_j}{(q,d_U,\gamma q^j;q)_j}x^j[(-1)^jq^{\binom{j}{2}}]^{u+3-t-k}\\
&\times{}_{t+k}\,\phi_{u+1}\left[\begin{matrix}c_Tq^j,e_Kq^j\\ \gamma q^{2j+1},d_Uq^j\end{matrix};q,xq^{j(u+2-t-k)}\right]{}_{r+2}\phi_{s+k}\left[\begin{matrix}q^{-j},\gamma q^j,a_R\\ b_S,e_K\end{matrix};q,wq\right].
\end{aligned}
\tag{11.22}
$$

这里, 把参数组 $a_1,\cdots,a_r$ 省略记作 a_R, 其他以此类推. 因为参数太多了, 多得无法阅读. 上式中省略记号的意思是「a」有 r 个,「b」有 s 个,「c」有 t 个,「d」有 u 个,「e」有 k 个, 其他像 w,x,γ 是可自由选择的参数.

Verma 的公式 (11.22) 的参数按下述方式指定:

$$
r=2,\quad s=2,\quad t=4,\quad u=3,\quad k=1,
\tag{11.23}
$$

$$
w=1,\quad x=q
\tag{11.24}
$$

$$
\begin{aligned}
&a_R=(qs/ac,-qs/ac),\quad b_S=\left(q^{1/2}s/a,-q^{1/2}s/a\right),\\
&c_T=\left(q^{-n},q^{n+1}s^2/a^2,s,-qs/a^2\right),\quad d_U=\left(qs/a,-qs/a,q^2s^2/a^2c^2\right),\\
&e_K=q^2s^2/a^2c^2,\quad \gamma=s^2/a^2.
\end{aligned}
\tag{11.25}
$$

这样一来, 从参数选择方法 (11.23) 可知, 有 ${}_6\phi_5=\sum{}_5\phi_4\cdot{}_4\phi_3$ 形式的变换公式成立. 进而根据选择方法 (11.25) 可知, 上述级数 ${}_5\phi_4$ 实际上退化为 ${}_4\phi_3$. 把上式完整写出来可得下述引理.

① Verma's q-extension of the Field and Wimp expansion [2,p.76, (3.7.9)].

引理 11.1

$$
\begin{aligned}
&{}_6\phi_5\left[\begin{matrix} q^{-n}, q^{n+1}s^2/a^2, s, -qs/a^2, qs/ac, -qs/ac \\ q^2s^2/a^2c^2, q^{1/2}s/a, -q^{1/2}s/a, qs/a, -qs/a \end{matrix}; q, q\right] \\
&= \sum_{j\geqslant 0} \frac{(q^{-n}, q^{n+1}s^2/a^2, s, -qs/a^2, q^2s^2/a^2c^2; q)_j}{(q, qs/a, -qs/a, q^2s^2/a^2c^2, q^js^2/a^2; q)_j}(-1)^j q^{j+\binom{j}{2}} \\
&\times {}_4\phi_3\left[\begin{matrix} q^{-n+j}, q^{j+n+1}s^2/a^2, q^js, -q^{j+1}s/a^2 \\ q^{2j+1}s^2/a^2, q^{j+1}s/a, -q^{j+1}s/a \end{matrix}; q, q\right] \\
&\times {}_4\phi_3\left[\begin{matrix} q^{-j}, q^js^2/a^2, qs/ac, -qs/ac \\ q^{1/2}s/a, -q^{1/2}s/a, q^2s^2/a^2c^2 \end{matrix}; q, q\right].
\end{aligned} \tag{11.26}
$$

然后对 (11.26) 右边两个 ${}_4\phi_3$ 进行变换. 这时首先要用到的是下列求和公式①:

$$
{}_4\phi_3\left[\begin{matrix} q^{-n}, aq^n, c, -c \\ (aq)^{1/2}, -(aq)^{1/2}, c^2 \end{matrix}; q, q\right] = \begin{cases} 0, & n\text{为奇数}, \\ \dfrac{c^n(q, aq/c^2; q^2)_{n/2}}{(aq, c^2q; q^2)_{n/2}}, & n\text{为偶数}. \end{cases} \tag{11.27}
$$

下面讨论另一个 ${}_4\phi_3$. 我们知道下述恒等式能把基从 q 变为 q^2 ②: 当公式两边断为有限项时, 有

$$
{}_4\phi_3\left[\begin{matrix} a^2, b^2, c, d \\ abq^{1/2}, -abq^{1/2}, -cd \end{matrix}; q, q\right] = {}_4\phi_3\left[\begin{matrix} a^2, b^2, c^2, d^2 \\ a^2b^2q, -cd, -cdq \end{matrix}; q^2, q^2\right] \tag{11.28}
$$

成立.

这里省略其证明, 从公式 (11.28) 能推导出下述恒等式:

引理 11.2 设 $n, j \in \mathbb{Z}_{\geqslant 0}$ 且 $2j \leqslant n$, 有

$$
\begin{aligned}
&{}_4\phi_3\left[\begin{matrix} q^{-n+2j}, q^{2j+n+1}s^2/a^2, q^{2j}s, -q^{2j+1}s/a^2 \\ q^{4j+1}s^2/a^2, q^{2j+1}s/a, -q^{2j+1}s/a \end{matrix}; q, q\right] \\
&= \frac{(q/a^2; q)_{n-2j}}{(q^{4j+1}s^2/a^2; q)_{n-2j}} \left(q^{2j}s\right)^{n-2j} \\
&\times {}_4\phi_3\left[\begin{matrix} q^{-n+2j}, q^{-n+2j+1}, q^{4j}s^2, a^2 \\ q^{4j+2}s^2/a^2, q^{-n+2j}a^2, q^{-n+2j+1}a^2 \end{matrix}; q, q\right]
\end{aligned} \tag{11.29}
$$

成立.

① Andrews' terminating q-analogue of Watson's ${}_3F_2$ sum [2, p.237, (II.17)].

② Singh's quadratic transformation [2, p.89, (3.10.13)].

现在把前面讨论过的级数变换的脉络小结一下:

$$\Psi(x;s|a,-a,c,-c|q)=\frac{(ax;q)_\infty}{(qx/a;q)_\infty}\sum_{n\geqslant 0}\sum_{j=0}^{\lfloor\frac{n}{2}\rfloor}\sum_{m=0}^{\lfloor\frac{n-2j}{2}\rfloor}A(n,j,m), \tag{11.30}$$

其中,

$$\begin{aligned}A(n,j,m)=&\frac{(qs^2/a^2;q)_n}{(q;q)_n}(ax/s)^n\frac{(q^{-n},q^{n+1}s^2/a^2,s,-qs/a^2;q)_{2j}}{(q,qs/a,-qs/a,q^{2j}s^2/a^2;q)_{2j}}q^{j(2j+1)}\\&\times\frac{(q/a^2;q)_{n-2j}}{(q^{4j+1}s^2/a^2;q)_{n-2j}}(q^{2j}s)^{n-2j}\times\frac{(q,c^2/q;q^2)_j}{(qs^2/a^2,q^3s^2/a^2c^2;q^2)_j}\left(\frac{qs}{ac}\right)^{2j}\\&\times\frac{(q^{-n+2j},q^{-n+2j+1},q^{4j}s^2,a^2;q^2)_{2m}}{(q^2,q^{4j+2}s^2/a^2,q^{-n+2j}a^2,q^{-n+2j+1}a^2;q^2)_{2m}}q^{2m}.\end{aligned} \tag{11.31}$$

最后, 进行和的顺序交换:

$$\sum_{n\geqslant 0}\sum_{j=0}^{\lfloor\frac{n}{2}\rfloor}\sum_{m=0}^{\lfloor\frac{n-2j}{2}\rfloor}A(n,j,m)=\sum_{l\geqslant 0}\sum_{j\geqslant 0}\sum_{m\geqslant 0}A(l+2j+2m,j,m). \tag{11.32}$$

引理 11.3 下式成立.

$$\frac{A(l+2j+2m,j,m)}{A(2j+2m,j,m)}=\frac{(q/a^2;q)_l}{(q;q)_l}(ax)^l, \tag{11.33}$$

$$A(2j+2m,j,m)=c_e(m,j;s)x^{2m+2j}. \tag{11.34}$$

至此终于迎来了最终的证明阶段:

$$\begin{aligned}&\Psi(x;s|a,-a,c,-c|q)\\&=\frac{(ax;q)_\infty}{(qx/a;q)_\infty}\sum_{l\geqslant 0}\sum_{j\geqslant 0}\sum_{m\geqslant 0}A(l+2j+2m,j,m)\\&=\sum_{j\geqslant 0}\sum_{m\geqslant 0}A(2j+2m,j,m)=\Phi(x;s|a,-a,c,-c|q).\end{aligned}$$

11.9 一般的参数 (a,b,c,d) 的情形

退化的参数 $(a,b,c,d)=(a,-a,c,-c)$ 的情形, 是讨论一般的参数 $(a,\ b,\ c,\ d)$ 的情形的一个非常重要的阶段.

下面先准备用来构成级数 $\Phi(x;s|a,b,c,d|q)$ 的数据.

定义 11.6 系数 $c_e(k,l;s)=c_e(k,l;s|a,c|q)$ 与 $c_o(m,n;s)=c_o(m,\ n;$

$s|a,\ b,\ c,\ d|q)$ 定义如下:

$$
\begin{aligned}
c_e(k,l;s) &= \frac{(a^2;q^2)_k\,(q^{4l}s^2;q^2)_k}{(q^2;q^2)_k\,(q^{4l}q^2s^2/a^2;q^2)_k}\,(q^2/a^2)^k \\
&\times\frac{(c^2/q;q^2)_l\,(s^2/a^2;q^2)_l}{(q^2;q^2)_l\,(q^3s^2/a^2c^2;q^2)_l}\frac{(s;q)_{2l}\,(q^2s^2/a^4;q^2)_{2l}}{(qs/a^2;q)_{2l}\,(s^2/a^2;q^2)_{2l}}\,(q^2/c^2)^l,
\end{aligned}
\tag{11.35}
$$

$$
c_o(m,n;s) = \frac{(-b/a;q)_m(s;q)_m(qs/cd;q)_m\,(qs^2/a^2c^2;q)_m}{(q;q)_m\,(q^2s^2/abcd;q)_m\,(qs^2/a^2c^2;q^2)_m}(q/b)^m \tag{11.36}
$$

$$
\times\frac{(-d/c;q)_n\,(q^ms;q)_n\,(qs/ab;q)_n\,(-q^mqs/ac;q)_n\,(q^mqs^2/a^2c^2;q)_n}{(q;q)_n\,(q^mq^2s^2/abcd;q)_n\,(-qs/ac;q)_n\,(q^{2m}qs^2/a^2c^2;q^2)_n}(q/d)^n.
$$

注意 11.6 这里, 系数 $c_e(k,l;s)=c_e(k,l;s|a,c|q)$ 照搬前面出现过的. 包含在 $c_e(k,l;s)=c_e(k,l;s|a,c|q)$ 中的参数只有 a,c, 不依赖于 b,d. 另一方面, 新引入的系数 $c_o(m,n;s)=c_o(m,n;s|a,b,c,d|q)$ 依赖于所有的参数 a,b,c,d.

定义 11.7 级数 $\Phi(x;s|a,b,c,d|q)$ 由下述四重求和公式

$$
\begin{aligned}
&\Phi(x;s|a,b,c,d|q) \\
&=\sum_{k,l,m,n\geqslant 0} c_e\left(k,l;q^{m+n}s|a,c|q\right)c_o(m,n;s|a,b,c,d|q)x^{2k+2l+m+n}
\end{aligned}
\tag{11.37}
$$

定义.

下面我们介绍本讲的主定理 (参照 [3]).

定理 11.4 **(星野, 野海, 白石)** 如下恒等式成立:

$$
\Psi(x;s|a,b,c,d|q)=\Phi(x;s|a,b,c,d|q). \tag{11.38}
$$

11.10 再一次请出 Verma 的变换公式

这里再次请出 Verma 的变换公式. 这次重新指定参数如下:

$$
r=2,\quad s=1,\quad t=4,\quad u=4,\quad k=2, \tag{11.39}
$$

$$
w=1,\quad x=q, \tag{11.40}
$$

$$
\begin{aligned}
&a_R=(qs/ab,qs/ad),\quad b_S=q^2s^2/abcd,\quad c_T=\left(q^{-n},q^{n+1}s^2/a^2,s,qs/ac\right),\\
&d_U=\left(q^{1/2}s/a,-q^{1/2}s/a,qs/a,-qs/a\right),\quad e_K=\left(-qs/a^2,-qs/ac\right),\\
&\gamma=qs^2/a^2c^2.
\end{aligned}
\tag{11.41}
$$

根据选择方法 (11.39), Verma 的变换公式变成了 ${}_6\phi_5=\sum{}_6\phi_5\cdot{}_4\phi_3$. 再根据参数的选择方法 (11.40), (11.41), 变换后出现的级数 ${}_6\phi_5$ 与包含在 $\Psi(x;\ a|a,$ $-a,\ c,\ -c|q)$ 中的级数 ${}_6\phi_5$ 具有相同的结构.

引理 11.4 如下恒等式成立:

$$
\begin{aligned}
&\Psi(x;s|a,b,c,d|q)\\
&=\frac{(ax;q)_\infty}{(qx/a;q)_\infty}\sum_{n\geqslant 0}\frac{(qs^2/a^2;q)_n}{(q;q)_n}(ax/s)^n\\
&\times\sum_{j\geqslant 0}\frac{(q^{-n},q^{n+1}s^2/a^2,s,qs/ac,-qs/a^2,-qs/ac;q)_j}{(q,q^{1/2}s/a,-q^{1/2}s/a,qs/a,-qs/a,q^{j+1}s^2/a^2c^2;q)_j}(-1)^j q^{j+\binom{j}{2}}\\
&\times{}_6\phi_5\left[\begin{matrix}q^{-n+j},q^{n+j+1}s^2/a^2,q^js,q^{j+1}s/ac,-q^{j+1}s/a^2,-q^{j+1}s/ac\\ q^{2j+2}s^2/a^2c^2,q^{1/2+j}s/a,-q^{1/2+j}s/a,q^{j+1}s/a,-q^{j+1}s/a\end{matrix};q,q\right]\\
&\times{}_4\phi_3\left[\begin{matrix}q^{-j},q^{j+1}s^2/a^2c^2,qs/ab,qs/ad\\ q^2s^2/abcd,-qs/a^2,-qs/ac\end{matrix};q,q\right].
\end{aligned}\tag{11.42}
$$

为了进行和的顺序交换, 设 $n=m+j$, 则和的顺序改写为如下形式: $\sum\limits_{n=0}^{\infty}\sum\limits_{j=0}^{n}=\sum\limits_{j=0}^{\infty}\sum\limits_{m=0}^{\infty}$. 这样一来, 可把退化的参数 $(a,b,c,d)=(a,-a,c,-c)$ 情形下的变换公式 (定理 11.3) 适用于包含级数 ${}_6\phi_5$ 的那部分, 这时 $\Psi(x;\,s|a,\,b,\,c,\,d|q)$ 可写为如下形式.

引理 11.5

$$
\begin{aligned}
\Psi(x;s|a,b,c,d|q)&=\sum_{j\geqslant 0}\sum_{k,l\geqslant 0}c_e\left(k,l;q^js\right)x^{2k+2l}\frac{(qs^2/a^2;q)_j}{(q;q)_j}(ax/s)^j\\
&\times\frac{(q^{-j},q^{j+1}s^2/a^2,s,qs/ac,-qs/a^2,-qs/ac;q)_j}{(q,q^{1/2}s/a,-q^{1/2}s/a,qs/a,-qs/a,q^{j+1}s^2/a^2c^2;q)_j}(-1)^j q^{j+\binom{j}{2}}\\
&\times{}_4\phi_3\left[\begin{matrix}q^{-j},q^{j+1}s^2/a^2c^2,qs/ab,qs/ad\\ q^2s^2/abcd,-qs/a^2,-qs/ac\end{matrix};q,q\right].
\end{aligned}\tag{11.43}
$$

另外, 对级数 ${}_4\phi_3$ 施加我最喜欢的 Sears 变换后 (这次由于篇幅所限不能加以说明, 请参照 [2]), 形式上发生少许变化, (11.43) 式的右边变成如下形式:

$$
\begin{aligned}
&=\sum_{j\geqslant 0}\sum_{k,l\geqslant 0}c_e\left(k,l;q^js\right)x^{2k+2l}\frac{(-d/c,qs/ab,s,qs^2/a^2c^2;q)_j}{(q,q^2s^2/abcd,q^{1/2}s/ac,-q^{1/2}s/ac;q)_j}(qx/d)^j\\
&\times{}_4\phi_3\left[\begin{matrix}q^{-j},-b/a,qs/cd,-q^{-j}ac/s\\ -qs/ac,-q^{-j+1}c/d,q^{-j}ab/s\end{matrix};q,q\right].
\end{aligned}
$$

引理 11.6 关于系数 $c_o(m,n;s)$ 的二重级数可写为如下形式:

$$
\begin{aligned}
\sum_{m,n\geqslant 0}c_o(m,n;s)x^{m+n}&=\sum_{l\geqslant 0}x^l\sum_{m=0}^{l}c_o(m,l-m;s)\\
&=\sum_{l\geqslant 0}\frac{(-d/c,qs/ab,s,qs^2/a^2c^2;q)_l}{(q,q^2s^2/abcd,q^{1/2}s/ac,-q^{1/2}s/ac;q)_l}(qx/d)^l
\end{aligned}
$$

$$\times\ {}_4\phi_3\left[\begin{matrix} q^{-l}, -q^{-l}ac/s, -b/a, qs/cd \\ -q^{-l+1}c/d, q^{-l}ab/s, -qs/ac \end{matrix}; q, q\right].$$

至此, 恒等式

$$\Psi(x; s|a, b, c, d|q) = \Phi(x; s|a, b, c, d|q)$$

得证.

讲到这里才发现, 关于 Askey-Wilson 多项式的四重求和公式讲得太长了, 已经用尽了篇幅! 关于 Macdonald 多项式的 Lassalle 的猜想公式没有机会在这里加以介绍, 只能留作遗憾了. 我期待各位能从字里行间体会到在法国古镇安纳西给我做了大量介绍的 Lassalle 捕捉到的世界.

我也希望健谈的 Lassalle 能喜欢我这种绕来绕去的不着边际的解说, 并在期待中就此搁笔.

// 参考书 //

[1] R. Askey and J. A. Wilson, Some basic hypergeometric orthogonal polynomials that generalize Jacobi polynomials, *Memoirs Amer. Math. Soc.*, 54, No. 319, (1985)

这篇论文是 Askey-Wilson 多项式的开篇之作, 请务必阅读一下.

[2] G. Gasper and M. Rahman, *Basic Hypergeometric Series*, Cambridge University Press, Cambridge (1990)

这本红皮书中大量介绍了 q-超几何级数变换公式、求和公式, 需要的时候一旦开始阅读, 一定会有有益的发现.

[3] A. Hoshino, M. Noumi and J. Shiraishi, Some transformation formulas associated with Askey-Wilson polynomials and Lassalle's formulas for Macdonald-Koornwinder polynomials, *Mascow Mathematical Journal*, 15 (2015), 293 – 318

这篇论文的作者是星野与野海. 论文中讨论了 Lassalle 的猜想的证明及其一般化, 以及隐藏在其背后的与 Askey-Wilson 多项式的四重求和公式的关系.

[4] I. G. Macdonald, Orthogonal polynomials associated with root systems, *Sém. Lotha. Combin.* 45 (2000), Art. B45a

想了解一般根系的 Macdonald 多项式的读者请阅读本书.

[5] M. Lassalle, Some conjecture for Macdonald polynomials of type B, C, D, *Sém. Lotha. Combin.* 52 (2004), Art. B52h, 24pp

本书介绍了根系为 B,C 及 D 型情形的 Macdonald 多项式的显式公式的猜想. 欲了解本讲引言部分所写的 Lassalle 对我说过的那句"非常难以计算的某些东西"的人可以读读这本书. 如果有人对本讲的话题哪怕是有一点兴趣, 进而想翻看一下 Lassalle 的论文原著的话, 对我来说那将是莫大的幸运.

第十二讲 算术几何学

—— p 进微分方程与等晶体

志甫淳

现实生活中我们接触的数大多是有理数、实数和复数. 但是对于每个素数 p, 还存在一个包含有理数在内的并且与实数不同的数的体系——p 进数的世界. 也就是说数世界不是单一方向的, 而是无限地向多个方向扩展. 这个扩展以及这些扩展之间的调和在整数论中发挥着重要作用, 所以研究 p 进数世界与研究实数、复数世界本质上几乎同等重要. 如果对 p 进数世界追根求源地分析研究的话, 就会发现在你面前展开的是一个与实数、复数世界既类似又不同的数学世界. 我想这种 "不同的类似", 或换句话说 "不类似的类似" 正是 p 进数世界的魅力之一. 本讲义将主要介绍 p 进数世界中的分析学即 p 进微分方程和它的某种整体化、高维化的等晶体. 具体说来主要讲述 p 进分析方面的内容, 但实际上也会涉及在算术几何学中占据重要位置的伽罗瓦表示等与 p 进微分方程具有密切关联的对象.

12.1 p 进数域

固定一个素数 p. 首先从有理数域 $\mathbb{Q}$ 出发来定义 p 进数域 (the field of p-adic numbers) $\mathbb{Q}_p$.

对任意的非 0 有理数 a, 可将其写成 $a = p^r \dfrac{b}{c}$ (r 是整数, $b, c \neq 0$ 且是不能被 p 整除的整数). 我们知道这种表示形式不是唯一的, 整数 r 与表示的方法无关. 这时把 a 的 p 进绝对值(p-adic absolute value) $|a|_p$ 定义为 $|a|_p := p^{-r}$, 把 0 的 p 进绝对值定义为 $|0|_p := 0$. 这样一来, p 进绝对值满足如下四个性质:

(abs0) 存在 a, 满足 $|a|_p \neq 0, 1$.

(abs1) 总是有 $|a|_p \geqslant 0$, 并且 $|a| = 0 \Longleftrightarrow a = 0$.

(abs2) $|ab|_p = |a|_p |b|_p$.

(abs3) $|a+b|_p \leqslant \max(|a|_p, |b|_p)$.

这里可以对 p 进绝对值和通常的绝对值进行比较. 当考虑通常绝对值 $|a| := \max(a, -a)$ 时, 与 (abs0), (abs1), (abs2) 类似的性质成立, 但与 (abs3) 类似的性质并不成立, 这时相当于 (abs3) 的不等式是一种弱不等式

$$(\text{abs}\,3)' \quad |a+b| \leqslant |a| + |b|,$$

这一点需要注意. 根据 (abs3) 与数学归纳法可知, 对任意有理数 a, 有下式

$$|a + \cdots + a|_p \leqslant |a|_p$$

成立. 即在通常绝对值的情形下, 就像谚语 “灰尘堆起来也能成为山” 所说的那样, 把非 0 的有理数无数次累加下去的话, 其绝对值会变得任意大. 但是当用 p 进绝对值衡量数的大小时, 不管把一个绝对值小的数 a 进行多少次累加, 其绝对值依然是小的. 在 p 进绝对值的世界里, 应该是 “灰尘堆起来比灰尘还小”.

对 $a, b \in \mathbb{Q}$, 若定义 $\mathrm{d}_p(a, b) := |a-b|_p$, 则根据 p 进绝对值的性质, 可以说 d_p 满足下列三个条件:

(dis1) 总是有 $\mathrm{d}_p(a,b) \geqslant 0$, 并且 $\mathrm{d}_p(a,b) = 0 \Longleftrightarrow a = b$.

(dis2) $\mathrm{d}_p(a,b) = \mathrm{d}_p(b,a)$.

(dis3) $\mathrm{d}_p(a,b) + \mathrm{d}_p(b,c) \leqslant \mathrm{d}_p(a,c)$.

即 d_p 定义了 $\mathbb{Q}$ 上的距离. 这样可把 $\mathbb{Q}_p$ 定义为关于距离 d_p 的 $\mathbb{Q}$ 的完备化. 也就是说, 关于距离 d_p, 把构成柯西序列的有理数列的全体设为 X. 对于 $(a_n)_n, (b_n)_n \in X$, 当 $\mathrm{d}_p(a_n, b_n) \to 0 (n \to \infty)$ 时, 记作 $(a_n)_n \sim (b_n)_n$. 这时, 由于 $\sim$ 是 X 上的等价关系, 所以把由 $\sim$ 生成的商集 $X/\sim$ 定义为 $\mathbb{Q}_p$. 以下把 $(a_n)_n \in X$ 定义的类记作 $[(a_n)_n]$, 如果把 $\mathbb{Q}_p$ 中的加法、乘法定义为 $[(a_n)_n] + [(b_n)_n] := [(a_n + b_n)_n]$, $[(a_n)_n][(b_n)_n] := [(a_n b_n)_n]$, 那么可知这是一个良定义, 这样一来 $\mathbb{Q}_p$ 就成了一个域. 把 $\mathbb{Q}_p$ 称作 p 进数域, 把属于 $\mathbb{Q}_p$ 的元素称作 p 进数 (p-adic number). 通过把 $a \in \mathbb{Q}$ 看作常数数列的类 $[(a, a, \cdots)]$, 就可以将其看成 $\mathbb{Q}_p$ 的元素, 因此有 $\mathbb{Q} \subseteq \mathbb{Q}_p$ 成立. 即使对 p 进数 $a := [(a_n)_n]$, 其 p 进绝对值 $|a|_p$ 由 $|a|_p = \lim\limits_{n\to\infty} |a_n|_p$ 确定, 满足性质 (abs0), (abs1), (abs2), (abs3). 而且对于由 p 进绝对值定义的距离 d_p 来说, $\mathbb{Q}_p$ 是完备的距离空间. 由于 $[(a_n)_n] \in \mathbb{Q}_p$ 是有理数列 $(a_n)_n$ 在 $\mathbb{Q}_p$ 中的极限, 所以下

面也记作 $\lim\limits_{n\to\infty} a_n$.

从以上的构造方法中, 估计很多人会注意到一个问题, 即不使用 p 进绝对值 $|\,|_p$ 而使用通常的绝对值 $|\,|$, 按照相同的方法构造也可得到实数域 $\mathbb{R}$. 这时也许会想, 如果从其他的绝对值出发, 是不是也能进一步构造出别的域呢? 实际上这是行不通的. 下面的定理便是广为人知的奥斯特洛夫斯基定理 (Ostrowski's theorem).

定理 12.1 假设函数 $\|\|$: $\mathbb{Q}\to\mathbb{R}$ 满足下列四个条件.

(abs0) 存在 a, 满足 $\|a\|\neq 0,1$.

(abs1) 总是有 $\|a\|\geqslant 0$, 并且 $\|a\|=0 \Longleftrightarrow a=0$.

(abs2) $\|ab\|=\|a\|\|b\|$.

(abs3)$'$ $\|a+b\|\leqslant\|a\|+\|b\|$.

这时, $\|\|=|\,|^r(0<r\leqslant 1)$ 和 $\|\|=|\,|_p^r(r>0)$ 其中的一个成立.

因为定理中的 r 次幂的差异并未对完备化的构成带来影响, 结果通过对绝对值确定的距离进行完备化, 从 $\mathbb{Q}$ 所能得到的只是实数域 $\mathbb{R}$ 和关于各素数 p 的 p 进数域 $\mathbb{Q}_p$.

像实数 a 能用十进制表示成 $a=\sum\limits_{i\in\mathbb{Z}} a_i 10^{-i}\,(0\leqslant a_i\leqslant 9, i\ll 0$ 时 $a_i=0)$ 一样, p 进数也有级数表示. 设

$$S:=\left\{(a_i)_{i\in\mathbb{Z}}\in\mathbb{N}^{\mathbb{Z}} \mid 0\leqslant a_i\leqslant p-1, i\ll 0\text{时}a_i=0\right\}.$$

于是, 对于 $(a_i)_{i\in\mathbb{Z}}\in S$, 因为有理数列 $\left(\sum\limits_{i\leqslant n} a_i p^i\right)_n$ 是关于距离 d_p 的柯西序列, 所以其极限 $\sum\limits_{i\in\mathbb{Z}} a_i p^i := \lim\limits_{n\to\infty}\sum\limits_{i\leqslant n} a_i p^i$ 可确定为 $\mathbb{Q}_p$ 的元素. 反之当任意取 $a=[(a_n)_n]\in\mathbb{Q}_p$ 时, 通过把 $(a_n)_n$ 的适当的子序列重新设为 $(a_n)_n$, 则对任意的 $m\geqslant n$, 可使 $|a_n-a_m|_p\leqslant p^{-n}$ 成立. 于是可以唯一地取 b_n 使得 $b_n=\sum\limits_{i\leqslant n} c_{n,i}p^i\,(0\leqslant c_{n,i}\leqslant p-1, i\ll 0$ 时 $c_{n,i}=0)$, 其中 $|b_n-a_n|_p\leqslant p^{-n}$. 进而根据唯一性可知, 对每个 i, 当 $n\geqslant i$ 时, 由 n,i 确定的 $c_{n,i}$ 不依赖于 n. 如果将其记作 c_i, 则可以说 $(c_i)_{i\in\mathbb{Z}}\in S$, $a=\sum\limits_{i\in\mathbb{Z}} c_i p^i$ 成立. 而且根据以上的对应, 知道 S 的元素与 $\mathbb{Q}_p$ 的元素一一对应, 因此任意的 $a\in\mathbb{Q}_p$ 具有唯一的 $\sum\limits_{i\in\mathbb{Z}} a_i p^i\,((a_i)_{i\in\mathbb{Z}}\in S)$ 形式的级数表示. 需要注意的是这个级数在 p 的负指数幂方向上有限终止, 而在 p 的正指数幂方向上无限延续. 使用级数表示的话,

p 进数 $a=\sum_{i\in\mathbb{Z}} a_ip^i \left((a_i)_{i\in\mathbb{Z}}\in S\right)$ 的 p 进绝对值可记作 $|a|_p=p^{-\min\{i|a_i\neq 0\}}$.

把 $\mathbb{Q}_p$ 的子集 $\mathbb{Z}_p$ 定义为 $\mathbb{Z}_p:=\{a\in\mathbb{Q}_p \mid |a|_p\leqslant 1\}$. 这时根据 p 进绝对值的性质可知, $\mathbb{Z}_p$ 是 $\mathbb{Q}_p$ 的子环. 把 $\mathbb{Z}_p$ 称作 p 进整数环 (the ring of p-adic integers), 把 $\mathbb{Z}_p$ 的元素称作 p 进整数 (p-adic integer). $\mathbb{Z}_p$ 的元素具有仅由 p 的非负指数幂构成的级数表示 $a=\sum_{i\in\mathbb{N}} a_ip^i\,(a_i\in\mathbb{N}, 0\leqslant a_i\leqslant p-1)$. 再看看 p 元域 $\mathbb{F}_p=\{\overline{0},\overline{1},\cdots,\overline{p-1}\}$, 把 $a=\sum_{i\in\mathbb{N}} a_ip^i\in\mathbb{Z}_p$ 移动到 $\overline{a_0}$ 上可得到环的满射同态映射 $\mathbb{Z}_p\to\mathbb{F}_p$. 把由这个映射生成的 $a\in\mathbb{Z}_p$ 的像称作 a 的模 p 约化 (mod p reduction). 相反, 把根据这个映射转移到 $\overline{a}\in\mathbb{F}_p$ 的 $\mathbb{Z}_p$ 的元素称作向 $\overline{a}$ 的特征值 0 的提升 (请注意因为 $\mathbb{Q}_p$ 是包含 $\mathbb{Q}$ 的域, 所以其特征值为 0). 根据以上讨论, 可得到下列图示:

$$(*)\quad \mathbb{Q}_p \xleftarrow{\supset} \mathbb{Z}_p \longrightarrow \mathbb{F}_p.$$

这个图示是连接特征值为 0 的 p 进数域世界与特征值为 p 的 p 元域世界的基本图示.

对 p 进数域 $\mathbb{Q}_p$ 的代数闭包 $\overline{\mathbb{Q}}_p$ 的元素 a, 可把其 p 进绝对值定义为 $|a|_p:=\left|N_{\mathbb{Q}_p(a)/\mathbb{Q}_p}(a)\right|_p^{\frac{1}{[\mathbb{Q}_p(a):\mathbb{Q}_p]}}$ ($\mathrm{N}_{\mathbb{Q}_p(a)/\mathbb{Q}_p}$ 是范数, $[\mathbb{Q}_p(a):\mathbb{Q}_p]$ 是域的扩张次数). 这样一来可知, 即使对 $\overline{\mathbb{Q}}_p$ 的元素也能定义 p 进绝对值 $|\ |_p$.

问题 12.1 求 $\frac{1}{2}$ 及 $\frac{1}{5}$ 在三进数域 $\mathbb{Q}_3$ 中的级数表示.

12.2 p 进微分方程

本节讨论 p 进数世界中的齐次联立一阶常微分方程. 首先重温一下复数世界. 所谓齐次联立一阶常微分方程是指当给定全纯函数 $a_{ij}(x)(1\leqslant i,j\leqslant n)$ 时, 对未知函数 $f_1(x),\cdots,f_n(x)$ 的如下形式的方程:

$$\begin{pmatrix} f_1'(x) \\ f_2'(x) \\ \vdots \\ f_n'(x) \end{pmatrix} = \begin{pmatrix} a_{11}(x) & \cdots & a_{1n}(x) \\ a_{21}(x) & \cdots & a_{2n}(x) \\ \vdots & & \vdots \\ a_{n1}(x) & \cdots & a_{nn}(x) \end{pmatrix} \begin{pmatrix} f_1(x) \\ f_2(x) \\ \vdots \\ f_n(x) \end{pmatrix}.$$

以下使用向量和矩阵把上述微分方程式写作 $\mathbf{f}'(x)=A(x)\mathbf{f}(x)$ 的形式, 并且当 $n=1$ 时 (不是齐次联立的一阶常微分方程的情形), 写作 $f'(x)=a(x)f(x)$. 在 $D=\{x\in\mathbb{C} \mid |x|<1\}$ 上定义的微分方程式 $\mathbf{f}'(x)=A(x)\mathbf{f}(x)$ 是 D 上的 $\mathbb{C}^n$ 值全纯函数, 且具有线性无关的 n 个解.

那么, 如何在 p 进数世界对微分方程进行讨论呢? 下面我们先在 p 进数世界中的 $D=\{x\in\mathbb{C}\mid |x|<1\}$ 的类似 $D_p=\{x\in\overline{\mathbb{Q}}_p\mid |x|_p<1\}$ 上来讨论. D_p 被称作半径为 1 的 p 进开圆盘(p-adic open disc). "D_p 上的函数" 是指下述形式的幂级数:

$$f(x)=f_0+f_1x+f_2x^2+\cdots+f_nx^n+\cdots\quad(f_i\in\mathbb{Q}_p).$$

也就是对任意的 $0\leqslant\rho<1$, 满足 $|f_n|_p\rho^n\to 0(n\to\infty)$ 的函数. 把这个意义上的 D_p 上的函数全体构成的集合设为 $\mathcal{A}$. 把下述属于 $\mathcal{A}$ 的函数

$$f(x)=f_0+f_1x+f_2x^2+\cdots+f_nx^n+\cdots$$

的微分 $f'(x)$ 定义为

$$f'(x):=f_1+2f_2x+\cdots+nf_nx^{n-1}+\cdots.$$

因为对任意的 $0\leqslant\rho<1$, 有

$$|nf_n|_p\rho^{n-1}\leqslant\left(|f_n|_p\rho^n\right)\rho^{-1}\to 0\quad(n\to\infty)$$

成立, 所以微分 $f'(x)$ 也是 D_p 上的函数.

首先来讨论简单的微分方程 $f'(x)=f(x)$. 设方程的解是如下形式:

$$f(x)=f_0+f_1x+f_2x^2+\cdots+f_nx^n+\cdots.$$

通过比较微分方程式两边的 x^{n-1} 的系数, 可得出 $nf_n=f_{n-1}(n\geqslant 1)$. 因为设 $c:=f_0$, 则有 $f_n=\dfrac{c}{n!}$ 成立, 所以就会想下式:

$$f(x)=c\left(1+x+\frac{x^2}{2!}+\cdots+\frac{x^n}{n!}+\cdots\right)=:ce^x(\text{指数函数})$$

会不会是微分方程的解呢? 不过这样的话会有 $ce^x\in\mathcal{A}$ 成立吗?

下面计算作为指数函数 e^x 的系数出现的 $\dfrac{1}{n!}$ 的 p 进绝对值 $\left|\dfrac{1}{n!}\right|_p$. 因为如果 $n!$ 正好能被 p 整除 s 次, 则有 $\left|\dfrac{1}{n!}\right|_p=p^s$, 所以能够求得 s. 如果记 $n=\sum\limits_{i=0}^{m}a_ip^i\,(0\leqslant a_i\leqslant p-1)$, 则有

$$s=\left[\frac{n}{p}\right]+\left[\frac{n}{p^2}\right]+\cdots+\left[\frac{n}{p^m}\right],\quad\left[\frac{n}{p^i}\right]=a_i+a_{i+1}p+\cdots+a_mp^{m-i}.$$

根据此式计算 s 如下:

$$\begin{aligned} s = & \left(a_1 + a_2 p + \cdots + a_m p^{m-1}\right) + \left(a_2 + a_3 p + \cdots + a_m p^{m-2}\right) \\ & + \cdots + \left(a_{m-1} + a_m p\right) + a_m \\ = & a_1 + a_2(p+1) + a_3\left(p^2 + p + 1\right) + \cdots + a_m\left(p^{m-1} + \cdots + 1\right) \\ = & \sum_{i=0}^{m} a_i \frac{p^i - 1}{p-1} = \frac{n - \sum_{i=0}^{m} a_i}{p-1}, \end{aligned}$$

因此有 $\left|\frac{1}{n!}\right|_p = p^{\frac{n-\sum_{i=0}^{m} a_i}{p-1}} = p^{\frac{n}{p-1} - O(\log n)} (n \to \infty)$ 成立.

根据上述结果, 当 $p^{-\frac{1}{p-1}} < \rho < 1$ 时, 有

$$\left|\frac{1}{n!}\right|_p \rho^n = \left(p^{\frac{1}{p-1}}\rho\right)^n p^{-O(\log n)} \to \infty \quad (n \to \infty).$$

因此, 当 $c \neq 0$ 时, ce^x 不属于 $\mathcal{A}$, 这样就可以确定 D_p 上的微分方程 $f'(x) = f(x)$ 没有非 0 解. 也即在 p 进数世界里, 指数函数 e^x 是不具有完全收敛性的函数, 微分方程 $f'(x) = f(x)$ 就变成一个不太好的方程.

下面思考一下在 D_p 上什么样的微分方程 $\mathbf{f}'(x) = A(x)\mathbf{f}(x)$ 具有 n 个线性无关的解. 对于实数 $0 \leqslant \rho < 1$, 把 $\mathcal{A}$ 的元素

$$f(x) = f_0 + f_1 x + f_2 x^2 + \cdots + f_n x^n + \cdots$$

的 ρ-高斯范数(ρ- Gauss norm) $\|f(x)\|_\rho$ 定义为 $\|f(x)\|_\rho := \sup_n \left(|f_n|_p \rho^n\right)$. 根据定义, 当 $f(x) \in \mathcal{A}, 0 \leqslant \rho \leqslant \rho' < 1$ 时, 有 $\|f(x)\|_\rho \leqslant \|f(x)\|_{\rho'}$ 成立. 对以 $\mathcal{A}$ 的元素为矩阵元素的矩阵 $A(x)$, 把该矩阵的 ρ-高斯范数 $\|A(x)\|_\rho$ 定义为矩阵元素的 ρ-高斯范数中的最大值. 当给定 D_p 上的微分方程 $\mathbf{f}'(x) = A(x)\mathbf{f}(x)$ 时, 根据下式:

$$A_0(x) := I_n(n)(n \text{ 阶单位矩阵}),\ A_{n+1}(x) := A_n'(x) - A(x)A_n(x)$$

定义以 $\mathcal{A}$ 的元素为矩阵元素的矩阵 $A_n(x)$, 对于 $0 \leqslant \rho < 1$, 定义 $R(\rho)$ 如下:

$$R(\rho) := \min\left(\rho, \varliminf_{n\to\infty} \|A_n(x)/n!\|_\rho^{-1/n}\right).$$

这样, 当 $\lim\limits_{\rho\to 1} R(\rho) = 1$ 成立时, 称微分方程 $f'(x) = a(x)f(x)$ 是可解的 (solvable). 此时, 被称作 Dwork 转移定理 (Dwork's transfer theorem) 的下述定理成立.

定理 12.2　若 D_p 上的微分方程 $\mathbf{f}'(x) = A(x)\mathbf{f}(x)$ 是可解的, 则该微分方程具有属于 $\mathcal{A}^n$ 的 n 个线性无关的解.

证明过程大致如下.

设 $F(x)=\sum_{n=0}^{\infty}\frac{A_n(x)(-x)^n}{n!}$, 则有 $F(0)=I_n$, 同时又满足

$$F'(x)-A(x)F(x)=-\sum_{n=1}^{\infty}\frac{A_n(x)(-x)^{n-1}}{(n-1)!}+\sum_{n=0}^{\infty}\frac{\left(A_n'(x)-A(x)A_n(x)\right)(-x)^n}{n!}$$
$$=-\sum_{n=1}^{\infty}\frac{A_n(x)(-x)^{n-1}}{(n-1)!}+\sum_{n=0}^{\infty}\frac{A_{n+1}(x)(-x)^n}{n!}=O,$$

所以剩下只需证明 $F(x)$ 的各个项属于 $\mathcal{A}$ 即可. 任取 $0\leqslant\rho<1$, 当取能满足 $R(\rho')>\rho$ 的 $\rho'>\rho$ 时, 有

$$\left\|\frac{A_n(x)(-x)^n}{n!}\right\|_\rho=\left\|\frac{A_n(x)}{n!}\right\|_\rho\rho^n\leqslant\left\|\frac{A_n(x)}{n!}\right\|_{\rho'}\rho^n\to 0(n\to\infty)$$

成立, 所以问题得证.

注意 12.1 $R(\rho)$ 被称作微分方程的半径为 ρ 的一般收敛半径 (generic radius of convergence). 像如下说明的那样, 其意义恰如其名, 表示 "在绝对值 ρ 的一般的点周围的局部解的收敛半径".

假定 Ω 是包含 $\mathbb{Q}_p$ 的域, 进而给定 Ω 上的绝对值 $||_\Omega$, $||_\Omega$ 是 $||_p$ 的延拓, 关于这个绝对值确定的距离是完备的. 另外, 还假定 Ω 的元素 a_ρ 满足 $|a_\rho|\Omega=\rho$, 并且对任意 $\mathbb{Q}_p$ 上代数意义的 Ω 的元素 a, 有 $|a_\rho-a|_\Omega=\rho$ 成立 (直观上感觉, a_ρ 是与 $\mathbb{Q}_p$ 上的元素完全独立的元素). 这时, 单射 $\mathcal{A}\hookrightarrow\Omega[[x-a_\rho]]$ 可由 $f\mapsto\sum_{n\in\mathbb{N}}f^{(n)}(a_\rho)(x-a_\rho)^n/n!$ 定义. 这相当于把属于 $\mathcal{A}$ 的函数在 $x=a_\rho$ 的周围进行泰勒展开. 再说虽然在 $\Omega[[x-a_\rho]]$ 中微分方程的线性无关的 n 个解总是存在, 但其收敛半径 (当中最小的) 和 ρ 中的小的那一个与 $R(\rho)$ 一致.

Dwork 转移定理主张, 原点周围的解的收敛半径大于等于绝对值 ρ 的一般的点周围的局部解的收敛半径, 这个中心点的移动似乎是迎合了定理名称中的 "转移" 一词的意思.

例 12.1 设 $a\in\mathbb{Q}_p$. 对 D_p 上的微分方程 $f'(x)=af(x)$, 令 $a_0(x):=1$, $a_{n+1}(x):=a_n'(x)-aa_n(x)$, 则 $a_n(x)=(-a)^n$ 成立. 因为 $\left\|\frac{(-a)^n}{n!}\right\|_\rho r^n\to 0\ (n\to\infty)\iff r<p^{-\frac{1}{p-1}}|a|_p^{-1}$, 所以 $R(\rho)=\min\left(p^{-\frac{1}{p-1}}|a|_p^{-1},\rho\right)$. 这样 $f'(x)=af(x)$ 可解与 $|a|_p\leqslant p^{-\frac{1}{p-1}}$ 是等价的. 当这个等价关系成立时, 因为 $e^{ax}\in\mathcal{A}$, 所以 $f'(x)=af(x)$ 具有非 0 解.

在 $D_p=\left\{x\in\overline{\mathbb{Q}}_p\mid|x|_p<1\right\}$ 以外的简单区域里也来讨论一下微分方程.

对 $0 \leqslant r < 1$, 设 $D_{p,r} := \{x \in \overline{\mathbb{Q}}_p | r \leqslant |x|_p < 1\}$, 这通常被称作半径 $[r, 1)$ 的 p 进圆环(p-adic annulus). 作为 "$D_{p,r}$ 上的函数", 我们不妨考虑这样的函数, 即向两侧延续的幂级数 $f(x) = \cdots + f_{-n}x^{-n} + \cdots + f_0 + f_1 x + f_2 x^2 + \cdots + f_n x^n + \cdots$ $(f_i \in \mathbb{Q}_p)$, 对任意的 $r \leqslant \rho < 1$, 满足 $|f_n|_p \rho^n \to 0 (n \to \pm\infty)$. 设 $D_{p,r}$ 上的函数全体构成的集合为 $\mathcal{A}_r$, 并设 $\mathcal{R} := \bigcup_{r<1} \mathcal{A}_r$. 这里 $\mathcal{R}$ 被称作 Robba 环 (Robba ring). 取矩阵元素属于 $\mathcal{R}$ 的 n 阶方阵 $A(x)$, 讨论微分方程 $\mathbf{f}'(x) = A(x)\mathbf{f}(x)$.

当 ρ 充分接近 1 时, 能够定义 $\mathcal{R}$ 的元素

$$f(x) = \cdots + f_{-n}x^{-n} + \cdots + f_0 + f_1 x + f_2 x^2 + \cdots + f_n x^n + \cdots$$

的 ρ-高斯范数 $\|f(x)\|_\rho := \max\limits_n (|f_n|_p \rho^n)$. 对以 $\mathcal{R}$ 的元素为矩阵元素的矩阵也是一样的. 从而对矩阵元素属于 $\mathcal{R}$ 的 n 阶方阵 $A(x)$, 当给定微分方程 $\mathbf{f}'(x) = A(x)\mathbf{f}(x)$ 时, 其半径 ρ 的一般收敛半径 $R(\rho)$ 在 ρ 充分接近 1 时, 可用与刚才相同的方法来定义. 而且当 $\lim\limits_{\rho \to 1} R(\rho) = 1$ 时, 称上述微分方程是可解的.

在 Robba 环 $\mathcal{R}$ 上讨论时, 即使是可解的微分方程, 在 $\mathcal{R}^n$ 内也不一定有 n 个线性无关的解. 为了讨论都有什么样的微分方程, 先来定义表示微分方程的不可解程度的量. 下述定理由 G. Christol 与 B. Dwork 证明并广为人知.

定理 12.3　如果微分方程可解, 则存在大于等于 0 的有理数 b, 当 ρ 充分接近 1 时, 满足 $R(\rho) = \rho^{b+1}$.

把上述定理中的有理数 b 称作微分方程 $\mathbf{f}'(x) = A(x)\mathbf{f}(x)$ 的微分斜率 (differential slope), 这是表示微分方程的不可解程度的量, 其值越大就表示方程不可解程度越强.

下面讨论通过适当地扩展 Robba 环 $\mathcal{R}$ 来解微分方程. 关于这个问题, 首先有 G. Christol 与 Z. Mebkhout 证明的 p 进 Fuchs 定理(p-adic Fuchs theorem).

定理 12.4　在某种技术性假定下, 微分斜率为 0 的微分方程 $\mathbf{f}'(x) = A(x)\mathbf{f}(x)$, 通过适当的变换可写成 $f'(x) = ax^{-1}f(x)\,(a \in \mathbb{Z}_p)$ 形式的微分方程的叠加.

推论 12.1　在某种技术性假定下, 微分斜率为 0 的微分方程 $\mathbf{f}'(x) = A(x)\mathbf{f}(x)$, 可用属于 $\mathcal{R}$ 的函数 $\log x, x^a\,(a \in \mathbb{Z}_p)$ 表示.

Y. André, Z. Mebkhout 和 K. S. Kedlaya 又分别进一步独立证明了下述 p 进局部单值性定理(p-adic local monodromy theorem). (下面介绍的实际上

是 K. S. Kedlaya 最近证明的定理, 定理的主张更有力度.)

定理 12.5 若在 Robba 环的适当扩张 $\mathcal{R} \subseteq \mathcal{R}'$ 上讨论可解微分方程 $\mathbf{f}'(x) = A(x)\mathbf{f}(x)$, 能够使微分斜率为 0. 因此在某种技术性假定下, 微分方程的解可用属于 $\mathcal{R}'$ 的函数, 即扩张 Robba 环 $\mathcal{R}'$ 上的 $\log x, x^a\ (a \in \mathbb{Z}_p)$ 来表示.

为什么在这样的 Robba 环 $\mathcal{R}$ 上研究微分方程能得出上述定理呢? 在此我想介绍一些不可思议的类似关系.

(1) 复数世界中的微分方程理论

(2) p 进数世界中的微分方程理论

(3) 伽罗瓦群的表示理论

这三者之间 (就像在指数函数的性质中看到的那样) 虽然存在很多不同, 但另一方面却有令人吃惊的相似定理成立. 实际上本节例举的定理可以认为是下述两个理论中的定理在 p 进微分方程理论中的类似, 一个是复数世界中的形式圆环上的微分方程理论, 另一个是 p 进域的伽罗瓦群的 ℓ 进表示理论 (ℓ 与 p 是不相同的素数). 我认为这种不可思议的类似关系, 成了发展 p 进数学世界的源泉之一.

问题 12.2 设 $a \in \mathbb{Q}_p$, 讨论微分方程 $f'(x) = ax^{-1}f(x)$.

(1) 设 $0 < \rho < 1$, 求该微分方程的 $R(\rho)$.

(2) 求使该微分方程可解的 a 的充分必要条件.

(3) 求条件 (2) 成立时该微分方程的微分斜率.

(4) 求使该微分方程在 $\mathcal{R}$ 内有非 0 解的 a 的充分必要条件.

问题 12.3 设 $a(x) = \sum\limits_{n \in \mathbb{Z}} a_n x^n \in \mathcal{R}$.

(1) 对任意的 $n \geqslant -1$, 若 $a_n = 0$, 证明对某个正整数 N, 微分方程 $f'(x) = Na(x)f(x)$ 在 $\mathcal{R}$ 内有非 0 解.

(2) 设 $a_+(x) := \sum\limits_{n \geqslant 0} a_n x^n$, 微分方程 $f'(x) = a_+(x)f(x)$ 可解, 若 $a_{-1} \in \mathbb{Q}$, 证明对某个正整数 N, 微分方程 $f'(x) = Na(x)f(x)$ 在 $\mathcal{R}$ 内有非 0 解.

12.3 等晶体

上一节讨论了 p 进圆盘和 p 进圆环上的 p 进微分方程. 这些是 B. Dwork, P. Robba, G. Christol, Z. Mebkhout 和 K. S. Kedlaya 等人的研究成果, 讨论的都是 p 进分析的内容. 另一方面, p 进微分方程在发展初期就与算术几何学具有关联. 这种关联在 B. Dwork 使用 p 进微分方程证明特征值为 p 的有限域上代数簇的 zeta 函数的有理性 (韦伊猜想 (Weil conjecture) 的一部分) 时就开始了.

韦伊猜想最终由 Deligne 使用基于格罗滕迪克构造的平展上同调 (étale cohomology) 理论解决了. 可是这个理论使用的是 ℓ 进数世界的对象, 即 ℓ 进平展上同调, 并未使用 p 进微分方程, 这里的 ℓ 是不同于代数簇的特征值 p 的素数. 虽然也能定义 p 进平展上同调的概念, 但由于其作用方式与通常的上同调理论不一样, 不能用于韦伊猜想的证明.

就像在前言里提到过的那样, 对所有的素数 p, 都有一个 p 进数世界, 它们之间的调和在整数论中非常重要. 因此, 自然就产生了一种想法, 即应该存在与通常的上同调理论具有同样作用方式的 p 进上同调理论. 格罗滕迪克构思出了这样的 p 进上同调理论的架构, 由 P. Berthelot 实现, 定义了晶体上同调 (crystalline cohomology). 作为晶体上同调的扩张, P. Berthelot 又进一步定义了刚性上同调 (rigid cohomology). 作为这个刚性上同调的系数自然地出现的是收敛等晶体 (convergent isocrystal)、过度收敛等晶体 (overconvergent isocrystal) 等. 它们实际上是上一节中的 p 进微分方程这一概念在某种意义上的整体化、高维化, 其中, 收敛等晶体是有限域上的闭代数簇上好的 p 进微分方程的概念, 而过度收敛等晶体是有限域上不一定闭的代数簇上好的 p 进微分方程的概念. 另外, 现在也知道已经有了使用刚性上同调的、p 进微分方程理论式的韦伊猜想证明.

上一节中介绍过的 p 进 Fuchs 定理的过度收敛等晶体的类似, 已由 K. S. Kedlaya 与笔者给出了证明, 实际上这是 Deligne 在复数域的代数簇上证明过的定理. 另外, 关于 p 进局部单值性定理的过度收敛等晶体的类似, 笔者在过度收敛等晶体且具有弗罗贝尼乌斯结构 (Frobenius structure) 的情形下提出了自己的猜想, 这个猜想后来被 K. S. Kedlaya 证明, 这就是现在所谓的过度收敛 F 等晶体的半稳定约化定理 (semistable reduction theorem for overconvergent F-isocrystals). 不具有弗罗贝尼乌斯结构的情形是怎样的呢? 目前尚不可知. 在复数域的代数簇上的情形下, C. Sabbah 提出了猜想, 也就是后来由望月拓郎与 K. S. Kedlaya 证明的定理.

Isocrystal 中的 “iso” 是指考虑 p 倍映射可逆的 $\mathbb{Q}_p$ 线性对象. 那么 “crystal” 是什么呢? 上一节中的那些 p 进微分方程是在被称作 p 进 (开孔) 圆盘的刚性解析空间 (rigid analytic space) ($\mathbb{Q}_p$ 上的解析空间) 上定义的, 而刚才例举的这些等晶体, 是局部地把 $\mathbb{F}_p$ 上的代数簇提升到 $\mathbb{Z}_p$, 然后移动到 $\mathbb{Q}_p$ 上, 在这样形成的刚性解析空间上定义 (参照第一节的图示 $(*)$). 可是因为它们能很好地黏合在一起, 其结果实际上成了是在 $\mathbb{F}_p$ 上的代数簇上定义的. 如果不限于这些刚性解析空间整体上是否是无矛盾的黏合, 尽管也许存在两种以上不同形式的黏合方法, 但还是会自然地考虑 Isocrystal 之间的黏合. 这个不可思议的黏合性质就是 "crystal" 这一概念的本质. "crystal" 虽然是 "结晶" 的意思, 但之所以这样命名, 是因为它与刚性解析空间, 即把特征值为 p 的代数簇以几何学的方式提升到特征值为 0 的代数簇, 能否很好地黏合无关, 而是坚定地向特征值为 0 的方向成长这一性质.

因为一般性地给出收敛等晶体、过度收敛等晶体的定义比较困难, 所以这里仅讨论定义于 $\mathbb{F}_p$ 上的仿射直线 (affine line), 并介绍关于晶体黏合性质的命题.

首先考虑 p 进闭圆盘(p-adic closed disc) $\overline{D}_p := \left\{x \in \overline{\mathbb{Q}}_p \middle| |x|_p \leqslant 1\right\}$. $\overline{D}_p$ 上的函数是形式为

$$f(x) = f_0 + f_1x + f_2x^2 + \cdots + f_nx^n + \cdots \quad (f_i \in \mathbb{Q}_p)$$

的幂级数, 满足 $|f_n|_p \to 0\,(n \to \infty)$. 设 $\overline{D}_p$ 上的函数全体的集合为 $\overline{\mathcal{A}}$, 对 $\overline{\mathcal{A}}$ 的元素 $f(x)$, 且 $0 \leqslant \rho \leqslant 1$ 时, 可以讨论 ρ-高斯范数 $\|f\|_\rho$. 另外, 当给定 $\overline{D}_p$ 上的微分方程 $\mathbf{f}'(x) = A(x)\mathbf{f}(x)$ 时, 对 $0 \leqslant \rho \leqslant 1$, 可定义半径为 ρ 的一般收敛半径 $R(\rho)$. 所谓 $\mathbb{F}_p$ 上的仿射直线上的收敛等晶体是指满足 $R(1) = 1$ 的 $\overline{D}_p$ 上的微分方程 $\mathbf{f}'(x) = A(x)\mathbf{f}(x)$.

实际上, $R(\rho)$ 作为 ρ 的函数是连续的. 因此, 由于 $\lim\limits_{\rho \to 1} R(\rho) = R(1)$, "$R(1) = 1$" 这一条件意味着微分方程 $\mathbf{f}'(x) = A(x)\mathbf{f}(x)$ 对 D_p 的限制是可解的.

还有, 也许有人认为 p 进开圆盘 $D_p = \left\{x \in \overline{\mathbb{Q}}_p \middle| |x|_p < 1\right\}$ 与 p 进闭圆盘 $\overline{D}_p = \left\{x \in \overline{\mathbb{Q}}_p \middle| |x|_p \leqslant 1\right\}$ 的定义中仅仅是将不等号变为等号, 二者之间是不是没什么区别呢? 不是这样的. 例如, 因为不能被 p 整除的 $\mathbb{Z}_p$ 的元素都属于 $\overline{D}_p \backslash D_p$, 实际上可以说 $\overline{D}_p$ 远比 D_p 大得多.

接下来对 $r > 1$, 设 $\overline{D}_{p,r} := \left\{x \in \overline{\mathbb{Q}}_p \middle| |x|_p \leqslant r\right\}$, $\overline{D}_{p,r}$ 上的函数定义为如下形式

$$f(x) = f_0 + f_1x + f_2x^2 + \cdots + f_nx^n + \cdots \quad (f_i \in \mathbb{Q}_p)$$

的幂级数, 满足 $|f_n|_p r^n \to 0\,(n \to \infty)$. 设 $\overline{D}_{p,r}$ 上的函数全体的集合为 $\overline{\mathcal{A}}_r$, $\overline{\mathcal{A}}^\dagger := \bigcup\limits_{r>1} \overline{\mathcal{A}}_r$. 所谓 $\mathbb{F}_p$ 上的仿射直线上的过度收敛等晶体是指使用矩阵元素属于 $\overline{\mathcal{A}}^\dagger$ 的矩阵 $A(x)$ 形成的微分方程 $\mathbf{f}'(x) = A(x)\mathbf{f}(x)$, 满足 $R(1) = 1$.

为了介绍关于晶体黏合性质的命题, 先对微分方程的坐标变换与变量变换进行说明. 以下设 $\mathbf{A}$ 是 $\overline{\mathcal{A}}$ 或 $\overline{\mathcal{A}}^{\dagger}$ 中的一个, $X(x)$ 是以 $\mathbf{A}$ 的元素为矩阵元素的 n 阶可逆矩阵. 此时, 若 $\mathbf{f}(x)$ 是微分方程 $\mathbf{f}'(x)=A(x)\mathbf{f}(x)$ ($A(x)$ 是以 $\mathbf{A}$ 的元素为矩阵元素的 n 阶方阵) 的解, 则有

$$
\begin{aligned}
(X(x)\mathbf{f}(x))' &= X'(x)\mathbf{f}(x)+X(x)\mathbf{f}'(x)=\left(X'(x)+X(x)A(x)\right)\mathbf{f}(x)\\
&=\left(X'(x)X(x)^{-1}+X(x)A(x)X(x)^{-1}\right)(X(x)\mathbf{f}(x)).
\end{aligned}
$$

因此, $B(x)$ 是以 $\mathbf{A}$ 的元素为矩阵元素的 n 阶方阵, 当满足下式:

$$X'(x)=B(x)X(x)-X(x)A(x)$$

时, $\mathbf{f}'(x)=A(x)\mathbf{f}(x)$ 与 $\mathbf{f}'(x)=B(x)\mathbf{f}(x)$ 等价 (前者的解的 $X(x)$ 倍是后者的解). 正因为如此, 可以称这两个微分方程同构, 这就是坐标变换.

另一方面, 设 $\varphi:\mathbf{A}\to\mathbf{A}$ 是以 $f(x)\mapsto f(\varphi(x))(\varphi(x)\in\mathbf{A},\|\varphi(x)-x\|_1<1)$ 的形式定义的同构. 假设 $A(x)$ 是以 $\mathbf{A}$ 的元素为矩阵元素的 n 阶方阵, 微分方程 $\mathbf{f}'(x)=A(x)\mathbf{f}(x)$ 的解 $\mathbf{f}(x)$ 满足 $(f\circ\varphi)'(x)=\varphi'(x)A(\varphi(x))(\mathbf{f}\circ\varphi)(x)$. 因此, 微分方程 $\mathbf{f}'(x)=A(x)\mathbf{f}(x)$ 通过 φ 拉回到微分方程 $\mathbf{f}'(x)=\varphi'(x)A(\varphi(x))\mathbf{f}(x)$, 这就是变量变换.

经过上述准备, 下述命题成立. 这是晶体的黏合性质的一部分.

命题 12.1 设 $\mathbf{A}$ 是 $\overline{\mathcal{A}}$ 或 $\overline{\mathcal{A}}^{\dagger}$ 中的一个, $\varphi_i:\mathbf{A}\to\mathbf{A}(i=1,2)$ 是满足与上述 φ 同样条件的同构. 此时, 使用以 $\mathbf{A}$ 的元素为矩阵元素的矩阵 $A(x)$ 定义的、满足 $R(1)=1$ 的微分方程 $\mathbf{f}'(x)=A(x)\mathbf{f}(x)$ (即仿射直线上的 (过度) 收敛等晶体) 的 φ_1,φ_2 生成的拉回

$$\mathbf{f}'(x)=\varphi_1'(x)A\left(\varphi_1(x)\right)\mathbf{f}(x),\quad \mathbf{f}'(x)=\varphi_2'(x)A\left(\varphi_2(x)\right)\mathbf{f}(x),$$

根据从原微分方程自然确定的坐标变换, 上述两种形式的拉回是同构的.

坐标变换的矩阵 $X(x)$ 由下式给出:

$$X(x)=\sum_{n=0}^{\infty}\frac{A_n\left(\varphi_2(x)\right)}{n!}\left(\varphi_1(x)-\varphi_2(x)\right)^n.$$

上述命题暗示, 满足局部定义的 (过度) 收敛等晶体的某个条件的两种形式的拉回自然是同构的. 利用这一事实 (它的一般化), 能够在有限域的一般代数簇上整体地定义 (过度) 收敛等晶体的概念. (过度) 收敛等晶体是下述几个概念在 p 进数世界中的类似, 这几个概念是: 复流形上的局部系统 (local system), 特征值为 0 的域上的代数簇上的可积联络模 (module with integrable connection), 特征值不是 ℓ 的域上的代数簇上的光滑 ℓ 进层 (smooth ℓ-adic sheaf). 根据上一节最后部分介绍的不可思议的类似关系, 人们提出了各式各样的猜想, 围绕这些猜想很多的定理不断地被证明.

// 专用术语 //

代数学

- 域: 一种交换环, 其零元以外的集合与关于乘法可逆元全体的集合一致.
- 环: 一种交换群, 满足结合律、交换律, 存在单位元时还可以有乘法, 并且满足关于加法与乘法的分配律.
- p 元域: 当 p 为素数时, 在集合 $\{\overline{0}, \overline{1}, \cdots, \overline{p-1}\}$ 中, 当用 p 去除 $a+b(ab)$ 的余数为 c 时, 把 $\overline{a}$ 与 $\overline{b}$ 的和 (积) 定义为 $\overline{c}$, 由这种 $\overline{c}$ 形成的域.
- 特征值: 对域 K, 从 $\mathbb{Z}$ 到 K 的唯一的环同态映射的核可记作 $p\mathbb{Z}$(p 为 0 或素数), 这里的 p 就是特征值.
- (环的) 同态映射: 环间的映射 $f: A \to B$, 满足 $f(x+y) = f(x)+f(y)$, $f(xy) = f(x)f(y)$, $f(1) = 1$.
- 代数闭包: 域 K 的扩张 L 的所有元素在 K 上是代数的, 并且非 0 的任意 L 系数多项式在 L 内有根时, 称 L 是 K 的代数闭包.
- 范数: 对域的有限次扩张 $K \subseteq L$ 和 $a \in L$, a 倍映射 $L \to L$ 是 K 线性映射, 其行列式被称作 a 的范数, 记作 $\mathrm{N}_{L/K}(a)$.
- 扩张次数: 对域的扩张 $K \subseteq L$, 作为 L 的 K 线性空间的维数被称作扩张次数, 记作 $[L:K]$. 当维数有限时, 称作有限次扩张.
- 代数的: 当存在域的扩张 $K \subseteq L$ 时, 所谓 L 的元素 a 是 K 上代数的, 是指 a 是某个非 0 的 K 系数多项式的根.
- 伽罗瓦群: (不限于有限次) 对伽罗瓦扩张 $K \subseteq L$ 确定的、在 K 上是恒同映射的、L 的自同构全体构成的群.
- p 进域: 根据不同的文献定义有所不同, 本讲中定义为 $\mathbb{Q}_p$ 的有限次扩张.
- ℓ 进表示: 满足从拓扑群到 $\mathrm{GL}_n(\mathbb{Q}_\ell)$ 的连续性的群同态映射.
- 有限域: 阶 (元素的个数) 有限的域, 阶是素数的幂.

// 参考书 //

关于 p 进数及 p 进数的整数论方面的书.

[1] J.-P. Serre (弥永健一译) 《数论讲义》岩波书店 (2002 年)

[2] J.W.S. Cassels and A. Fröhlich (eds.), *Algebraic Number Theory*, London Mathematical Society, 2nd Revised Edition (2010)
关于 p 进微分方程方面的书.

[3] K.S. Kedlaya, *p-adic Differential Equations*, Cambridge University Press (2010)
关于刚性解析空间方面的书.

[4] 加藤文元《刚性几何学入门》岩波书店 (2013 年)
主要内容是晶体上同调、刚性上同调、(过度) 收敛等晶体等.

[5] P. Berthelot, A. Ogus, *Notes on Crystalline Cohomology*, Princeton University Press (2015)

[6] B. Le Stum, *Rigid Cohomology*, Cambridge University Press (2007)
开始学习刚性解析空间、晶体上同调等之前, 想某种程度上掌握概形理论时请阅读此书.

[7] Q. Liu, *Algebraic Geometry and Arithmetic Curves*, Oxford University Press (2006)

// 问题解答 //

12.1 $\dfrac{1}{2}=1+\dfrac{1}{1-3}=2+3+3^2+\cdots$. 另外从 $(1-3^4)\left(\dfrac{1}{5}-1\right)=\dfrac{80\cdot 4}{5}=64$ 有

$$\begin{aligned}\frac{1}{5}&=1+\frac{64}{1-3^4}\\&=1+\left(1+3^2+2\cdot 3^3\right)\left(1+3^4+3^8+\cdots\right)\\&=2+3^2+2\cdot 3^3+3^4+3^6+2\cdot 3^7+3^8+3^{10}+2\cdot 3^{11}+\cdots.\end{aligned}$$

12.2 (1) 如果根据 $a_0(x)=1$, $a_{n+1}(x)=a_n'(x)-a(x)a_n(x)$ 定义 $a_n(x)$, 则有 $a_n(x)=-a(a-1)\cdots(a-n+1)x^{-n}$. 从而,

$$\left\|\frac{a_n(x)}{n!}\right\|_\rho^{-\frac{1}{n}}=\left|\frac{a(a-1)\cdots(a-n+1)}{n!}\right|_p^{-\frac{1}{n}}\rho. \tag{12.1}$$

当 $a\in\mathbb{Z}_p$ 时, 根据通常的二项式系数, 上式中的 $\dfrac{a(a-1)\cdots(a-n+1)}{n!}$ 近似于 p 进性质, 所以 $\left|\dfrac{a(a-1)\cdots(a-n+1)}{n!}\right|_p\leqslant 1$ 成立. 因此, 公

式 (12.1) 右边大于等于 ρ, 所以 $R(\rho)=\rho$. 当 $a\in\mathbb{Q}\backslash\mathbb{Z}_p$, $|a|_p=p^k(k>0)$ 时, 有

$$\left|\frac{a(a-1)\cdots(a-n+1)}{n!}\right|_p^{-\frac{1}{n}}=p^{-k}\left|\frac{1}{n!}\right|_p^{-\frac{1}{n}}=p^{-k-\frac{1}{p-1}+\frac{o(\log n)}{n}}(n\to\infty)$$

成立. 当 $n\to\infty$ 时, 公式 (12.1) 右边收敛于 $p^{-k-\frac{1}{p-1}}\rho<\rho$, 所以, $R(\rho)=p^{-k-\frac{1}{p-1}}\rho$.

(2) 从 (1) 的计算中知, $a\in\mathbb{Z}_p$ 就是所要求的充分必要条件.

(3) 当 $a\in\mathbb{Z}_p$ 时, 因为 $R(\rho)=\rho$, 所以微分斜率为 0.

(4) 当 $a\in\mathbb{Z}$ 时, $f(x)=cx^a$ 是解. 当不满足 $a\in\mathbb{Z}$ 时, 因为 $\mathcal{R}$ 内没有非 0 解, 所以所要求的充分必要条件是 $a\in\mathbb{Z}$.

12.3 (1) 因为 $a(x)=\sum\limits_{n\leqslant -2}a_nx^n\in\mathcal{R}$, 可知 $\sup\limits_{n\leqslant -2}|a_n|_p<\infty$. 微分方程 $f'(x)=Na(x)f(x)$ 的解形式上是 $c\exp\left(N\sum\limits_{n\leqslant -2}\dfrac{a_n}{n+1}x^{n+1}\right)$, 取 N, 如果 $|N|_p$ 充分小, 可知 N 属于 $\mathcal{R}$.

(2) 如问题中所示, 设 $a_+(x):=\sum\limits_{n\geqslant 0}a_nx^n$, 令 $a_-(x)=\sum\limits_{n\leqslant -2}a_nx^n$. 当 $|N|_p$ 充分小时, 由 12.3(1) 知 $f'(x)=Na_-(x)f(x)$ 在 $\mathcal{R}$ 内有非 0 解. 当 N 除以 $a_{-1}\in\mathbb{Q}$ 的分母时, 由 12.2 知 $f'(x)=Na_{-1}x^{-1}f(x)$ 在 $\mathcal{R}$ 内有非 0 解. 又因为 $f'(x)=a_+(x)f(x)$ 是可解的, 根据 Dwork 转移定理, 在 $\mathcal{R}$ 内有非 0 解, 这个解的 N 次幂就是 $f'(x)=Na_+(x)f(x)$ 的解. 因而, 如果选取合适的 N, 以上三个解的积就是 $\mathcal{R}$ 内的 $f'(x)=Na(x)f(x)$ 的非 0 解.

索引

B

C

D

E

F

G

H

J

K

L

M

N

O

P

Q

R

S

作者侧记

（按讲义顺序）

斋藤毅

现职 东京大学大学院数理科学研究科教授

主要著作《数论 1·2》(合著, 岩波书店, 2005),《费马猜想》(岩波书店, 2009),《集合与拓扑》(东京大学出版会, 2009),《微积分》(东京大学出版会, 2013) 等

一句话 以前经常听到“铁酱”、“铁妹”这样的词, 我小的时候用现在的话来说就是一个“读铁”, 放学回家就跑去专心地研究列车时刻表. 如何只换乘国铁 (现在的 JR) 便能最快地绕行全国的县厅所在地 (冲绳县除外), 这是每当发布新的一期列车时刻表改正号时的智力抢答游戏的固定内容. 为了在这个车站乘坐这列特快就应该乘坐这趟快车, 为了乘这趟快车就……, 这时需要用几根手指同时翻阅时刻表改正号的不同页码. 如果把特快换成定理, 把快车换成命题, 就会觉得和现在做的事情没有太大差别. 看来是真想做点数学以外的事情了……

译者注: “铁酱”、“铁妹”: 喜欢铁路并以此为兴趣的人的爱称;“读铁”: 喜欢阅读与铁路有关故事的人.

寺杣友秀

现职 东京大学大学院数理科学研究科教授

一句话 在报纸上看到过耶马溪的照片, 青洞门是那里的洞穴的名字. 现在都是用重型机械挖掘隧道, 如果在那个时候挖的话应该是很困难的事情吧. 数学研究也像挖隧道, 完成一项证明就相当于在想要证明的事情和已经知道的事情之间开通了逻辑的隧道. 小时候经常在沙池里堆起一座沙山挖隧道, 从两边开始往前挖, 当挖通隧道手拉手的那一刻有一种说不出的喜悦. 证明成功时的喜悦也与此相似, 不同的是沙山隧道开通后, 还有往隧道里放水嬉戏的固定节目.

户田幸伸

现职 东京大学国际高等研究所 Kavli 数学物理联合宇宙研究机构副教授

一句话 笔者于 2007 年在东京大学柏校区设立的数学物理联合宇宙研究机构从事数学研究, 该研究所作为文部科学省的世界顶级科学研究中心计划的一部分而成立. 包括数学、理论物理、实验物理、天文学等领域的研究人员都在研究所一个大楼内开展研究, 可以说是一个非常独特的研究所. 2008 年 1 月赴任时这里人还很少, 也没有专用的建筑物, 但现在已经成长为很多外国研究人员访问的研究基地. 期待今后也会有更多的数学研究者对这个研究所感兴趣.

松尾厚

现职 东京大学大学院数理科学研究科副教授

一句话 上高中之前, 我算是个理科少年, 特别喜欢化学实验. 考大学的时候, 我想如果考上了就学化学. 但是入学后, 因为一个小小的契机, 开始专攻数学. 不仅如此, 还作为数学教师从事教育和研究工作. 始终处于一种不知道下一刻会发生什么的状态. 因为单李环和有限单群的分类表与元素周期表 (periodic table) 相似, 所以从内心上也许有一种自己正在从事化学研究的感觉. 到了休息日, 我喜欢去一些没有多少游客的地方悠闲地旅行, 但实际上每天都过着那种没有闲暇的日子.

松本久义

现职 东京大学大学院数理科学研究科副教授

一句话 准备这篇稿子时当写到特征的时候, 感觉到也许自己能计算出某种幂幺表示的特征, 于是就疏忽了原稿的事. 又因为我喜欢养猫, 一到写稿子时它就来央求我陪着玩, 由于完全是室内饲养, 不跟它玩的话又觉得它太可怜了. 就这样东一头西一头地忙到了今天, 现在是截止日期 9 月 30 日的 26 点 (次日凌晨 2 点), 总算是赶上了吧? 在此对编辑说声对不起.

三枝洋一

现职 东京大学大学院数理科学研究科副教授

一句话 平时主要研究朗兰兹对应与几何学之间的关系. 我想作为一个从事数学研究的人都有过这样的经验, 一旦开始思考数学, 就很难停下来, 等回过神来, 往往已经过去很长时间了. 因此, 为了兼顾转换心情, 就把做菜和兜风当作了自己的兴趣. 因为这两种事情有一个共同点, 那就是如果边做这两种事情边做数学的话是非常危险的, 所以能够完全忘记数学放松身心. 可是最近却很少有这样的机会……

今井直毅

现职 东京大学大学院数理科学研究科副教授

一句话 接到将本年度 (2015 年度) “数学探究 XB” 的讲课内容出版成书的企划通知时是今年春天, 幸好本年度我在海外长期出差, 没有担任 “数学探究 XB” 的讲课, 但不知为何写下了这样一篇拙文, 所以我的稿子并非讲义纯属虚构, 非常抱歉.

川又雄二郎

现职 东京大学大学院数理科学研究科教授

主要著作《代数簇理论》(共立出版社, 1997),《射影空间几何学》(朝仓书店, 2001),《高维代数簇理论》(岩波书店, 2014) 等

一句话 代数簇是用代数方式定义的几何对象. 研究这些对象不仅要使用代数的、几何的手段, 必要的话也须使用解析的手段. 把在数学系学到的各种各样的方法组合起来应用能真正理解数学的奥妙, 有醍醐灌顶之味道. 研究生涯里先后证明了上同调消没定理、无基点定理、半正值性定理、次延拓定理等.

石井志保子

现职 原东京大学大学院数理科学研究科教授. 2016 年 4 月起被聘为东京女子大学特任教授

主要著作《奇点入门》(丸善, 1997), *Introduction to Singularities* (Springer-Verlag, 2014) 等

一句话 研究数学时的一句“是吗, 终于明白了!”的喜悦是任何东西都无法替代的. 这种喜悦远远大于享受豪宅生活和满汉全席, 而且还不用花钱. 但是反过来说, 遇到不顺的时候 (一直搞不明白问题闷闷不乐的状态) 用钱也解决不了也许是一种不幸. 从这个意义上说, “只有数学才是快乐的源泉”的生活是危险的吧. 想想自己有没有从数学以外的地方获得快乐呢? ……太好了, 有了, 那就是游泳. 原来是个旱鸭子, 现在竟然学会了四个泳姿 (自由泳、蛙泳、仰泳和蝶泳), 游着游着就心无旁骛, 游完之后神清气爽. 今后的目标是狗刨、侧泳和快速转身. 这些都不用花钱, 而且似乎比证明定理容易.

高木俊辅

现职 东京大学大学院数理科学研究科副教授

一句话 常听人说伟大的数学家是边做数学边睡觉的, 但像我这样平庸的数学家, 如果在睡觉前还在做数学的话, 就会变得很清醒, 反倒睡不着了. 学生时代还可以学到临睡前, 但最近就不一样了. 因此, 在上床前三十分钟就特意不做数学, 并且经常阅读 P.G. 伍德豪斯的作品作为安眠药. 其中类似“大脑像棉花糖”的埃姆斯沃思公爵的故事特别有效. 那么其他数学家是如何入睡的呢?

白石润一

现职 东京大学大学院数理科学研究科副教授

一句话 我是神户市人, 东大研究生时期在江口研究室的研究方向是基本粒子物理学. 江口老师为我选择的硕士论文题目是关于共形场论和量子群的关系. 获得博士学位后, 去了当时位于六本木的东京大学固体物理研究所作为甲元研的助手, 对量子霍尔效应和高温超导等进行研究. 在那里感受到了甲元先生从一个迄今未知的全新方向对物理现象背后的几何学结构进行探索的进取精神, 让我感到既新鲜又很富有魅力. 之后我来到了东京大学大学院数理科学研究科, 最近我又开始致力于共形场理论和代数结构的量子变形的研究.

志甫淳

现职 东京大学大学院数理科学研究科教授

主要著书 *Weight Filtrations on Log Crystalline Cohomologies of Families of Open Smooth Varieties* (合著, Springer, 2008), 《层与上同调代数》(共立出版社, 2016)

一句话 以前, 曾听一位老师说过这样的一句话: "即使你在数学中避开了不擅长的领域, 但说不定哪一天又会进入这个领域." 当时, 在代数学、几何学、解析学中最喜欢代数, 对解析学中巧妙的伊普西龙和德尔塔方式的计算多少有些为难情绪, 但从几年前开始在研究 p 进微分方程中进行巧妙的级数计算时, 切身体会到了这句话. 所以我认为关于基础数学还是通学一遍比较好, 因为一旦有了明确的目标, 也许就会对过去逃避的领域产生新的兴趣.

编者

斋藤毅　东京大学大学院数理科学研究科教授
河东泰之　东京大学大学院数理科学研究科教授
小林俊行　东京大学大学院数理科学研究科教授

《数学概览》(Panorama of Mathematics)

(主编: 严加安　季理真)

9787040351675　1. Klein 数学讲座 (2013)
(F. 克莱因 著/陈光还、徐佩 译)

9787040351828　2. Littlewood 数学随笔集 (2014)
(J.E. 李特尔伍德 著, B. 博罗巴斯 编/李培廉 译)

9787040339956　3. 直观几何 (上册) (2013)
(D. 希尔伯特, S. 康福森 著/王联芳 译, 江泽涵 校)

9787040339949　4. 直观几何 (下册) 附亚历山德罗夫的《拓扑学基本概念》(2013)
(D. 希尔伯特, S. 康福森 著/王联芳、齐民友 译)

9787040367591　5. 惠更斯与巴罗, 牛顿与胡克:
数学分析与突变理论的起步, 从渐伸线到准晶体 (2013)
(B.И. 阿诺尔德 著/李培廉 译)

9787040351750　6. 生命: 艺术. 几何 (2014)
(M. 吉卡 著/盛立人 译, 张小萍、刘建元 校)

9787040378207　7. 关于概率的哲学随笔 (2013)
(P.-S. 拉普拉斯 著/龚光鲁、钱敏平 译)

9787040393606　8. 代数基本概念 (2014)
(I.R. 沙法列维奇 著/李福安 译)

9787040416756　9. 圆与球 (2015)
(W. 布拉施克 著/苏步青 译)

9787040432374　10.1. 数学的世界 I (2015)
(J.R. 纽曼 编/王善平、李璐 译)

9787040446401　10.2. 数学的世界 II (2016)
(J.R. 纽曼 编/李文林 等 译)

9787040436990　10.3. 数学的世界 III (2015)
(J.R. 纽曼 编/王耀东、李文林、袁向东、冯绪宁 译)

9787040498011　10.4. 数学的世界 IV (2018)
(J.R. 纽曼 编/王作勤、陈光还 译)

9787040493641　10.5. 数学的世界 V (2018)
(J.R. 纽曼 编/李培廉 译)

9 787040 499698
10.6. 数学的世界 VI (2018)
(J.R. 纽曼 编/涂泓 译; 冯承天 译校)

9 787040 450705
11. 对称的观念在 19 世纪的演变: Klein 和 Lie (2016)
(I.M. 亚格洛姆 著/赵振江 译)

9 787040 454949
12. 泛函分析史 (2016)
(J. 迪厄多内 著/曲安京、李亚亚 等 译)

9 787040 467468
13. Milnor 眼中的数学和数学家 (2017)
(J. 米尔诺 著/赵学志、熊金城 译)

9 787040 502367
14. 数学简史 (2018)
(D.J. 斯特洛伊克 著/胡滨 译)

9 787040 477764
15. 数学欣赏: 论数与形 (2017)
(H. 拉德马赫, O. 特普利茨 著/左平 译)

9 787040 488074
16. 数学杂谈 (2018)
(高木贞治 著/高明芝 译)

9 787040 499292
17. Langlands 纲领和他的数学世界 (2018)
(R. 朗兰兹 著/季理真 选文/黎景辉 等 译)

9 787040 516067
18. 数学与逻辑 (2020)
(M. 卡茨, S.M. 乌拉姆 著/王涛、阎晨光 译)

9 787040 534023
19.1. Gromov 的数学世界 (上册) (2020)
(M. 格罗莫夫 著/季理真 选文/梅加强、赵恩涛、马辉 译)

9 787040 538854
19.2. Gromov 的数学世界 (下册) (2020)
(M. 格罗莫夫 著/季理真 选文/梅加强、赵恩涛、马辉 译)

9 787040 541601
20. 近世数学史谈 (2020)
(高木贞治 著/高明芝 译)

9 787040 549126
21. KAM 的故事: 经典 Kolmogorov-Arnold-Moser 理论的历史之旅 (2021)
(H.S. 杜马斯 著/程健 译)

9 787040 557732
人生的地图 (2021)
(志村五郎 著/邵一陆、王奕阳 译)

9 787040 584035
22. 空间的思想: 欧氏几何、非欧几何与相对论 (第二版) (2022)
(Jeremy Gray 著/刘建新、郭婵婵 译)

9 787040 600247
23. 数之简史: 跨越 4000 年的旅程 (2023)
(Leo Corry 著/赵继伟、刘建新 译)

9 787040 596359 >

24. 一个数学家的学徒生涯 (2023)
(韦伊 著/吕珊珊、许大昕 译)

9 787040 617092 >

25. Weil 眼中的数学与别人眼中的他
(A. Weil 等 著/季理真 选文/章勤琼 等 译)

9 787040 611861 >

26. 基本粒子: 数学、物理学和哲学
(I.Yu. Kobzarev, Yu.I. Manin 著/金威 译)

9 787040 628777 >

27.1. 数学的现在: i
(斋藤毅, 河东泰之, 小林俊行 编/高明芝 译)

郑重声明